本書相關戰鬥機塗裝

繪圖／Gary Lai

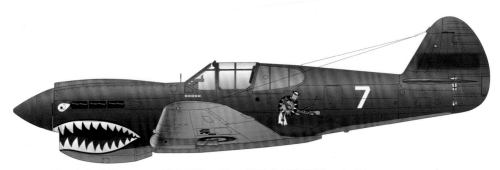

初代大隊長史考特的 P-40E，機身編號 7 號，外號「老殺蟲劑」（Olde Exterminator）。

1942 年 12 月 26 日，莫尼中尉的 P-40E，他為了不傷及無辜錯失跳傘機會摔機身亡，其故事時至今日仍為流傳。

第 16 戰鬥機中隊飛行員派克座機，有代表 16 中隊的「飛行長城」隊徽，機身編號位置顯然其他支援隊改編的中隊不同。

76 中隊傑佛瑞 · 威爾邦上尉（Jeffrey O. Wellborn）的 P-43A，機翼上有青天白日徽。

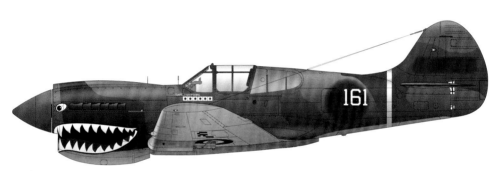

75 中隊的漢普夏爾上尉的 P-40，使用白色機尾識別條，是同隊第一位王牌飛行員，1943 年 5 月 2 日殉職。

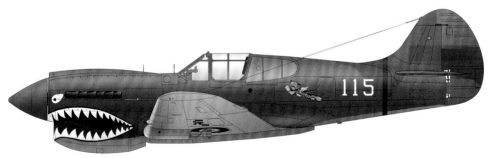

76 中隊盧布納中尉的 P-40K，取得擊落六架敵機的戰果，是戰爭結束前最後一任 118 中隊的中隊長。

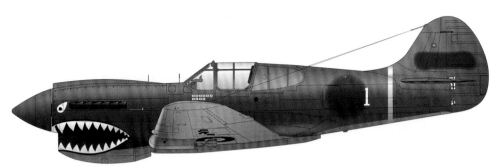

郝樂威在 1943 年底擔任大隊長時的 P-40K，白色識別條代表該機原先屬 75 中隊，但機身 1 號代表大隊長座機。

75 中隊的國軍飛官陳炳靖，曾駕駛編號 013 的 P-40K 作戰，他 1943 年 10 月 1 號於越南上空遭擊落後被俘，直至戰後才被釋放。

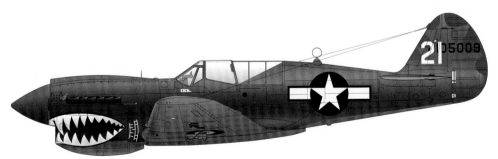

23 大隊唯一北美原住民飛官費托維奇，其編號 21 的 P-40N 隸屬 74 中隊。他於駝峰航線執行任務時殉職。

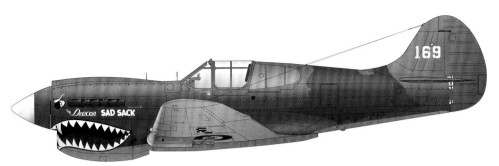

波蘭空戰英雄烏班諾維的 P-40K，垂尾編號 169，他曾於 1943 年 12 月 11 日在南昌擊落兩架「鍾馗」。

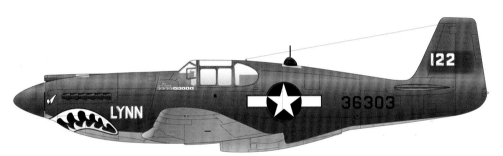

76 中隊史都華上尉的 P-51A，1943 年 11 月 25 日參與新竹大空襲，該機為最早一批抵達中國的野馬機，原屬印緬戰場的 311 戰鬥轟炸機大隊。

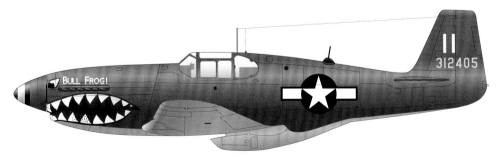

希爾大隊長的 P-51B 戰鬥機，外號為「牛蛙」（Bull Frog），全大隊的野馬機當中，僅 76 中隊和大隊部使用的 A、B 型有鯊魚牙彩繪。

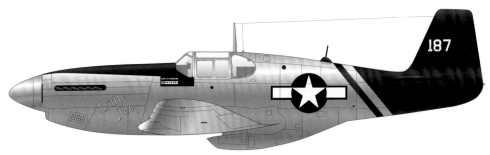

帕勒姆上尉的 P-51C，75 中隊是繼 76 中隊之後接收野馬機的單位，採用前段銀色搭配後段黑色的塗裝。

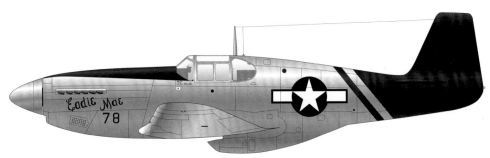

綽號「艾迪・梅」的 P-51C，波倫在 1945 年 4 月 2 月以此機擊落「雷電」一架，為大隊史寫下最後一架擊落戰果。

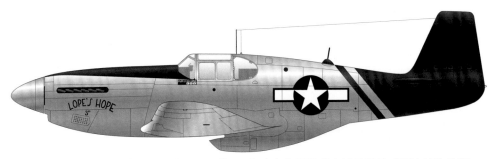

羅培茲的 P-51C，綽號「羅培茲的希望 3 世」，紀念在衡陽戰役中被摧毀的「羅培茲的希望」。

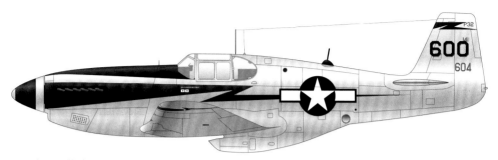

118 中隊初代中隊長麥克卡馬士的 F-6C 偵察機。118 中隊於 1944 年年底換裝野馬,採用特殊的「黑色閃電」塗裝。

大隊長瑞克特的 P-51D,他從 1944 年 12 月起擔任大隊長至戰爭結束,這架是最早一批抵達中國的 D 型野馬。

曾效力過飛虎隊的歐德爾少校,在 1944 年夏季返回中國戰場先後出任大隊作戰官與副大隊長等要職。他的 P-51D 以日本城市命名為「神戶雛鳥」(Yokohama Yardbird),卻誤寫成 Yokahama。

第 74「游擊中隊」中隊長赫伯斯特的 P-51B，他在抗戰末期以贛州為基地，對日軍佔領區實施諸多驚人的空中突襲，是第 14 航空軍的首席王牌飛行員。

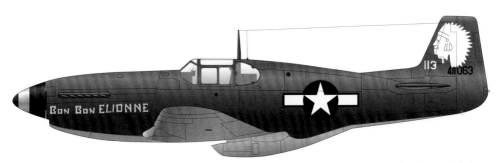

史考特中尉（Donald L. Scott）的 P-51C，機尾有 76 中隊專有的印第安人頭識別標示，這架野馬機也是該中隊最後一架採用迷彩塗裝的 P-51。

湯普森中尉（Benjamin R. Thompson）綽號「兔寶寶」（Bugs Bunny）的 P-51K，非常有 76 中隊的風格，機身幾乎顯露銀色機身。

118 中隊最後一任中隊長盧布納的 P-51K，機身上的「黑色閃電」塗裝非常顯眼帥氣。

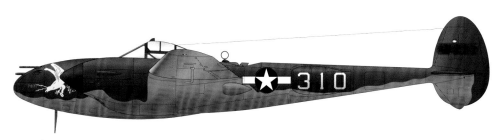

1943 年 11 月 25 日新竹感恩節空襲，舒茲中尉的 P-38G 戰鬥機，此時 449 中隊已轉隸 51 大隊，此次任務是由 23 大隊的希爾大隊長所率領。

紀念「飛虎隊」成軍 75 週年，現美國空軍 75 中隊於 2017 年 3 月推出 A-10C 彩繪機，發動機外殼是飛虎隊隊徽，垂尾從上到下分別為 3 中隊「地獄天使」（Hell's Angels）、2 中隊「熊貓」（Panda Bear）以及 1 中隊「亞當與夏娃」（Adam & Eves）的中隊徽。

中美聯合

美國陸航在二戰中國戰場

許劍虹

目錄

第 14 航空軍編制

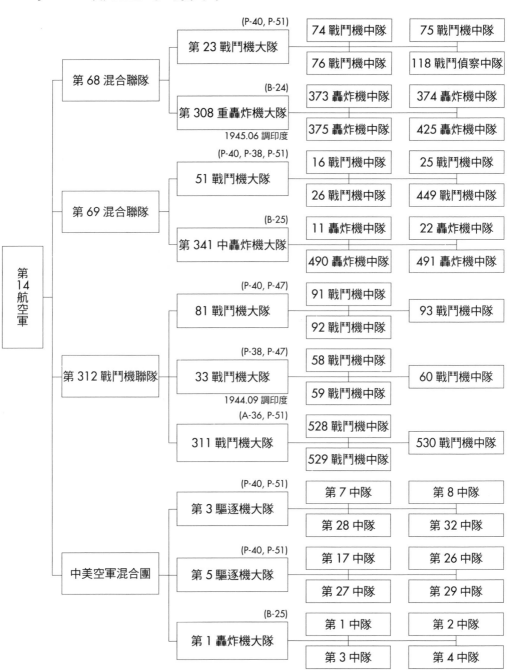

第 14 航空軍

第 68 混合聯隊
- 第 23 戰鬥機大隊 (P-40, P-51)
  - 74 戰鬥機中隊
  - 75 戰鬥機中隊
  - 76 戰鬥機中隊
  - 118 戰鬥偵察中隊
- 第 308 重轟炸機大隊 (B-24) 1945.06 調印度
  - 373 轟炸機中隊
  - 374 轟炸機中隊
  - 375 轟炸機中隊
  - 425 轟炸機中隊

第 69 混合聯隊
- 51 戰鬥機大隊 (P-40, P-38, P-51)
  - 16 戰鬥機中隊
  - 25 戰鬥機中隊
  - 26 戰鬥機中隊
  - 449 戰鬥機中隊
- 第 341 中轟炸機大隊 (B-25)
  - 11 轟炸機中隊
  - 22 轟炸機中隊
  - 490 轟炸機中隊
  - 491 轟炸機中隊

第 312 戰鬥機聯隊
- 81 戰鬥機大隊 (P-40, P-47)
  - 91 戰鬥機中隊
  - 92 戰鬥機中隊
  - 93 戰鬥機中隊
- 33 戰鬥機大隊 (P-38, P-47) 1944.09 調印度
  - 58 戰鬥機中隊
  - 59 戰鬥機中隊
  - 60 戰鬥機中隊
- 311 戰鬥機大隊 (A-36, P-51)
  - 528 戰鬥機中隊
  - 529 戰鬥機中隊
  - 530 戰鬥機中隊

中美空軍混合團
- 第 3 驅逐機大隊 (P-40, P-51)
  - 第 7 中隊
  - 第 8 中隊
  - 第 28 中隊
  - 第 32 中隊
- 第 5 驅逐機大隊 (P-40, P-51)
  - 第 17 中隊
  - 第 26 中隊
  - 第 27 中隊
  - 第 29 中隊
- 第 1 轟炸機大隊 (B-25)
  - 第 1 中隊
  - 第 2 中隊
  - 第 3 中隊
  - 第 4 中隊

第 23 戰鬥機大隊演進

中華民國空軍**美籍志願大隊**（American Volunteer Group, Chinese Air Force）簡稱 AVG，是在中華民國政府禮聘擔任空軍顧問的陳納德，招聘美國飛官加入之後組織而成，戰力有 3 個中隊，近百架的戰機，外號「飛虎隊」。存在時間 1941 年 8 月 1 日到 1942 年 7 月 4 日。

1941 年 12 月 8 日，太平洋戰爭發生之後，AVG 持續存在，直到 1942 年 7 月成立**第 23 戰鬥機大隊**，改隸美國陸軍第 10 航空軍（印度）駐華航空特遣隊（China Air Task Force, US 10th Air Force），簡稱 CATF。至此，AVG 就由 23 大隊所取代，所屬單位是 74、75 與 76 戰鬥機中隊。

1943 年 3 月 10 日，美國陸軍第 14 航空軍（US 14th Air Force）成立，取代 CATF，23 大隊移編 14 航空軍。

1943 年 12 月，第 68 混合聯隊從戰鬥機大隊改組而來，23 大隊與第 308 轟炸機大隊同時置於該聯隊之下，形成軍、聯隊、大隊、中隊的四層架構。

1944 年 6 月 26 日，第 118 戰術偵察機中隊移編，23 大隊形成以四個中隊組成的作戰單位。

直到二戰結束為止，14 航空軍分別由 68（23 大隊的上層單位）、69 混合聯隊、第 312 戰鬥機聯隊，以及中美空軍混合團所組成。

戰爭結束隔年的 1946 年 1 月 5 日，23 大隊隨即解編，結束其第二次世界大戰在中國戰場的任務。

AVG 時代的 Hawk 81A-2 驅逐機，在塗上美軍五角白星徽後由 74 中隊接收，負責訓練 23 隊的菜鳥飛行員。圖中這架 Hawk 81A-2，正準備降落昆明巫家壩機場。（NARA）

這批隸屬 51 大隊 16 中隊的 P-40，被陳納德「借」來填補 23 大隊戰力上的不足。（NARA）

118 中隊中隊長麥克卡馬士與他貼滿擊落紀錄的 P-51D 野馬，他在 1944 年 12 月 23 日聲稱擊落五架敵機，成為 23 大隊最著名的一日王牌。（NARA）

文森特上校抵達中國後，終於有機會駕機參戰，這架綽號佩姬 II 號（Peggy II）的 P-40K，是以他的太太來命名。（NARA via Dan Jackson）

CATF 的幾名王牌飛行員，在德裔工程師紐曼（Gerhard Neumann）協助下試飛國軍在雷州半島擄獲的零戰。23 大隊的飛官借用國軍的 P-43 與其伴飛，原屬日本海軍第 22 航空艦隊的零戰，為了避免被誤擊而被塗上國軍軍徽。（NARA via Dan Jackson）

CATF 末代指揮幹部，左起作戰官文森特、司令陳納德、大隊長郝樂威以及副官斯崔克蘭（H. E. Strickland）。（NARA via Dan Jackson）

到了 1943 年初期，23 大隊雖部份接收了 P-40K，但主力仍是老舊的 P-40E，
讓陳納德下定決心脫離第 10 航空軍的擺布。（NARA）

隸屬 449 中隊的 P-38G 戰鬥機到來，使 23 大隊結束了只有 P-40 可用的宿命，
吸引了大批國軍軍官前往巫家壩機廠參觀。（NARA via Dan Jackson）

郝樂威上校帶領 76 中隊飛行員一同研究戰場地圖，後排左起
格蘭特 · 馬歐尼少校、郝樂威、傑佛瑞 · 威爾邦上尉（Jeffrey
O. Wellborn）、凱文 · 穆迪中尉（Calvin C. Moody）。前排
左起勞倫斯 · 杜瑞爾、莫頓 · 夏爾中尉、莫蒂瑪 · 馬克斯
中尉（Mortimer D. Marks）以及克萊德 · 沃恩中尉（Clyde C.
Vaughn）。（NARA via Dan Jackson）

1943 年 11 月 25 日，第 68 混合聯隊與中美混合團聯手空襲新竹，
此為太平洋戰爭爆發以來，盟軍對臺灣的首次空襲行動，給日
軍帶來了極大的震撼，從而決定發起「一號作戰」。（NARA）

阿諾德將軍派遣 B-29 來到中國，是希望以中國為前進基地轟炸日本，不過從成都起飛的 B-29 航程只能抵達日本九州，不只效益有限，而且還在「一號作戰」的緊要關頭中搶走了陳納德的駝峰物資。（NARA）

凡垂直尾上有印第安人頭的野馬機，都屬於 76 中隊。（San Diego Air & Space Museum）

雖有擊落「雷電」一架的戰果，75中隊卻也在1945年4月1日有四架野馬機為日軍防空火砲擊落，他們不是落入新4軍就是落入暗中與新4軍相勾結的忠義救國軍、和平建國軍手中，迫使陳納德低身下氣要求中共放人，圖為當天被擊落的克萊德·斯洛庫姆與弗雷斯特·帕勒姆。（Henry Sakaida）

75中隊的P-51D翱翔於華中上空，持續為國軍地面部隊提供空中支援直至戰爭結束，該中隊野馬機的塗裝特色是機身後段為黑色，前段為銀白色。（Henry Sakaida）

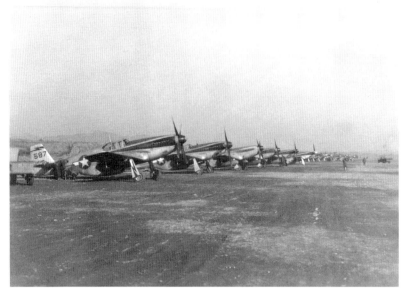

外號「黑色閃電」的 118 中隊，以遂川機場為基地不斷對地面日軍實施空襲，抵銷日軍「一號作戰」的成果。（Robert Bourlier via Museum of Aviation）

進入 1943 年夏天以後， 308 大隊的 B-24 陸續抵達昆明，賦予了第 14 航空軍遠程轟炸的能力。圖中一架 B-24 正從昆明機場起飛，地面上有兩架 75 中隊的 P-40K，其中寫有「日本人的天譴」（Nipponese Nemesis）字樣的那架為戈登中尉（Mathew M. Gordon Jr.）的座機。（NARA）

兩艘平底船在 75 中隊棄守衡陽機場前，被文森特將軍動員來搬運物資使用。（U.S. Air Force）

1942 年成立的美國陸軍婦女輔助隊，在戰時也有被派駐到重慶與昆明，照片中她們正在與蔣中正夫婦共進下午茶。（U.S. Air Force）

這架取名「戰爭厭倦」（War Weary），原本屬於 23 大隊的 P-40K，後來被用於訓練國軍飛行員，1944 年 5 月的一次事故中於昆明墜毀。（U.S. Air Force）

陳納德將軍的兒子約翰少校（John S. Chennault），在 1945 年 2 月到 5 月擔任第 311 大隊的大隊長，以西安為基地負責華北戰場的空中作戰，旁邊可看到其他休息中的飛行員在玩牌消遣。（U.S. Air Force）

缺乏現代化設備的中國農民，往往能依靠強大的意志與勞動力在短時間內為陳納德鋪設起他所需要的機場，是第 14 航空軍能取得勝利的最關鍵原因。此為在戰爭後期，在四川瀘縣建造的機場。（U.S. Air Force）

1944 年 12 月 18 日，308 大隊的 B-24 和 20 轟炸機司令部的 B-29 一起轟炸日軍第 11 軍在漢口的據點，給當地造成極為慘烈的破壞，23 大隊也參與了護航任務，並在空戰中重創了日軍 25 與 85 戰隊。（U.S. Air Force）

1943年9月2日，文森特派出74中隊的P-40掩護11中隊的B-25空襲九龍，照片中冒煙的是荔枝角被炸彈擊中的儲油槽。（U.S. Air Force）

CATF的標誌，戴上了山姆大叔高帽的「飛虎」，象徵原本屬於中華民國空軍的飛虎隊由美軍納編。（U.S. Air Force）

341 大隊 11 中隊的 B-25 轟炸機，對中國沿海的日本船隻實施低空炸射。
（U.S. Air Force）

國軍於 1945 年 5 月 27 日收復南寧，在機場上重新升起中華民國與美國國
旗。（U.S. Air Force）

負責守衛駝峰航線安全及支援中國遠征軍反攻滇西的第 14 航空軍 26 中隊飛官，在警報聲響起後正奔向他們的 P-40，準備起飛攔截敵機。（U.S. Air Force）

蔣中正委員長造訪第 14 航空軍司令部，與司令陳納德少將合影留念，肯定美國飛行員多年來為中國抗戰付出的努力。（NARA）

文森特將軍於 1944 年 12 月 8 日卸下了第68 混合聯隊的聯隊長職務,為美國還有中華民國都付出了極大的心力,經過「一號作戰」的折騰後已心力憔悴。(US Air Force Historical Research Agency)

陳納德親自陪同國府軍政首長視察第 14 航空軍的前進基地,左起沈昌煥、陳誠、陳納德、白崇禧、陳納德通譯長舒伯炎上校、黃琪翔與劉峙。除黃琪翔外,其他國軍相關人員都來到了臺灣。

第 14 航空軍貼在司令部牆壁上的作戰成果，雖難免有誇大的嫌疑，卻有激勵士氣的效果。（U.S. Air Force）

到了 1945 年 2 月，整個日本佔領區都陷入第 14 航空軍野馬戰機的打擊範圍之內，哪怕是上海、南京、濟南與青島等核心地帶都沒有一個地方是安全的。（U.S. Air Force）

美國重建了整個太平洋戰爭爆發前遭摧毀的中華民國空軍，包括隸屬中美混合團，以 B-25 轟炸機為主力的第 1 轟炸機大隊。（U.S. Air Force）

在加州范登堡空軍基地第 30 太空聯隊的隊部外，展示了一架 P-40E 的原比例復刻模型，以激勵過去、現在以及未來的「飛虎隊」員。

陳納德將軍從 1937 年到 1945 年離開為止，全程經歷了八年對日抗戰，是中美聯合的最佳見
證人。（NARA）

陳炳靖中校序

　　看到《飛行傭兵》的作者許劍虹，再接再厲出版飛虎隊的歷史著作，身為106 歲的抗戰老兵，我感到非常欣慰。尤其這次他寫的，與當年我所服役的第 23 戰鬥機大隊有密切關係，讓我看到更是百感交集。23 大隊的前身——第 23 驅逐機大隊成立於 1942 年 3 月 1 日，同年 7 月 4 日起以 23 大隊的名義正式投入對日作戰，是中華民國空軍美籍志願大隊，即飛虎隊的直系傳人。

　　美國投入第二次世界大戰後，由於以打倒納粹德國為優先目標，並不願意派遣太多第一線飛行員來中國參戰。陳納德將軍為了彌補員額上的不足，還有實現他以美式制度重建中華民國空軍的構想，決定讓在美國完成飛行訓練的第一批中國飛行員編入 23 大隊。我很榮幸成為十二名被分發到該大隊的中國飛行員之一，而且還是出了最多空戰英雄的第 75 戰鬥機中隊。

　　75 中隊從第一任中隊長希爾（Tex Hill）開始，出了許多英雄好漢，包括巴姆勒（Albert Baumler）、艾利森（John R. Alison）以及羅培茲（Don S. Lopez）等人，在美國都是家喻戶曉的傳奇人物。我剛到隊時的中隊長格斯少校（Edmund R. Goss），也有打下六架敵機的紀錄，相信當年如果沒有他們的英勇奮戰，大後方還有更多老百姓會死在日軍的空襲之下。

　　當年 23 大隊以第 74、75、76 等中隊為主力，每個中隊各分發四名中國飛行員。和我一起分發到 75 中隊的，有蔣景福、王德敏與黃繼志等三名同學。我們四人的共同點，是在該中隊服務時都有因飛行意外或者遭敵人攻擊而摔飛機的紀錄，但不同之處在於我是四人當中唯一活著見證日本投降的隊員。

　　經過了八十年之後，不要說參加過 23 大隊的，甚至第一批派到美國受訓的中國飛行員，或者整個空軍官校第十二期的畢業生，恐怕也都只剩下我一個人

了。看到今天中華民國空軍 F-16 飛行員，繼續到我當年受訓的路克空軍基地學飛行。我覺得八十年過去了，雖然世界上有很多事情都改變了，不過中國人和美國人的友誼永遠不變，也不應該變。

　　我忘不了在路克基地帶我學飛行的教官，忘不了指揮我作戰的格斯少校，更忘不了待我如親生骨肉的美國乾媽。身為第二次世界大戰的親歷者，尤其是曾經被日軍俘虜，虐待了整整一年又十個月的戰爭受難者，我深深期望的是戰爭永遠不要再發生在這個地球上。美國與中國，大陸與臺灣，都應該從八十年前的苦難中學到教訓，攜手建立一個和平的世界。

　　過去我曾經克服膚色、文化還有語言的困難，與 23 大隊的美國袍澤發展出親如兄弟的關係。因為有我們在 23 大隊的努力，才有了後來中美混合團的成就。八十年前的我們可以做到，我相信今天的美國人、大陸人還有臺灣人一樣可以做到。希望太平洋兩岸還有臺灣海峽兩岸的人民，能夠將我們飛虎隊當年的合作精神傳承到下一個八十年。

陳炳靖
空軍官校第十二期畢業，前美國陸軍第 23 戰鬥機大隊第 75 中隊飛行員，前中華民國駐菲律賓空軍武官，已於 2022 年 12 月 22 日在香港去世。

郭力升將軍序

本人與作者許劍虹先生相識至今已近二十年，斯時許先生尚在美國加州大學就讀，熱愛研究我國空軍戰史與對日抗戰時期「飛虎隊」（Flying Tigers）歷史，令人印象深刻。渠旅居美國期間，密集走訪各大知名航空博物館、國家級軍史館、國家檔案局等，並先後專訪我國空軍旅美耆宿、美空軍飛虎老將（含陳香梅女士）及其後人，得以將「飛虎隊」這段逐漸遠去的輝煌歷史，在官方紀錄之外完整保存，重現其傳奇於世人，意義非凡。

在完成在美加州大學學業後，劍虹先生返臺進入淡江大學國際事務與戰略研究所進修，並獲頒碩士學位，爾後成為軍史工作者與業餘專欄作家，常於「許劍虹觀點」發表論述、評析時事，亦積極走訪大陸來臺與臺籍老兵（含日軍、國軍、偽軍、被俘共軍等），為保存臺灣大時代故事貢獻心力。尤其，作者治學嚴謹、論述客觀，對於史實考證與史料解析非常深入，期間亦先後完成著作《飛行傭兵》與《那段英烈的日子》，均可謂軍史權威之作。

作者本次推出《中美聯合》一書，明確指出現今臺美軍事合作交流，係在延續抗戰時期飛虎隊、在臺美軍顧問團（MAAG）、合製生產 F-5E/F 老虎 II 型戰機，乃至於美國在臺協會安全合作組（SCO/AIT）之歷史主軸，而其中眾多關鍵人物，都來自於故事主角——美國空軍第 23 戰鬥機大隊（23rd FG），不僅參與兩岸事務，也影響海峽情勢與亞太地區和平穩定。23 大隊現駐防於美國南方喬治亞州穆迪空軍（Moody AFB, GA），配備戰力強大之 A-10C「雷霆」攻擊機，大隊部與所屬 74、75 中隊，至今仍以「飛虎」為單位代名與標誌，可謂美國空軍作戰部隊中，最能彰顯與傳承華美軍事合作歷史之單位。

個人猶記得 2011 年擔任駐美陸軍武官時，曾獲邀前往華府近郊阿靈頓國家

公墓，參加前駐華美空軍23大隊第75中隊長——飛虎老將約翰艾利森將軍喪禮。儀式由美國空軍參謀長史沃茲上將（Norton Schwartz）主持，而出席之75中隊代表則兵分兩路，其中A-10C攻擊機四架，由穆迪基地起飛至阿靈頓公墓上空，執行「缺席編隊」（Missing Man Formation）告別飛行儀式，其他人員則不辭辛勞，連夜長途駕車北上華府，全體盛裝恭送老隊長遠行，充分展現「飛虎薪傳」之精神，亦令在場觀禮人士十分動容。作者在書中也說明，艾利森將軍不僅在對日抗戰期間，駐防中國戰區、協力國軍作戰著有功績，後來任職諾斯洛普飛機公司時，更大力推動與我國合作生產F-5戰機。故當時在艾氏告別喪禮上，我國駐美代表袁健生大使，也代表馬英九總統頒贈我國政府褒揚令，並追贈大同勳章，以彰顯其畢生貢獻。

　　最後，個人認為本書內容相當精彩豐富，除23大隊的傳奇故事，亦大量收錄自抗戰時期以來，國軍與美軍重要史籍資料，具有高度學術研究價值，除可做為作者《飛行傭兵》等書之補遺與後記，亦可提供航空史研究者、國軍史政單位、軍事教育院校（基礎、進修與深造班次）參考，本人鄭重推薦。

郭力升
陸軍官校五十六期畢業，曾在美軍突擊兵學校受訓，進入北約防衛學院進修，擔任駐美陸軍武官與航特部副指揮官等要職。

自序

　　這是《飛行傭兵：第一美籍志願大隊戰鬥史》的續作，以中華民國空軍美籍志願大隊改編而成的美國陸軍航空部隊 23 大隊為核心，將「飛虎隊」剩下的故事完整交代清楚。究竟「飛虎隊」的定義是什麼，其實直到今天美國、臺灣與中國大陸都還沒有統一的定義。在美國提及「飛虎隊」，有些人堅持只能是指美籍志願大隊，也有人認為可以涵蓋從美籍志願大隊、駐華航空特遣隊（China Air Task Force, CATF）到第 14 航空軍在內所有陳納德（Claire L. Chennault）將軍二戰期間在中國指揮過的飛行部隊，其中包括中美空軍混合團（The Chinese American Composite Wing, CACW）。如果一定要在兩種看法中找一個中間值，那麼唯一真正有資格被視為「飛虎隊」直系傳人的單位只有 23 大隊，因為 23 大隊正是由美籍志願大隊直接改編而成，且三個主要中隊的編制都能從美籍志願大隊中找到根源。更何況 23 大隊時至今日仍存在於美國空軍的編制之中，尤其所衍生而成的 23 聯隊也還在使用「飛虎隊」做為部隊番號。

　　而在臺灣，提到「飛虎隊」一般是指美籍志願大隊與中美混合團兩支在編制上隸屬於中華民國空軍，並且於機身或機翼上漆有青天白日徽的單位。23 大隊還有其他隸屬第 14 航空軍的純美軍單位，一般不會被列入中華民國政府對內部的宣傳範圍，自然使臺灣本地知道 23 大隊歷史的人少之又少。更何況經歷 1979 年的中美斷交後，國內輿情對美國的態度一度極為惡劣，外加「本土化」與「去中國化」在解嚴後逐漸成為臺灣學界的研究主流，知道曾經有一支 23 大隊來到中國大陸與國軍並肩作戰的國人實在不多。甚至就連知道何為「飛虎隊」的人在臺灣也不多，從而導致整個歷史話語權一度被對岸整碗捧去的狀況發生。筆者之所以花了近二十年的時間研究志願隊與第 23 大隊的歷史，整理出版這兩本書的

目的，就是希望中華民國能夠挺身而出捍衛理當屬於自己的歷史。尤其鑑於臺灣與美國的安全合作關係正在回溫當中，了解這段歷史在 21 世紀的當下更富有時代意義。

　　研究二戰時的 23 大隊為什麼重要？首先在於美國二戰期間將中國定位為一個以打空戰為主的戰場，沒有派遣地面部隊來華參戰，所以美國對中華民國的支持首先反應在美國派了什麼樣的航空部隊到中國來。23 大隊並非美國唯一在太平洋戰爭期間派來中國的戰鬥機大隊，可 23 大隊從 CATF 時代到第 14 航空軍時代，都被視之為陳納德將軍的嫡系子弟，不只作戰最為賣力，也在相當長的時間裡是美國對華軍事援助的一大象徵。其次是中華民國空軍曾派遣十二名飛行員進入 23 大隊服務，藉由與美軍戰友並肩作戰適應美軍的戰術技法以及領導統御模式。後來也是以他們在 23 大隊的經驗為基礎，陳納德在第 14 航空軍的架構下成立了中美混合團，試圖將我國空軍融入美軍的作戰架構。也是靠著在中美混合團融入美軍架構的國軍飛行員，空軍得以在抗戰末期重建，並一度發展成東亞第一強的戰術空中武器。換言之，沒有 23 大隊來華參戰，就不會有我們今天的這支中華民國空軍。

　　更重要的是，雖然 23 大隊的主戰場是在中國大陸，但是也藉由參加 1943 年 11 月 25 日對新竹的空襲，而與臺灣有了不小的關聯。所以即便從臺灣史研究的角度出發，23 大隊的歷史仍有不可抹煞的一筆。八十年前加入 23 大隊與中美混合團的國軍飛行員，享受到等同今日北約的美國盟友待遇，有機會融入美國領導下的多國聯合作戰架構，甚至有機會和波蘭飛行員一起戰鬥。

　　經過八十年的發展後，美國面臨中共在印太地區的崛起，更加重視發展與日本、南韓、新加坡、澳洲、紐西蘭、印度等盟邦的聯合作戰模式。就連沒有正式邦交的臺灣，未來都將在這個聯合作戰架構中扮演關鍵要角。在今日美國空軍的 23 聯隊的 A-10 都被派到關島來威力展示的當下，中華民國更是不該妄自菲薄。透過研究 23 大隊的歷史，了解當年國軍是如何被美軍選中成為開啟印太地區多國聯合作戰架構的第一個盟友。這不只對當下中華民國與美國聯手遏制中共武力

擴張的「備戰」層面上有所助益，在維持兩岸和平與印太區域穩定的「避戰」方面也大有幫助。

　　儘管近年美「中」關係緊張，還是有為數不少的大陸人懷念「飛虎隊」來華助戰的歷史，就連當今反美情緒最強烈的共軍或歸附中共的游擊隊，在戰爭期間都有營救八十名盟軍飛行員的光輝紀錄。從 23 大隊衍生而出的二戰中美合作史，如今已成為美國、臺灣以及中國大陸三方的最大公約數。如果臺灣能夠有所掌握，不只能夠用於拉攏美國遏止共軍的輕舉妄動，還能扮演推動緩和美國與中國大陸關係的推手，無論是戰是和，是要「備戰」或「避戰」都能帶來積極正面的影響。或許這也是為什麼在第 14 航空軍成立屆滿 80 週年的今天，我們持續研究 23 大隊歷史的意義。

　　從《飛行傭兵》到《中美聯合》，筆者踏入「飛虎隊」的研究迄今已有超過二十年之久，能夠完成自然是獲得了不少的貴人幫助。首先要感謝的，是接受過我訪談的 23 大隊飛行員，他們有希爾將軍（David L. Hill）、艾利森將軍、陳炳靖中校、貝特曼中尉（Oliver Bateman）以及奧德羅中尉（Leonard O' Dell）。

　　五位飛行員以第一人稱視角，從美籍志願大隊到駐華航空特遣隊，再到第 14 航空軍，由不同的歷史階段介紹 23 大隊的發展，令我感到受益良多。尤其才於 2022 年 12 月 22 日過世的陳炳靖中校，更是當年十二名被分發到 23 大隊的其中一位國軍飛行員，更能夠從有別於一般美國飛行員的視角講述 23 大隊來華作戰的時代意義，給筆者留下極為深刻的印象。已故的中美混合團老英雄喬無遏將軍與他的兒子喬為智，也從第五戰鬥機大隊飛行員的角度探討了中華民國空軍與 23 大隊的合作，尤其是喬無遏以分隊長身份帶領 75 中隊作戰的故事，聽了更是讓筆者感到耳目一新，原來國軍不只是單方面接受美軍援助，還能指揮美軍飛行員戰鬥。除了歷史當事人之外，過去二十年來也有許許多多人在筆者研究的道路上給予了不同程度的支持。首先要感謝的是從高中時代以來一路陪伴筆者，帶領筆者進入美國軍事史研究，還送了筆者許多「飛虎隊」相關書籍的安德森先生（Robert Anderson）。

　　接著則是在美國出了三本戰時中美合作相關書籍，提供筆者不少美國空軍第一手文獻的傑克森（Daniel Jackson），他同時也是美國空軍特種作戰司令部的少校飛行員，能從現役飛行員的視角給筆者寫戰史時帶來全新的啟發。也有不少來自臺灣的朋友，在筆者研究志願隊還有 23 大隊的過程中幫上了許多大忙。筆者之所以能結識到艾利森將軍，來自於前陸軍第 8 軍團副指揮官郭力升將軍的幫助。原來郭力升將軍 2006 年 11 月在美國陸軍戰爭學院（US Army War College）就讀時，獲邀前往本寧堡（Fort Benning），出席他曾經受訓過的美國陸軍突擊兵學校（US Army Ranger School）畢業典禮，並在活動現場結識了艾利森將軍。後來透過郭將軍的協助，我於 2006 年底返臺過聖誕假期時拜會了艾利森將軍在臺北經商的兒子小艾利森（John R. Alison），再透過這層關係於 2007 年在華府成功訪問了艾利森將軍。前空軍官校校長田在勱中將，曾擔任過空軍第 5 戰術混合聯隊的聯隊長，這層與中美混合團的特殊淵源，使他成為全臺灣最熱衷於研究「飛虎隊」的國軍將領。

　　2016 年筆者有幸獲田在勱與喬為智的邀請，出席了在亞特蘭大迪卡爾布桃樹機場（Dekalb Peachtree Airport）舉辦的中華民國空軍美籍志願大隊 75 週年年會，並在會場上向美國大眾講解 23 大隊大隊長希爾率領中美混合團空襲新竹的歷史。這樣的經驗，讓筆者有更多的信心挖掘 23 大隊的歷史，可以說沒有兩位將軍的幫忙，這本小書是不會完成的。此外筆者還訪問了諸多抗戰末期接受過 23 大隊支援的抗戰榮民先進，試圖加入過去 23 大隊相關英語書籍所不曾有過的國軍視角。能做到這點必須感謝國軍退除役官兵輔導委員會的幫助，在此還必須感謝退輔會主委，同樣是空軍 5 大隊出身的馮世寬將軍幫助。本書所參考的第一手文獻，多來自於阿拉巴馬州麥斯威爾空軍基地（Maxwell Air Force Base）的空軍歷史研究中心（Air Force Historical Research Agency）、加州史丹佛大學胡佛研究所（Hoover Institution）、馬里蘭州大學公園市（College Park）的美國國家檔案館（National Archives and Record Administration）。

　　另外位於南加州的聖地牙哥航空與太空博物館（San Diego Air & Space

Museum）與喬治亞州魯賓士空軍基地（Robins Air Force）的航空博物館（Museum of Aviation）內，都有大量關於美籍志願大隊、駐華航空特遣隊以及第 14 航空軍的展品和收藏。尤其魯賓士基地旁的航空博物館內，更有前 23 大隊大隊長史考特（Robert Lee Scott Jr.）將軍的展示展區。臺灣的空軍軍官學校軍史館與航空教育展示館與 23 大隊相關的展示有限，但國史館內有許多筆者在美國都找不到的文獻與照片，大幅增添了本書取材的多元性與豐富性。在此衷心感謝國史館將檔案文獻數位化並上傳網路的德政，賦予了我們這些研究者更便利的研究環境。來自身邊親朋好友的支持與打氣，也是筆者能完成本書的一大關鍵。在此感謝劉文孝、傅鏡平、傅鏡暉、劉永尚、文良彥、吳餘德以及張文等前輩引領我進入中華民國航空史研究的領域。另外在此還要向王立楨與李安兩位旅居美國的前輩致意，因為他們協助我訪談了戰時以空軍第 4 大隊飛行員身份 23 大隊有過接觸的華僑飛行員朱安琪上尉。華人社會收藏「飛虎隊」文物史料最齊全的彭斯民老師，則讓我知道在臺灣還有比自己更熱血的「飛虎迷」存在。

　　現居加拿大的鍾綿和先生，還向我提供了他父親鍾柱石教官等空軍官校第 12 期學生在美受訓時的照片，為非常重要的第一手史料。本書採用的日文資料，則感謝朱家煌醫師與蕭明禮博士的幫助，讓筆者得以對美日雙方的戰果做更詳細的比對，雖然要做到百分之百的精確幾乎不可能。感謝金剛出版社的林信賢先生，為我出了《飛行傭兵：第 1 美籍志願大隊戰鬥史》，為我出書講解「飛虎隊」歷史的篇章拉開序幕。葉裕顯、李博儒、陳建中、吳尚融、何思齊、林廣挺、謝君典、賴冠丞、余柏毅以及郭冠佑等歷史同好的陪伴，更是筆者能完成本書的最佳動力。來自 5 聯隊的前 F-16 飛行官林國裕上校，是多年來與筆者一起訪問「飛虎隊」老兵的同好，他不幸於今年 3 月的一起飛行事故中遇難。沒能讓他看到本書的出版，誠屬筆者最大的遺憾。本書能完成還要感謝從小把我撫養到大的父母，沒有他們與家裡其他長輩給我的栽培，我是不可能有足夠的資源往來於太平洋兩岸做研究的，為此筆者沒齒難忘。最後則要感謝陪在我身邊一起訪談榮民先進的潘　蓉，過去 10 年來的相處真的是辛苦她了。本書為史上第一本以 23 大隊

為主角的正體中文書，希望能透過臺灣讀者所能了解的語言向大家介紹這支空中武力在對日抗戰以及中美關係歷史上的重要性。

第一章

「歐洲優先」的前提下，在中國牽制住日本

外籍飛行員支援國民政府的抗日作戰，遠在歐洲戰事開打之前的 1932 年就已經發生了。隨著世界戰雲密佈，除了家喻戶曉的美籍人士之外，包括當時的蘇聯，以及義大利等國家，或多或少都在國民政府建立空中力量的過程之中提供過不同程度的協助。然而，美國是這些國家當中，依然堅定支持中華民國，並且在神州大地，建立起一支與美國始終關係密切的中華民國空軍。

打從第一次世界大戰結束以來，伴隨著俄羅斯帝國與德意志帝國的垮台，還有大英帝國及法蘭西的衰弱，西太平洋逐漸淪為大日本帝國和美利堅合眾國角逐霸權地位的舞台。擁有龐大土地與人口的中國，更被美日雙方視為重點爭取對象，美國做為率先發明飛機的國家，更是將中國視為最有潛力的航空市場。

美國「空權之父」米契爾上校（William L. Mitchell），早在 1924 年就預料美國與日本終有一戰，且相信中國將成為美軍用於空襲日本的前進跳板。自國民政府成立以來，美國就強化對中國航空產業的投資，寇蒂斯－萊特（Curtis-Wright）公司率先與交通部合作成立中國航空公司（China National Aviation Corporation），接著其持股又由泛美航空公司（Pan American Airways）接手。期望壟斷中國市場的日本，則先下手為強發動「九一八事變」，佔領東北三省與熱河。美國在以「不承認主義」面對日本佔領東北的同時，更積極投入到中華民國

空軍的建設之中。然而，受到孤立主義（Isolationism）國策的影響，所有美國對中國航空事務的介入都是由退役或者民間飛行員開始的。

　　然而，在親眼目睹到日本對中國平民的無差別空襲之後，這些飛行員很難不義憤填膺。1932年2月19日，聘請來中國展示波音218驅逐機（即P-12外銷型）性能的美國飛行員蕭特（Robert M. Short）就對三架日軍航空母艦鳳翔號的中島三式艦上戰鬥機發動攻擊。當時正值中日兩軍在上海交鋒的「一二八事變」之際，全面抗戰都還沒開始，他因此成為了第一個與日軍在空中交火的美國飛行員。不幸的是，蕭特在2月22日另外一次對加賀號航艦上的十三式艦上攻擊機實施掃射時，遭到三架三式艦上戰鬥機擊落身亡。蕭特成為第一位在對日空戰中獻出生命的美國飛行員，獲得國民政府真誠的感謝。蔣中正委員長因此下定決心以美國為師培訓中華民國空軍。當中央航空學校成立時，裴偉德（John H. Jouett）率領的美國顧問團被聘請來華，致力於將杭州筧橋打造成「東方的蘭道夫基地」。（註一）但是，由蕭特推銷的波音218機，並沒有如他本人一樣受到國民政府青睞，寇蒂斯－萊特公司的飛機，直到抗戰爆發前都主宰著中國的航空市場。

　　寇蒂斯－萊特之所以受到國民政府青睞，在於他們1933年4月請到了全球最優秀的特技飛行員杜立德（James H. Doolittle）來華駕駛Hawk II驅逐機（外銷型的F11C）做了精彩絕倫的飛行表演。他的表現給孔祥熙、宋子文以及吳鐵城等國府要員留下了深刻印象。伴隨著BF2C驅逐轟炸機的外銷型（Hawk III）成為中華民國空軍的主力，寇蒂斯－萊特公司又於杭州開設中央飛機製造廠（Central Aircraft Manufacturing Company），在中國為空軍組裝這批飛機。

　　對日抗戰爆發前，美國對中華民國的民航、空軍飛行訓練以及航空工業的發展參與相當之深。受到國民政府內部派系鬥爭的影響，孔祥熙為了與宋子文、宋美齡對抗，又引進義大利顧問團，導致美國顧問團的影響力一度式微。雖然宋美齡又聘請了陳納德上尉來華擔任中央航空學校總顧問，但美國政府仍受制於孤立主義影響而無法大規模援助中國。這時候，擔憂遭到日本與德國夾擊的蘇聯，取代了與德國、日本結為盟友的義大利，成為唯一向中華民國空軍伸出援手的國家。

空權外交的先聲

然而致力於輸出共產主義的蘇聯，看在蔣中正眼中是一個威脅程度不下於日本的外來威脅。蘇聯飛行員雖然表現英勇，卻可能在空軍飛行員群體中產生親蘇和親共的力量。尤其抗戰初期中國共產黨發表《共赴國難宣言》，加入蔣中正領導下的國民政府投入對日抗戰的宣傳之中，對做為空軍飛行員最大來源的青年知識份子頗有吸引力。（註二）

中蘇兩國之間的合作關係，伴隨著蘇聯 1939 年 8 月 23 日與德國簽署《德蘇互不侵犯條約》而逐漸惡化。蔣中正憂慮中國會如同波蘭的命運遭到蘇聯與日本瓜分，在立場上更加親近英法起來。

中蘇關係的惡化，在蘇聯入侵芬蘭之後更顯惡化。當時中華民國是國際聯盟的非常任理事國，而根據國際聯盟所採取的「共識決」，只要有一個非常任理事國對驅逐蘇聯一事投下反對票，蘇聯就能保持住國際聯盟席位。駐國聯代表顧維鈞最後投下了棄權票，導致蘇聯被驅逐出了國際聯盟。

國民政府的決定被史達林視之為「背叛」，逐漸終止了對空軍的援助。航空委員會主任周至柔將軍向蘇聯要求 MiG-1 戰鬥機、Il-4 轟炸機 300 架的申請，同樣也為史達林所無視。進入 1941 年以後，與蘇聯的關係更是因為國共兩軍在「新4 軍事件」中直接開打而陷入僵局，導致史達林轉而尋求與日本和解，於 1941 年 4 月 13 日批准《日蘇中立條約》的簽訂。蘇聯以此換來遠東地區的安定，不再介入中國的對日抗戰，國民政府徹底淪入孤立無援的局面。眼見國民政府撐不下去了，羅斯福總統在《日蘇中立條約》簽署兩天後的 1941 年 4 月 15 日批准強化美國對中國的航空援助。

羅斯福在 1941 年 5 月 6 日宣佈將中華民國納入《租借法案》的架構之中，使中華民國空軍能夠如同英國皇家空軍一般納為美國援助的對象。緊接著駐菲律賓美國陸軍航空隊司令克萊格准將（Henry B. Clagett）於 1941 年 5 月 17 日到訪重慶，對空軍進行詳細的觀摩與考察。克萊格將軍在 6 月 6 日拜會蔣中正，針對

中美聯合對日作戰的議題進行深入探討，蔣中正甚至向克萊格提出了將部份駐菲律賓美軍飛行單位轉移到中國的建議。到了 7 月 3 日，美國陸軍參謀長馬歇爾將軍（George C. Marshall）又宣佈將派遣馬格魯德准將（John L. Magruder）使華，組建以深化中美軍事合作為目標的美國駐華軍事代表團。除了美籍志願大隊將在 8 月 1 日成立外，美國政府還接受了克萊格將軍建議，允許空軍派員赴美受訓，這點最為蔣中正感到欣慰。包括陳炳靖在內的第一批空軍官校第 12 期共 50 名學生，於 1941 年 10 月 5 日啟程，拉開中華民國空軍「美國化」的序幕。

讓中國留在戰場上

　　首批空軍赴美留學生剛抵達一個月，美國就因為珍珠港事變的爆發而正式參戰，中華民國也追隨著美國還有英國的腳步對德國、義大利和日本等三大軸心國宣戰，有了並肩作戰的盟友。當美籍志願大隊在雲南以及緬甸投入對日空戰的同時，同盟國於 1941 年 12 月 22 日在華府召開「亞凱迪亞會議」，確立了以打倒納粹德國為優先的「歐洲第一」戰略。不過考量到日軍是以建立「大東亞共榮圈」的名義發動太平洋戰爭，且日軍在東南亞的英國還有荷蘭殖民地大受當地民眾歡迎，普遍被視為「解放者」看待的情況下，中華民國做為同盟國當中唯一的有色人種國家，還是有相當重要的戰略地位。除了軍事上將 100 萬日本陸軍拖死在中國的戰略泥沼之外，還可以在政治上打破日本帝國對黃種人、亞洲人乃至於全球有色人種概念的壟斷。於是羅斯福批准了地理範圍涵蓋中國、越南以及泰國的中國戰區成立，他推薦由蔣中正出任中國戰區最高統帥，並派遣史迪威將軍（Joseph W. Stilwell）到重慶協助蔣委員長指揮中國戰區的美軍部隊。

　　到了 1942 年 1 月 1 日，羅斯福又不顧史達林與邱吉爾的反對，將中華民國和美國、英國、蘇聯並列簽署《聯合國家宣言》26 個簽署國當中最早簽署的四個國家之一，讓中華民國取得「四強」地位。當年的中國非但不是強國，甚至不是一個統一的國家，就連國民政府也分裂成蔣中正領導的重慶國民政府與汪精衛

領導的南京國民政府。

汪精衛以帶領中華民族擺脫鴉片戰爭以來「西方帝國主義」加諸在中國人身上的枷鎖為號召，在戰爭初期日軍勢如破竹的當下，對海內外華人頗具吸引力。如果中國人也如同泰國人、印度人、緬甸人、馬來人以及印尼人一樣為「大東亞共榮圈」口號所吸引過去，英美在西太平洋的影響力將被連根拔起，「歐洲第一」戰略也沒有施行意義了。於是「讓中國留在戰爭中」便成為羅斯福對華政策最重要的戰略目標，他不只要讓重慶國民政府成為代表4億5,000萬中國人的唯一合法政府，還要以讓蔣中正晉身「四強」領袖為手段，滿足中國人擺脫「百年國恥」的心理需求。

要確保重慶國民政府持續抗日，扮演英美所賦予的「自由中國」角色，就必須要確保重慶國民政府能持續經由滇緬公路取得作戰物資。泰國與越南境內沒有盟軍，滇緬公路位於英國殖民的緬甸境內，同屬英國殖民地的印度又是唯一能確保物資經由緬甸流入中國的安穩大後方。因此從美軍的角度出發，還是必須要將印度、緬甸以及中國維持在同一個指揮架構內，才能確保重慶以及中國戰場上的盟軍的供應不被切斷。比如1942年2月12日在俄亥俄州派特森基地（Patterson Field）成立的第10航空軍，就是以印度首都新德里為據點，負責指揮與供給美軍在中國戰區的空中作戰。剛由少將晉升為中將的史迪威將軍，也在3月3日抵達昆明，負責將美軍在中國、緬甸與印度的作戰單位統合起來。只是史迪威剛抵達中國不到五天，就傳來緬甸首都仰光在3月8日淪陷的消息，滇緬公路不幸還是為日軍切斷，美軍必須另尋他法來確保中華民國繼續留在戰爭之中。既然從地面上無法援助重慶，那麼是否還有其他管道呢？

轟炸作戰未能在中國生根

仰光淪陷形同重慶國民政府失去了最後一條陸上交通補給線，更意味盟軍無法在中國戰場上發起大規模的地面反攻，中國對美國的價值只剩下作為對日本發

動戰略轟炸的前進跳板。

珍珠港事變以來，美國一連規劃了三場對日本本土的空襲行動，而且三場都與中國有關。第一場空襲行動為海恩斯上校（Caleb V. Haynes）領導，由一架B-24D 與 12 架 B-17E 轟炸機組成的「阿奎拉特遣隊」（Force Aquila）。「阿奎拉特遣隊」原本要以浙江衢州為跳板，對日本本土實施空襲，卻遭到蔣中正否決，原因是他擔心一旦日軍發現美軍轟炸機是由衢州機場起飛，勢必要在浙江發起大規模地面攻勢，到時候顧祝同將軍手下第 3 戰區的國軍部隊恐怕抵擋不住。於是「阿奎拉特遣隊」剛抵達印度集結完畢，空襲行動就宣佈取消。海恩斯與其副手史考特（Robert L. Scott Jr.）百般無奈之下將他們的轟炸機和機組人員交給第 10航空軍，另外在緬甸戰場上組織專門為盟軍執行空投補給以及傷患撤離任務的阿薩姆－中國－緬甸運輸司令部（Assam-Burma-China Ferrying Command）。

第二場針對日本本土的轟炸最有名，因為這是三場空襲行動中唯一被真正執行的「杜立德空襲」。16 架來自美國陸軍第 17 轟炸機大隊的 B-25B 轟炸機，在早年來中國推銷戰機的杜立德中校率領下從航空母艦大黃蜂號（USS Hornet, CV-8）上起飛，分別對東京、橫濱、橫須賀、名古屋以及神戶等地實施空襲後，飛往中國沿海。按照原訂計劃，16 架 B-25B 是要在原先安排給「阿奎拉特遣隊」使用的衢州機場降落，然後再飛往昆明供陳納德指揮。美國航艦的行蹤為日本警戒漁船發現，杜立德只能下令 B-25B 提早起飛，導致 16 架轟炸機完成任務後沒有足夠的燃料飛往衢州。更糟糕的是，史迪威為了防止蔣中正那次駁回「阿奎拉特遣隊」般推翻行動，直到杜立德出發前都沒將相關消息通報重慶。衢州機場沒能及時開燈導引 B-25B 降落，最後的結果是 16 架飛機中除了一架平安降落海參威外，其餘 15 架都在中國墜毀。除了三人在迫降過程中死亡，八人遭日軍俘虜之外，其餘 64 名「杜立德空襲」的參與者都在第 3 戰區國軍幫助下安返後方。

顧祝同指揮的第 3 戰區，雖然有能力保護美國飛行員不被日軍搜捕，卻無力抵擋駐上海的日軍第 13 軍發動大規模地面攻勢，所以長期採取避戰策略以保存實力。可沒想到支那派遣軍司令官畑俊六大將，在得到轟炸「帝都」的 B-25B 機

群都迫降在中國沿海的消息後，命令駐漢口的第 11 軍與第 13 軍一起針對第 3 戰區發起「世號作戰」，即國軍所稱呼的浙贛會戰，導致 25 萬浙江沿海軍民死亡。蔣中正先前反對「阿奎拉特遣隊」的理由，沒想到就此成真，也讓杜立德為此感到愧疚不已。

　　第三場空襲行動是哈佛森上校（Harry A. Halvorson）指揮，由 23 架 B-24D 轟炸機組成的「哈波羅計劃」（HALPRO）。結果因為德軍將領隆美爾率領德國非洲軍團向利比亞的托布魯克發動攻勢，第 10 航空軍不得不將這 23 架 B-24 派往埃及支援北非戰局。浙贛會戰的慘痛教訓與「歐洲第一」的戰略指導，都讓美國陸軍航空部隊無法將足夠的戰略轟炸機來華投入對日轟炸。中國在盟軍的規劃下仍是以空中作戰為主的戰場，只是擔綱主力的是戰術戰鬥機部隊。

註一：Randolph Air Force Base，戰前就是著名的陸軍飛行訓練中心，現為美國空軍教育與訓練司令部所在地。

註二：陳炳靖中校口述訪談，2016 年 2 月 28 日於香港沙田帝豪酒店。空軍官校第 12 期畢業的陳炳靖表示，與他一起考空軍的兩個同學當中有一人遭到淘汰，對方後來索性參加中共領導的新 4 軍去了。陳炳靖坦承，如果自己當年沒考上空軍，也相當有可能投效新 4 軍。

第二章

舉步維艱的成軍過程

　　太平洋戰爭爆發之初，盟軍面對日軍凌厲的攻勢兵敗如山倒，急需來自戰場上的好消息以提振軍心士氣。陳納德指揮的美籍志願大隊，在昆明與仰光上空一連贏得三場空戰，滿足了同盟國士氣上的需要，也讓馬格魯德將軍產生了讓「飛虎隊」納入美國陸軍指揮架構的想法。

　　羅斯福總統於 1941 年 4 月 15 日批准美國陸軍、海軍以及陸戰隊人員以民間人士身份，與中央飛機製造廠簽約參加中華民國空軍的原因，是因為當時美國尚未對日宣戰，靠美籍志願大隊這個「白手套」能確保美國的中立國地位。珍珠港事件後，伴隨著美國對日本宣戰，此一「白手套」不只不再必要，長此下去還將使中國戰區的補給系統更加複雜。只要「飛虎隊」持續隸屬中華民國空軍，美軍就不能透過自身的後勤體系為美籍志願大隊提供補給，而必須透過針對國軍的外援體系來執行。

　　馬格魯德在 12 月 31 日提出將志願大隊併入美國陸軍航空隊的建議，並向蔣中正毛遂自薦擔任中美聯合空軍總指揮官，試圖讓陳納德歸併美軍後出任由志願大隊改編而成的 23 大隊的大隊長，然後再讓自己地位凌駕於陳納德之上。

　　考量到陳納德不只是一名優秀的戰鬥機指揮官，而且還從 1937 年 5 月起就抵達中國，對四年來的抗戰局勢有更透徹的了解，蔣中正駁回了馬格魯德的建議，以表達對陳納德的支持。到 1942 年 1 月底，陳納德在蔣中正支持下確定自己將隨志願隊一起納入美軍，取得美國陸軍准將軍階並繼續指揮中國戰場上所

有盟軍飛行部隊之後，他才勉強同意志願隊的歸併計劃。為了迎接歸併之日的來臨，陸軍航空隊選在 1942 年 3 月 1 日這天於維吉尼亞州蘭利機場（Langley Field）成立 23 大隊，即本作的主角。

由於 23 大隊的任務，是到中國戰場來收編美籍志願大隊的人員與飛機，所以首任大隊長卡伯森少校（Robert A. Culbertson）的編制，在成立之初只有 100 名從蘭利機場臨時招募來的軍士官，根本沒有一丁點的戰力可言。沒有飛機也沒有飛行員的 23 大隊，如被趕鴨子上架般的在 3 月 17 日搭上被美國海軍徵用的郵輪巴西號（USS Brazil），從南卡羅來納州的查爾斯頓出發展開駛往印度的海上之旅。

一路上他們經過波多黎各的聖胡安、西非自由城、南非開普敦、好望角、伊莉莎白港與莫三比克海峽進入印度洋。5 月 15 日，美國陸軍航空部隊將其麾下的驅逐機大隊通通改名為戰鬥機大隊，所以當第 23 驅逐機大隊於 5 月 17 日抵達印度喀拉蚩時，他們的正式番號已變更為 23 戰鬥機大隊。^{（註一）}他們並非第一支抵達印度的美軍戰鬥機大隊，由桑德爾斯上校（Homer Sanders）指揮的第 51 戰鬥機大隊早在 3 月份就進駐喀拉蚩，其麾下擁有三個中隊的 P-40E 戰鬥機。而 23 大隊到了 5 月都還只存在於帳面上，要盡快將有經驗的「飛虎隊」空地勤人員，還有他們的 Hawk 81A-2 以及 P-40E 戰鬥機收編。如果史迪威沒有選擇陳納德的老對手畢塞爾（Clayton L. Bissell）擔任自己的航空參謀，或許這個任務可以更順利完成才是。

失敗的歸併

陳納德與畢塞爾兩人早在對日抗戰爆發以前就積怨已久，兩人 30 年代在阿拉巴馬州麥斯威爾基地（Maxwell Field）陸軍航空隊戰術學校服務時，就時常針對驅逐機是否應該被淘汰這個議題爭得面紅耳赤。畢塞爾對陳納德撰寫的教範《防衛驅逐機之角色》（*The Role of Defensive Pursuit*）冷嘲熱諷，指出轟炸機組員

完全可以靠「鐵鏈」[註二]擊落來襲的驅逐機，不再需要驅逐機護航。最終陳納德因為過度堅持驅逐機研發的重要性，不為阿諾德（Henry H. Arnold）等主張發展轟炸機優先的陸軍航空隊高層所接受，被迫以上尉軍階提早退役。以畢塞爾為代表的「轟炸機黑手黨」是導致陳納德被逐出美軍主流的元兇，自然不可能得到陳納德真心的原諒與認可。另外一個美軍更失敗的安排，是讓畢塞爾搶在陳納德前一天，即 1942 年 4 月 21 日晉升為准將，讓陳納德深信此舉是為了繼續讓畢塞爾爬到自己頭上。這不僅加深了陳納德對畢塞爾的敵視，也讓陳納德跟著一起痛恨起畢塞爾的頂頭上司史迪威，為日後史迪威與蔣中正的衝突埋下伏筆。

　　而志願隊的「飛虎」們，在陳納德指導下贏得空戰史上的奇蹟之後，對「老頭子」（Old Man）陳納德佩服得更是五體投地。他們對美軍高層，乃至於整個世界的認知都來自於陳納德，對於過去打壓過自己長官的畢塞爾更是不可能產生什麼好感。讓「飛虎」們更難以忍受的，是畢塞爾完全不顧及他們在緬甸和中國待了近一年後，急於回家休假的感受，還威脅如果他們不接受陸軍的歸併條件，只要一回到美國本土就會被徵為步兵。志願隊隨軍牧師傅保羅（Paul Frillmann）指出，當時美軍高層完全沒有提到給「飛虎」們休假或者放假的條件，而是要他們納入陸軍架構後就即刻投入戰鬥，這是導致歸併失敗的最直接原因。願意跟著志願隊一起併入 23 大隊的「飛虎」只有五名飛行員與 34 名地勤人員，歸併失敗了。[註三]事實上畢塞爾內心對志願隊的表現是認可的，只是他在推動歸併過程表現得官僚又僵硬，外加陳納德對他的既定偏見已經形成多年，才導致這個沒有任何一方得到好處的結果。

　　即將負責指揮在華美軍飛行部隊的陳納德，也知道自己不可能靠五個老鳥帶領一群菜鳥贏取勝利，於是千拜託萬拜託其他飛行員多停留兩星期為第 23 大隊傳授經驗。所幸還是有 19 名飛行員與 23 名地勤人員買帳，願意多待兩個星期，23 大隊才不至於在形成戰力之初就遭遇擁有豐富作戰經驗的日軍輾壓。不過兩個禮拜終歸只是兩個禮拜，陳納德還是必須要靠沒有參加過志願隊的飛行員來維持 23 大隊的戰力。此刻正好有九名美國陸軍資深飛行員正以向志願隊「討教」

的名義來中國飛行，他們當中唯一有實戰經驗的，是參加過西班牙內戰的巴姆勒（Albert J. Baumler）。巴姆勒在西班牙內戰時駕駛蘇聯製的 I-15 雙翼機、I-16 單翼機支援共和政府作戰，創下擊落五架敵機的作戰紀錄。事實上巴姆勒早在 1941 年底就與中央飛機製造廠簽約參加了美籍志願大隊，卻因為珍珠港事變的爆發而被迫重返美軍。直到 1942 年 5 月，他才如願以償以美軍上尉身份被派往中國，跟著「飛虎隊」一起投入對日空戰。

大隊長由誰來當？

1942 年 6 月 12 月，戰力逐漸完善的 23 大隊開始派地勤人員進駐昆明的志願隊司令部的當兒，大隊長卡伯森少校卻因為水土不服而病倒。這無疑給陳納德添加了一個新的麻煩，那該選誰來擔任新的大隊長呢？陳納德固然是證明了自己的實力，此時已經晉升為准將的他早已超過指揮一個戰鬥機大隊的格局。第 10 航空軍已派遣裝備 B-25 轟炸機的第 11 轟炸機中隊進駐昆明，與 23 大隊共組駐華航空特遣隊，由陳納德擔任 CATF 司令，同時指揮轟炸機與戰鬥機作戰。巴姆勒固然是有實戰經驗的優秀飛行員，當時美軍戰鬥機大隊長必須是上校，而巴姆勒卻只是個上尉。五名志願加入陸軍的前志願隊員更不可能，他們基本上連美國現役軍人都不是，就算納編美軍以後，畢塞爾願意給他們的最高軍階也只能到少校而已。尤其當中的希爾、瑞克特（Edward F. Rector）以及布萊特（John G. Bright）三人戰前效力海軍，出於對陸軍航空部隊本位主義的維護，也不好讓他們太快升到上校。要解決這個問題，勢必要從志願隊之外尋找優秀的飛行員來擔任大隊長。

上一章我們所提到的「阿薩姆－中國－緬甸運輸司令部」司令海恩斯上校與他的副手史考特上校，此刻仍致力於維持駝峰航線的運作。這條從印度汀江（Dinjan）經由喜馬拉雅山飛往昆明的空中橋梁，取代了滇緬公路成為盟軍援助中華民國的補給線。對於一心想轟炸日本的兩名飛官而言，駕駛無武裝的 C-47

運輸機顯然不夠刺激，到前線投入與日軍的作戰才是他們的夢想。史考特上校更以護衛駝峰航線為由，從美軍供應給中華民國空軍的《租借法案》物資中借了兩架共和廠的 P-43A 槍騎兵戰鬥機，給他自己與海恩斯上校當往來汀江和昆明的私人座機使用。等史考特飛到昆明幾次，與陳納德混熟了以後，他就放膽向陳納德提出借一架 P-40 戰鬥機來護航駝峰航線的要求。陳納德爽快同意了這個請求，指出美軍向「飛虎隊」提供的新型 P-40E 戰鬥機都會經由駝峰航線飛往中國，所以史考特上校只要等待下一批 P-40E 抵達汀江的時候挑一架去飛就可以了。

　　果然如陳納德所言，三架 P-40E 在 1942 年 4 月 29 日抵達汀江，史考特便挑選了一架編號 41-1456 的戰鷹式戰鬥機給自己。他駕著這架戰鬥機，沿途掃射在密支那（Myitkyina）與八莫（Bhamo）一帶活動的日軍。西點軍校畢業的史考特之所以獲得陳納德信任，不只是他對戰鬥的投入，還有他對美軍官僚架構的厭惡（註四）。後來史考特便在陳納德推薦下拜會蔣中正夫婦，並從蔣夫人手中獲贈翠玉一枚，象徵由他擔任上校大隊長的安排得到重慶最高層的認可，史考特也從此被視為蔣委員長的「嫡系」子弟看待。至於海恩斯上校，則被任命為 CATF 轟炸機司令部司令，統領第 11 轟炸機中隊的 B-25 轟炸機。

在青天白日徽之下戰鬥

　　正當越來越多 23 大隊的先遣人員抵達昆明，開始跟先前志願隊的人員並肩作戰的方式累積經驗的同時，日本陸軍航空隊仍沒有放棄殲滅「飛虎隊」的努力。駐廣州的日軍第 23 軍軍飛行隊，從 5 月 19 日起便針對桂林、柳州、南雄、贛州與衡陽等華南及華中的機場實施空襲行動，試圖將尚未誕生的 CATF 扼殺於搖籃之中。6 月 12 日，飛行第 54 戰隊八架九七式戰鬥機與獨立飛行第 84 中隊的五架二式複座戰鬥機「屠龍」，掩護五架飛行第 90 戰隊的九九式雙引擎爆擊機空襲桂林。他們遭到志願隊第 1 中隊 11 架 P-40 的頑強抵抗，其中九九式雙輕一架、九七戰一架以及二式複戰兩架遭到擊落，還有一架「屠龍」在返航途中墜毀。「飛

虎隊」方面只有龐德（Charles R. Bond, Jr.）的 Hawk 81A-2 被打到失去動力後迫降，他在國軍幫助下平安返回基地。除來自第 1 中隊的志願隊飛行員外，還有美國陸軍的麥斯特斯（Romney Masters）少尉參與作戰。這些被派來中國取經的陸軍飛行員，尚未等到 23 大隊形成戰力，就迫不及待駕駛漆著青天白日徽的 P-40 投入實戰。

這場空戰給日本陸軍飛行員帶來極大的震撼，比如第 54 戰隊第 3 中隊的中隊長林彌一郎大尉，雖然沒有遭到擊落，他的九七戰卻給打出了 34 個彈孔。此外，在空戰一週後提出的檢討報告中，54 戰隊第 3 中隊的九七戰飛行員們認為 P-40 的爬升與俯衝性能極為優秀，並指出若美軍取得高位優勢，向下攻擊位於低位的日軍時，九七戰除非在數量上佔有極大優勢，否則將難以避免陷入苦戰。其次，該中隊飛行員還認為 P-40 的機槍火力強大、準確度良好；而且美軍飛行員戰技純熟，不可輕侮，P-40 間的相互掩護亦相當優良，屢次讓九七戰陷入無法徹底攻擊的境地。至於二式複座戰鬥機的飛行員們，雖然堅稱屠龍的速度略優於 P-40，但也不得不承認在運動性的表現上還是 P-40 較佳。

為了雪恥，54 戰隊在 10 天後的 6 月 22 日又派出 14 架九七戰空襲由志願隊第 2 中隊駐防的湖南衡陽。負責保衛衡陽的第 2 中隊副隊長瑞克特，手下只有六架 P-40E 可供使用，於是他向桂林第 1 中隊的尼爾（Robert H. Neale）提出支援的要求。不過受到惡劣氣候影響，尼爾無法向瑞克特伸出援手，第 2 中隊只能單獨迎戰。六架升空的 P-40E 當中，其中一架是由陸軍的飛行員巴姆勒駕駛。經過一番激烈的纏鬥之後，共有四架九七戰被擊落，其中一架就是巴姆勒的戰果^{（註五）}。雖然戰果是漆著青天白日徽的 P-40E 所取得，6 月 22 日的這場空戰對美國空軍仍具備劃時代的意義。

為了進一步統合中國與印緬戰場上的美軍，史迪威將軍選在 6 月 22 日成立中國－緬甸－印度戰區（China-Burma-India Theater）司令部，簡稱「中緬印戰區」。中緬印戰區的司令部雖然位於重慶，可史迪威卻將戰區的指揮重心放在印度，統領三個戰場空中作戰的美國陸軍第 10 航空軍司令部則設在新德里，距離

志願隊大隊部所在的昆明有 2,414 公里遠。這意味志願隊歸併美軍後，將會遇到極為複雜的指揮問題，所有任務都要先請示 2,414 公里外的第 10 航空軍司令部獲得同意後才能執行，勢必將浪費太多的時間與資源在訊息的傳達上。

此外第 10 航空軍麾下不只有 23 大隊這麼一支戰鬥機大隊，印度喀拉蚩機場還有一支 51 大隊。撇開畢塞爾與陳納德兩人的私人恩怨不談，總部在新德里的第 10 航空軍勢必還是會從本位主義的角度出發，更照顧 51 大隊。比如 68 架從非洲飛到喀拉蚩的 P-40E 戰鬥機當中，只有 25 架被分配給 23 大隊，其他 43 架全部保留給了 51 大隊，使陳納德與第 10 航空軍的關係更是劍拔弩張。

駐華航空特遣隊全數到位

6 月 26 日，人在汀江的史考特上校接獲陳納德的電報，要求他 7 月 4 日前向 23 大隊報到。史考特只有駕駛 P-40E 戰鬥機單獨作戰兩個月的經驗，所以陳納德先安排在中國多停留兩個星期的志願隊首席王牌英雄尼爾擔任臨時大隊長，直到 7 月 19 日才由累積到足夠實戰經驗的史考特接手。蔣中正在 7 月 3 日下達了中華民國空軍美籍志願大隊解散的命令，宣告「飛虎隊」就此走入歷史。23 大隊將於 7 月 4 日接手志願隊留下的裝備與人員並形成戰力，23 大隊也因此成為美國陸軍航空部隊歷史上，第一支在戰場上編成的戰鬥機大隊，只不過併入美軍架構後的志願隊，沒有如陳納德與蔣委員長所想像的那般獲得更多裝備的補充。成立之初的 23 大隊，基本上只有志願隊留下來的 20 架 Hawk 81A-2 與 15 架 P-40E 兩款戰機，外加 10 架「借」自中華民國空軍的 P-43A 槍騎兵戰鬥機，只達「飛虎隊」成立之初三分之一的戰力。除了先前答應的 25 架 P-40E 戰鬥機與 25 名飛行員外，有長達半年的時間 23 大隊是沒有得到任何飛機補充的。

史迪威沒能利用志願隊歸併的機會，實踐他答應蔣委員長提升駐華美軍航空戰力的承諾，使蔣中正在立場上更加偏向陳納德的判斷，為兩人日後的爭端埋下了另外一個引爆點。不幸的是，23 大隊還沒正式成軍之前的 7 月 3 日，就

發生了第一起死亡意外。當天溫斯理二等兵（Frank Wamsley）在清空一架 Hawk 81A-2 的機槍時，不慎按下了三○機槍的扳機，打死站在機槍口前的另外一位二等兵布朗（Marshal F. F. Brown）。陳納德沒有時間為死去的布朗難過，甚至沒有時間為即將回國的志願隊飛行員辦餞別大會，因為他比任何人都知道日本的航空兵力不會給 23 大隊絲毫喘息的時間，反而會利用這段青黃不接的時期發起大規模攻勢。另外陳納德也知道，自己無法以僅有的 51 架 P-40 戰鬥機迎戰從泰國轉移回中國戰場的日本陸軍第 3 飛行師團（3 飛師）。於是他以累積實戰經驗為由，向 51 大隊「商借」一支額外的戰鬥機中隊來華助戰，讓成立之初的 23 大隊至少維持四個中隊的戰力。

51 大隊的大隊長桑德爾斯上校雖然與志願隊關係不好，但還是在畢塞爾將軍的指示下同意派遣一個中隊的飛行員到中國參戰，以落實第 10 航空軍收編志願隊時所開出的條件。他手下第 16、第 25 與第 26 三個戰鬥機中隊飛行員在印度是悶得發慌。透過媒體宣傳得知「飛虎隊」的事蹟後，他們迫不及待想到中國去與陳納德並肩作戰，於是由三個中隊長甩骰子來決定要派誰去，最後是由楊格少校（Harry B. Young）指揮的第 16 戰鬥機中隊獲選。至於志願隊麾下的第 1、第 2 以及第 3 中隊，則被改編為 23 大隊的第 74、第 75 與第 76 戰鬥機中隊，都由歸併美國陸軍的前志願隊飛行員指揮。74 中隊留守昆明大後方，使用 Hawk 81A-2 培訓剛抵達中國的菜鳥飛行員，中隊長是史基爾少校（Frank Schiel, Jr.）。同為海軍出身並且效力志願隊第 2 中隊的希爾與瑞克特少校，分別擔任 75 中隊和 76 中隊的中隊長。以上四個戰鬥機中隊，再加上由海恩斯指揮，下轄八架 B-25C 轟炸機的第 11 轟炸機中隊，形成 CATF 初始的空中打擊能力。

註一：第二次世界大戰爆發後的 1942 年 3 月 2 日，美國陸軍航空隊（United States Army Air Corps）改編為美國陸軍航空部隊（United States Army Air Forces），與美國陸軍地面部隊（United States Army Ground Forces）、美國陸軍後勤部隊（United States Services of Supply）成為美國陸軍三大支柱。

註二：畢塞爾認為轟炸機飛行員可以直接甩鏈球出飛機趕走敵人攔截機。

註三：關於到底有多少志願隊員併入 CATF，飛行員數字是五人，地勤人員 34 人，相關數據由飛虎協會（Flying Tigers Association）歷史與博物館委員會主席艾倫（Albert "Trip" Alyn）提供，感謝美國空軍少校飛官傑克森（Daniel Jackson）協助取得。

註四：他與海恩斯在 5 月 4 日奉命駕駛一架 C-47 飛往西保（Shwebo），將史迪威將軍從緬甸叢林裡撤出，可史迪威卻要求他們將傷兵撤走就好，自己要與少數親信一路走到印度。海恩斯與史考特急於完成任務，一度產生把史迪威打昏後再將其載走的想法，儘管這個想法最終沒有執行，史迪威大難臨頭還堅持作秀的行為卻給他們留下了相當惡劣的印象。

註五：巴姆勒過去在西班牙內戰時效力的共和政府，是由蘇聯支持的左翼政權，這讓巴姆勒很難避免被軍方懷疑他「思想左傾」。可也正是這位被懷疑「思想左傾」的飛行員，取得了美國陸軍航空部隊在中國戰場上第一個擊落敵機的紀錄。

第三章

新舊交替之際的作戰

　　美籍志願大隊雖無法阻止日軍席捲東南亞，他們在緬甸的奮戰還是給日本陸軍航空隊帶來了非常大的震撼，並對「飛虎隊」進駐華南的情況保持密切關注。在美軍大量進駐，現有志願隊隊員還留在當地等候後續發展的這段空窗期，雙方的作戰依然你來我往，日軍更是趁機肆無忌憚，美方人員也因為兩國的正式宣戰，態度與想法比起過去都還要從容起來。

　　奉命迎戰志願隊的日軍第 1 飛行團團長今西六郎少將，對「飛虎隊」即將歸併美軍一事瞭若執掌，知道光憑 54 戰隊裝備的九七戰已無力抗衡 P-40。今西六郎透過支那派遣軍，向大本營提出調派一式戰鬥機「隼」到中國的申請。對美軍進駐中國不敢掉以輕心的陸軍，很快對今西六郎的要求做出回應，先是把獨立飛行第 10 中隊派回明野飛行學校換裝「隼」，然後又於 7 月 1 日把駐菲律賓，裝備九七戰的飛行第 24 戰隊派往滿洲國海拉爾，完成一式戰的接機工作後再派往廣州支援第 1 飛行團迎戰 23 大隊。志願隊改編成 23 大隊是公開的秘密，就連中國共產黨在重慶的報紙《新華日報》，也在歸併前一天的 1942 年 7 月 3 日做出以下評論：「現在飛虎隊即將改編為美國派遣在華作戰的正式空軍，我們祝賀其過去的成功，並盼美國當局更加強其實力，予敵更大的打擊。」

　　既然中共都如此高調宣傳了，那麼日軍又怎麼可能讓 23 大隊平穩地形成戰力呢？飛行第 62 戰隊率先發難，在 7 月 4 日清晨分三批派出九七式重爆擊機空襲志願隊第 2 中隊駐防的衡陽與第 1 中隊駐防的零陵。由於 P-40 不具備夜間作

戰的能力，62 戰隊的戰隊長大西洋中佐相信他能在夜色掩護下給志願隊帶來最大的傷害，同時又讓自己的損失降到最低。只是當第三批九七重爆抵達衡陽上空時，已經是早上 6 點了，太陽早就已經高高掛在天上。雖然有 54 戰隊的 12 架九七戰護航，他們仍被志願隊打得落花流水。九七重爆是僥倖全部飛回基地，但負責護航的九七戰仍被打下了四架。這是中華民國空軍美籍志願大隊的最後一場，也是美國陸軍 23 大隊的第一場空戰，結果以日軍慘敗告終。剛換裝完「隼」的獨立飛行第 10 中隊也派出七架戰機參與 7 月 4 日對衡陽的行動，卻沒能與 P-40 接觸。

同一天在昆明，就任第 74 戰鬥機中隊少校中隊長的史基爾以 Hawk 81A-2 組成的空中分列式向世人宣告「飛虎隊」正式解散。分列式一結束，所有戰機機身上象徵中華民國的青天白日都被移除，改由美軍的五角白星取代。隔日志願隊第 2 中隊的中隊長希爾率領九架 P-40E 由昆明飛往桂林，就地改編為美國陸軍航空部隊的 75 中隊。原本隨第 2 中隊派駐在衡陽的瑞克特，也帶著他手下的 P-40E 機群回到桂林接受改編為 76 中隊。今西六郎敢對陳納德實施「夜襲」，陳納德自然也不願意讓他放鬆下來，立即命令希爾在 7 月 6 日率領 75 中隊四架 P-40 掩護第 11 轟炸機中隊五架 B-25 出擊廣州天河機場。

23 大隊不愧是美軍史上第一支在戰場上編成的戰鬥機大隊，才成軍不到兩天就對日本佔領區發起了空中攻勢。負責華南空中作戰的日軍第 23 軍飛行隊，立即指派 54 戰隊的九七戰起飛迎戰。結果正如今西六郎所評估的，九七戰終究不是 P-40 的對手，54 戰隊的抵抗只是讓希爾與另外一位前志願隊飛行員佩塔奇（John Petach）各自聲稱打下一架九七戰，儘管兩架戰果都沒能得到日方戰史的確認。

日軍兵力分散的致命傷

比起只有 57 架戰機與八架轟炸機的美國陸軍 CATF，以漢口為據點的日本

陸軍第 1 飛行團有近 200 架飛機，是前者的三倍之多。日軍的建軍深受法國與德國的「大陸軍主義」影響，將航空兵力視為地面部隊的「附屬品」看待。無論是四引擎的遠程轟炸機，還是以殲滅敵空軍，爭奪制空權的戰鬥機都沒受到重視，只有支援地面部隊作戰的直接協同偵察機獲得日本陸軍高層青睞。所以第 1 飛行團團長今西六郎少將手下的飛機，時常被抽去支援地面部隊，沒有辦法被他集中用來消滅 23 大隊。比如換裝完一式戰「隼」的獨立飛行第 10 中隊，剛回到中國就被分配給廣州的陸軍 23 軍指揮，以支援華南地區的地面作戰。最後還是今西六郎團長向支那派遣軍據理力爭，才爭取到將第 10 中隊重新納入第 1 飛行團的指揮之下，掌握手中所有的「隼」去壓制 23 大隊。

　　雖然第 1 飛行團看似從華南、華東以及華北三個方向將美軍層層包圍起來，實際上真正能抽出來對抗 23 大隊的兵力十分有限。今西六郎還必須分出足夠的兵力，去支援上海的日軍第 13 軍打通浙贛鐵路，並投入北支那派遣軍針對中共游擊隊的「華北治安戰」。只有裝備「隼」的第 10 中隊與飛行第 24 戰隊能與第 23 大隊相抗衡，另外還有獨立飛行第 18 中隊的三架百式司令部偵察機提供情報支援。第 1 飛行團有的數量優勢，就因為上述各種主觀與客觀因素被抵銷掉了。與之相反的是，陳納德真的將手中的兵力視為一支獨立作戰的飛行單位。雖然手中的戰機有限，但他永遠把主動權掌握在手中，絕對不會因為飛機少就陷入被動防禦的窘境，而是持續發動進攻，目的就是不讓日軍判斷出自己真實的兵力。

　　7 月 10 日，75 中隊奉命飛往江西林川為當地的國軍提供空中支援。不幸的是，答應在中國多停留兩星期的佩塔奇、山伯林（Arnold Shamblin）兩位前志願隊，卻遭日軍地面砲火擊落身亡。志願隊已經解散，卻還是不斷有前成員死亡的消息傳來，確實讓陳納德倍感難過。可戰爭的腳步仍持續前進，根本不給陳納德停下來感傷的機會。

　　兩名前隊員戰死的同一天，51 大隊「借」給陳納德的第 16 中隊的八架 P-40 抵達桂林。值得一提的是，隨楊格中隊長一起來到中國的八名飛行員當中，有一位叫艾利森的上尉與陳納德將軍頗有淵源。1941 年 4 月，還是中尉的艾利森曾

在華府的伯林機場（Bolling Field）向返美爭取軍援的陳納德、毛邦初與宋子文展示 P-40B 的飛行能力，讓陳納德留下深刻印象。陳納德甚至告訴宋子文與毛邦初，中華民國空軍最優先需要的不是 100 架 P-40B，而是 100 位像艾利森一樣優秀的美國飛行員。後來艾利森又被阿諾德將軍選中，派往倫敦出任美國陸軍駐英國助理武官，協助皇家空軍飛行員換裝 P-40。待希特勒撕毀《德蘇互不侵犯條約》，向蘇聯發起進攻之後，蘇聯也被納入「租借法案」的援助範圍之內，艾利森又被派往莫斯科協助蘇聯空軍接收 P-40、A-20 以及 B-25。艾利森完成了他在英國與蘇聯的任務後，終於被派到了中國戰場，準備在陳納德的指揮下大顯身手。

挫敗第二次「世號作戰」

　　1942 年 7 月 18 日，除了陣亡的佩塔奇與山伯林外，多停留在中國兩星期的志願隊 17 名飛行員和 23 名地勤人員完成了他們對陳納德的承諾，開始陸續回國。尼爾正式將第 23 大隊長的職務交給史考特上校，為美籍志願大隊的歷史畫下句點，從此之後中國戰場的空中作戰被正式交到了美軍手中。

　　此刻來華支援的 16 中隊已經進駐零陵，與衡陽的 75、桂林的 76 中隊形成捍衛華中與華南前線的「鐵三角」。過往在緬甸作戰時，23 大隊的前身志願隊已經與日軍飛行第 64 戰隊的一式戰較量過，所以光派裝備「隼」的 10 中隊或者 24 戰隊不足以給三個中隊的 P-40 飛行員造成驚喜。今西六郎於 7 月 20 日下令發起第二次「世號作戰」，企圖以轟炸機將 P-40 摧毀於地面。可飛行第 62 戰隊 1941 年 12 月 23 日在仰光首次迎戰志願隊，派出的 15 架九七重爆就被打掉五架，戰隊長大西洋中佐比任何人都知道，對有 P-40 駐防的基地實施白晝轟炸是何等的自殺行為，似乎只有夜襲才能確保自己的全身而退。

　　抵達中國的艾利森上尉認為 16 中隊的飛行員太「菜」，毫無作戰經驗可言，主動申請調往前志願隊第二號王牌飛行員希爾指揮的 75 中隊擔任副中隊長。或許因為他過去優異的飛行技術給陳納德留下了深刻印象，艾利森的申請很快就得

到批准，離開 16 中隊前往衡陽向 75 中隊報到去了。然而出乎艾利森意料之外的，是首批迎戰 62 戰隊夜襲的正是 16 中隊的菜鳥們。

7 月 26 日到 27 日晚間，警報網收到 62 戰隊第 1 中隊三架九七重爆來襲零陵的情報，兩名菜鳥飛行員格斯上尉與隆巴德中尉（John D. Lombard）立即升空迎戰。格斯遭遇到了九七重爆，立即以 P-40E 上的六挺機槍予以掃射，雖然沒有擊落任何一架敵機，卻迫使 62 戰隊放棄了攻擊。當晚該戰隊第 2 中隊試圖發起第二次夜襲，結果還沒抵達零陵空域，就因為得知格斯上尉與克林格中尉（Dallas A. Clinger）兩架 P-40E 已經升空而掉頭折返武昌。「初生之犢不畏虎」的三名菜鳥飛行員，憑藉勇氣阻止了日軍 62 戰隊的第一場夜襲行動。

然而，相較於擊落敵機來說，阻止敵機來襲對第 23 大隊士氣上的正面影響還是不一樣的，所以艾利森到了衡陽以後，就立即與富有空戰經驗的巴姆勒研究在夜空中擊落日本轟炸機的竅門。7 月 30 日半夜 2 點，艾利森與巴姆勒等來了夢寐以求的機會，62 戰隊又派了三架九七重爆來襲衡陽。當晚他們駕駛各自的 P-40E 起飛攔截。

黑夜同時影響了攻守雙方的視線，九七重爆飛過了衡陽機場跑道三次後，才發現目標的正確位置並準備投彈。可還來不及等他們投下炸彈，艾利森的 P-40E 突然出現在三架九七重爆的正前方，一場空戰隨即爆發。日機立即向艾利森開火，他卻臨危不亂，僅用了兩秒就將編隊正中央的長機打到冒著黑煙、擊落。當艾利森準備對第二架敵機展開攻擊時，他發現自己的 P-40E 已經中彈，大量的黑煙與燃油阻礙了視線。在這緊要關頭，還是巴姆勒及時趕到，將艾利森無法繼續攻擊的這架九七式打成一團火球。艾利森在座機失去動力前，對最後一架日機開火，子彈不偏不倚擊中其油箱並將之當場引爆。

衡陽上空首戰一式戰

九七重爆半空中爆炸的畫面，被 75 中隊空地勤人員、國軍將士以及衡陽老

百姓當場目擊，大家的情緒都沸騰了起來。不過艾利森的 P-40E 也因為發動機中彈而徹底失控，最後迫降於湘江的水面上。所幸有位中國青年划著木筏靠近，一把將湘江裡的艾利森拖了上去，然後交由國軍送回衡陽機場。^{（註一）}巴姆勒的座機，則在 75 中隊排列好的燈籠指引下，成功降落衡陽機場的跑道上。三架九七重爆的損失，挫敗了第 1 飛行團發起的第二次「世號作戰」，今西六郎不免惱羞成怒，命令 24 戰隊的戰隊長高橋武少佐率領 27 架「隼」與 10 中隊的 12 架「隼」會合後，飛往衡陽機場殲滅 75 中隊。75 中隊與 16 中隊集結了 10 架 P-40E，在希爾以及前志願隊飛行員布萊特率領下起飛攔截。數小時前才與艾利森一起起飛攔截 62 戰隊的巴姆勒也參加了這場戰鬥。他們飛到 19,000 英尺高空，並在機場附近空域發現來襲的「隼」，隨即由上向下發起俯衝攻擊。

希爾以對頭攻擊先將其中一架「隼」給打成重傷，沒想到對方知道自己飛不回廣州了，居然朝地面上一架用來蒙騙日軍的竹製假 P-40 撞下去。但自殺攻擊還是沒有成功，最後在 50 英尺外的跑道上爆炸。布萊特先將一架「隼」打至重傷向下墜落，但是後方卻跳出另外一架「隼」向他不斷掃射攻擊，迫使布萊特只能趕緊俯衝以躲避敵機。所幸原本被布萊特打成重傷的「隼」，仍持續被布萊特的僚機飛行員，16 中隊的杜林中尉（William W. Druwing）攻擊。杜林不斷開火，直到目睹眼前的「隼」墜毀為止。

除了希爾與杜林的戰果外，巴姆勒當天也聲稱擊落一架敵機，還有一架由 16 中隊的上尉飛行員萊利斯（Robert L. Liles）擊傷。當天日軍聲稱擊落四架 P-40，可實際上 23 大隊在 30 號沒有任何戰損，倒是日軍 10 中隊真的在衡陽上空失去了一架「隼」，正是被希爾擊傷後，又對地面上的假 P-40 實施自殺攻擊卻又失敗的那一架。返回地面降落後的希爾中隊長，還為此踢了日本飛行員的屍體幾腳洩憤。

7 月 30 日的空戰是第 23 大隊與「隼」的第一次戰鬥，以第 1 飛行團的失敗畫下句點。日軍今西六郎團長可嚥不下這口氣，隔日又動員 24 戰隊的 27 架「隼」返回衡陽意圖殲滅 75 中隊。

這次布萊特率領75中隊與楊格率領的16中隊分頭迎戰，布萊特在第一波與敵機的交火中就將一架敵機在半空中打到爆炸。布萊特向第二架開火，雖然將之打到冒煙，但這架一式戰還是急轉彎躲掉了布萊特的致命一擊。75中隊飛行員米契爾少尉（Mack A. Mitchell）注意到有幾架「隼」正在掃射停在地面上的三架P-40戰機，於是便衝下去驅趕敵機，可沒想到他衝得太快，居然飛到了兩架敵機的正前方。於是他緊急拉了回來，對身後的兩架「隼」實施對頭攻擊。日機試圖利用本身的靈活性向上方逃竄，但其中一架的機腹還是被米契爾少尉擊中，這架一式戰的殘骸不久後為平民發現，證實了米契爾的戰果，事後他為此獲頒銀星勳章（Silver Star）表揚。隆巴德、克林格與格林三人也各自聲稱擊落一架敵機，為16中隊取得了最早的敵機擊墜紀錄。

第3飛行師團重返中國

如果23大隊飛行員的聲稱屬實，那麼7月31日有六架「隼」被擊落，而且同一天單機執行任務的大隊長史考特上校也聲稱在耒陽上空打下兩架敵機。全部算起來的話，這一天至少有八架「隼」被擊落，光聽23大隊單方面的說法不夠，還是必須要搭配第1飛行團的紀錄才行。根據《關內陸軍航空作戰》的記載，7月31日合計共有三架「隼」在空中「自行解體」，其「自行解體」的原因卻是因為操作「過於猛烈」。在一場空戰中出現三架戰機「自行解體」，怎麼24戰隊、第1飛行團以及整個支那派遣軍沒有下令「隼」停飛？是否高橋武戰隊長為了維護顏面，不願意在戰報中承認7月31日在衡陽上空有三架「隼」被P-40擊落？

另，24戰隊聲稱打下六架P-40，實際上當天沒有一架P-40被擊落，23大隊儼然是衡陽連續兩天以來空戰的勝利者。如果從艾利森與巴姆勒夜間起飛攔截九七重爆算起，加上23大隊聲稱的戰果結合起來，36小時內他們擊落的日機數量多達了17架。

中國軍民多年來飽受日軍無差別轟炸，他們並不會在乎23大隊聲稱的戰果

真實與否，對來到中國幫忙「打鬼子」的美國飛行員只有發自內心的真誠感激。三天內擊落 17 架敵機的紀錄，對國民政府而言確實能有效提升抗敵士氣，更何況即便日軍損失的實際上只有七架，對第 23 大隊而言仍是偉大的勝利。所以零陵縣政府還是在 1942 年 8 月 1 日為 16 中隊舉行慶功宴，他們向該中隊頒發了一面上書「空中長城」四個大字的錦旗。錦旗上面還有一座畫有鯊魚牙，長有一對翅膀的萬里長城，讓楊格中隊長看了非常驚喜，他不只接下了這面錦旗，還要求弟兄們把長了翅膀的萬里長城設計成 16 中隊的標誌，使「空中長城」（The Great Wall in the Air）成為了他們的外號。

　　一心想以戰逼和，迫使重慶政府脫離同盟國陣營，與南京政府合作實現「全面和平」的日軍大本營，眼見 CATF 難以殲滅，決定將新加坡的 3 飛師調回南京，在支那派遣軍指揮下進一步統合中國戰場上的航空兵力殲滅美軍。

　　3 飛師前身為第 3 飛行集團，於 1939 年 9 月 1 日在南京成立，以協助支那派遣軍推翻重慶政府為目標。在 3 飛師成立以前，日軍對華空中作戰是以長江為界，北邊由陸軍航空隊負責，南邊則交給海軍航空隊。直到 1939 年，為了因應滿洲國與蘇聯之間的諾門罕邊界衝突，原本隸屬北支那派遣軍的航空兵團改隸關東軍，於是另外成立第 3 飛行集團以指揮調度中國戰場上的陸軍飛行部隊。

　　選擇以南京為第 3 飛行集團的司令部所在地，意味著日軍不再遵照「北陸軍、南海軍」的任務配置，由於太平洋戰爭爆發在即，海軍將轉往太平洋與東南亞戰場專心對付英美盟軍。不料太平洋戰爭爆發後，就連隸屬陸軍的第 3 飛行集團都被派往東南亞地區支援馬來半島以及緬甸的攻略作戰。也因為這個原因，第 3 飛行集團數度與當時尚未解散、駐緬甸的美籍志願大隊交手。某種意義上來說，第 3 飛行集團可以稱得上是第 23 大隊的「老對手」。

　　日本陸軍航空隊參考德國空軍編制，於 1942 年 4 月 15 日將所有飛行集團改稱為飛行師團，因此第 3 飛行集團改編成第 3 飛行師團。

古柏參謀長報到

不過志願隊的老對手，第 3 飛行集團長菅原道大中將此刻晉升為第 3 航空軍司令，師團長改由前第 1 飛行團團長中薗盛孝中將接任。回到中國的 3 飛師做為第 1 飛行團的上級單位，理所當然有權指揮第 1 飛行團麾下的所有飛行單位。另外還有裝備百式司令部偵察機、九七式司令部偵察機的獨立飛行第 15 中隊、九九式雙引擎爆擊機的飛行第 16 戰隊以及一式戰的 33 戰隊來華參戰，使日本陸軍航空隊在中國的兵力有顯著提升。

陳納德對 3 飛師增兵中國的情況是有所了解，但是他絕對不會讓日軍知道他手中真實的兵力連 100 架飛機都不到。唯一能夠在心理上擊敗 3 飛師的方式，就是掌握戰場主動權。考量到廣州的天河機場在 7 月 30 日與 7 月 31 日接連兩天被 24 戰隊選為進攻衡陽的飛行基地，陳納德開始策劃對天河機場的攻擊行動，否則只能被動迎接下一波的空襲。此時此刻，一位名叫古柏（Merian C. Cooper）的陸軍上校來到昆明的司令部向陳納德報到，並立即被任命為 CATF 的上校參謀。

古柏此人大有來頭，他生於 1893 年 10 月 24 日，來自佛羅里達州的一個律師家庭。他在一戰期間參加美國陸軍航空隊前身的勤務隊，曾被德軍擊落並關在集中營半年。一戰結束後古柏率領一批美國飛行員協助波蘭空軍創辦科希丘什科中隊（Kościuszko Squadron），多次駕機奔赴前線轟炸侵門踏戶的蘇俄紅軍，結果又不幸遭到擊落，這次被關了九個月。二度獲釋後的古柏離開部隊，前往好萊塢發展並成為了 1933 年怪獸電影《金剛》（King Kong）的導演。熱愛飛行的古柏甚至還親自駕機，拍攝了帝國大廈獵殺金剛的經典畫面，使他同時成為航空圈與演藝圈不可多得的人才。

過去與德軍還有紅軍作戰的經歷，讓古柏對法西斯主義和共產主義產生極大的厭惡，他認為自己在美軍的任務尚未完成，於是透過與阿諾德的私人關係，在珍珠港事變爆發半年前的 1941 年 6 月回到美軍，接著被派到印度汀江跟著海恩斯一起飛運輸機。海恩斯與史考特來了中國後，不甘心在印度坐冷板凳的古柏再

度動用了阿諾德的關係讓自己也一起派去中國，出任 CATF 的參謀長。

　　雖然與阿諾德關係良好，但古柏更敬佩不按牌理出牌的陳納德，所以他一到中國就與陳納德將軍打成一片，制定許多讓日軍跌破眼鏡的空襲計劃。1942 年 8 月 4 日，是 CATF 成立與 23 大隊形成戰力一個月的紀念日，重慶政府對這個象徵美軍來華助戰的日子非常重視，畢竟自珍珠港事變以來，也只有這支美軍在中國戰場上實實在在的與國軍並肩作戰，而 23 大隊又是 CATF 的核心力量。這天中國國民黨中央宣傳部部長王世杰為 CATF 成軍一個月舉辦中外記者會，嘉獎了美國飛行員的表現，尤其是表揚他們從 7 月 29 日到 7 月 31 日三天下來取得的驚人勝利。王世杰表示：「美國空軍在中國戰區作戰，到今日恰恰是一個月。最初三週中，美機在攻守兩方面的活動，給予了敵人以重大的不安。敵人遂於上週決計向美空軍挑戰，因有衡陽 36 小時之空戰，敵人來襲之際，數量與質量均甚可觀，足見敵人此次挑戰是一個相當嚴重的嘗試。但會戰結果，敵機終受重創而去。」

提振中國軍民士氣

　　正如陳納德所料，駐廣州的 24 戰隊與 10 中隊選在 8 月 5 日再度空襲衡陽機場，這次共計派出 33 架「隼」以大規模編隊來襲，試圖一舉將 75 中隊全殲。在空中等待他們的，是艾利森率領的八架 P-40E，飛行員分別來自 75 與 16 中隊。艾利森與 16 中隊的巴尼比中尉（Lauren R. Barnebey）各自聲稱在空中擊落一架敵機，留在地面的三等士官長布魯爾（John B. Brewer）則躲在壕溝裡，操縱防空機槍向敵機開火。一架敵機被布魯爾的機槍火光吸引過去，以 20 公厘機槍來回掃射他所躲藏的壕溝。因為 P-40 座機故障，無法升空作戰的 16 中隊飛行員萊爾斯中尉（Robert L. Liles）也忍不住舉起他的 45 手槍向那架「隼」開火。最後那架不斷掃射壕溝的一式戰在萊爾斯的親眼目睹下，為布魯爾以他手中的 BAR 機槍自動步槍給打了下去。衡陽軍民目睹到「隼」墜入地面，一擁而上將飛行員的

屍體從駕駛艙裡拖出，羞辱一番後再丟回燃燒中的飛機殘骸。

日軍坦承在 8 月 5 日共有兩架「隼」被擊落，對衡陽的空襲接連三次遭到挫敗。8 月 8 日，陳納德命令前志願隊飛行員薩維爾（Charles W. Sawyer）率領 76 中隊四架 P-40E，掩護第 11 轟炸機中隊五架 B-25C 對天河與白雲兩座日軍飛行基地發起復仇行動。這場空襲的成功之處，在於 B-25C 與 P-40E 以超低空進入廣州，讓 24 戰隊在高空警戒的「隼」沒能察覺。隨即 B-25C 打開炸彈艙，投下小型的瞬發炸彈以後就拉高機頭，頭也不回地脫離戰場。從天河機場上起飛，試圖攔截 B-25C 的「隼」則與 P-40E 在空中開打。遭三架「隼」包圍的丹尼爾斯中尉（Patrick H. Daniels），先甩掉其中兩架敵機，接著再以對頭攻擊模式將最後那架一式戰機給打了下去。領隊薩維爾則在對天河機場跑道掃射的過程中，順便將一架起飛中的「隼」打落地面。空戰結束後，日軍聲稱 B-25C 投下的都是威力不強的小型炸彈，對天河機場的破壞不大。只是在分析空戰成敗的時候，還是坦承有一架「隼」在交戰過程中損失。如同 7 月 30 日與 31 日的兩場空戰，雖然取得的戰果沒有第 23 大隊聲稱的那麼多，但空戰的贏家無疑是戰術手段更為靈活的美軍。

8 月 8 日的空中攻勢成果雖然不大，卻足以讓陳納德向世人宣告 CATF「進可攻，退可守」，在提升中國軍民抗敵的士氣方面具有極高的政治意義。重慶「中央社」對此做出了如下的報導：「飛虎隊改隸駐華特遣隊仍在中國戰區征戰，並於固守西南後方的同時，主動進襲日軍空軍巢穴，取得了攻擊廣州敵天河、白雲兩機場的勝利。」任何的勝利，無論是多麼渺小的勝利，對於已經孤軍奮戰四年，又在「歐洲第一」戰略下得不到足夠重視的重慶而言，都是極為巨大的精神鼓舞。

中途島海戰後，雖然美軍在太平洋戰場上已轉守為攻，但是中國仍被排在美國補給順位中的最尾端，蔣中正所期待的大規模援助遲遲沒有到來。中國固然是次要戰場，可中央軍只要堅持在戰場上一天不投降，就仍能牽制多達百萬的支那派遣軍，23 大隊的存在就是要給國民政府帶來希望，相信終有一天能贏得勝利，與美國、英國還有蘇聯平起平坐成為戰勝國的願景。要讓蔣中正看到這個願景，

光消極防禦是不夠的，唯有對日本陸軍航空隊在華基地實施同等打擊才能辦得
到。

註一：艾利森少將口述訪談，2007 年 3 月 26 日於華府陸海軍俱樂部（Army and Navy Club）。

第四章

空中游擊戰

在面對資源不足，缺乏華盛頓提供足夠的後勤補給之前，陳納德只能運用手上僅有的資源進行必要的作戰計畫。在盡量不傷害到 CATF 主力的情況下，對日軍造成摸不清楚美軍在中國戰場實際兵力的「空中游擊戰術」更顯重要。

　　陳納德對廣州淪陷區施以的空中打擊，引起了在敵後打游擊的中國共產黨注意，並且向 CATF 遞出橄欖枝。延安《解放日報》8 月 9 日發表社論《在華美空軍戰績》肯定 CATF 戰績：「最近同盟國空軍在我國戰場上，積極活動，配合我軍作戰。在廣州、武漢、南昌、九江等城市，日寇軍事據點均遭受空襲，損失不小。而在每次空中遭遇戰中，美空軍將士都能運用大無畏的精神和純熟的技術，以少勝眾，屢立奇功。據已經證實的數字，他們擊落日機，已達 200 餘架。在衡陽上空的幾次保衛戰中，共擊滅敵機 71 架。」綜觀整個日本陸軍航空隊 1942 年 7 至 8 月的在華兵力，恐怕也就只有 200 多架的飛機，如果真如中共宣傳所言打下 200 餘架，恐怕第 1 飛行團已遭全殲。至於 7 月 29 日到 8 月 5 日的衡陽四次空戰，日軍確認的損失數目也僅有九架。雖然對 23 大隊做了比實際戰果高了 10 倍的宣傳，中共卻沒有從根本上放棄反美路線，一切都只是追隨蘇聯的「國際反法西斯統一戰線」，依靠美日戰爭求取自身最大的發展空間而已。

　　雖然《德蘇互不侵犯條約》此刻已為希特勒撕毀，德軍與蘇軍在東線戰場上也早就大打出手，但史達林卻沒有如蔣中正所願的跟著美英中三國一起對日宣戰，而是持續在太平洋戰場上保持「中立」。與此同時，日軍仍從鞏固南京政權

的角度出發，不斷對中共敵後根據地發動所謂「治安強化運動」，迫使中共無法追隨蘇聯的政策在美日戰爭中保持「中立」。這自然讓中共從爭取生存與擴張的角度出發，希望能如重慶政府般取得來自美國的軍事援助與外交承認。如果可以的話，取代重慶讓延安成為美國唯一承認的中國抗日政權更好，所以才要強調CATF「對於打擊日寇任何進攻，準備我軍大舉反攻，有不小的意義」。陳納德和他的參謀長古柏都是堅定的反共鬥士，對共產黨遞出的橄欖枝不予理會，仍視蔣中正為中國唯一合法的領袖，CATF 的空中支援也只提供給效忠重慶的中央軍嫡系部隊。只是陳納德與古柏反共歸反共，在缺乏人員、飛機、彈藥以及燃料的情況下，也只能在空中學習中共打游擊的手段來求生存。

與中共抗日游擊戰的不同之處，在於 CATF 畢竟是正規武裝，他們求的不只是生存而是勝利。所以在任何一場與日軍的空戰中，陳納德都希望 23 大隊飛行員盡可能造成 3 飛師最大的消耗。看在陳納德眼中，CATF 取得的第一階段勝利就是盡可能在空戰中擊落敵機，從日軍手中奪回中國戰場的制空權。那麼這個勝利要如何取得呢？陳納德該如何以不到 100 架飛機的戰力，與有超過 200 架飛機的 3 飛師周旋呢？

取得勝利的先決條件，首先是知己知彼，既然 23 大隊飛機數量比不上日軍24、33 戰隊以及獨立飛行第 10 中隊，那就必須要在質量上取勝。這不只是飛機，飛行員的水準也是同等重要的。從抗戰初期國軍空軍仍對日本海軍航空隊、日本陸軍航空隊造成一定程度的損失這點來看，優秀的飛行員即便駕駛稍微劣勢的飛機還是有在空戰中取勝的可能。陳納德十分看重這點，從志願隊時代開始就教育飛行員們要擅用 P-40 的優點去對抗零式戰鬥機的缺點，那麼 P-40 究竟在質量上是否勝過「隼」呢？

美國戰鷹對戰日本隼

CATF 的官方文獻指出，無論是做為 P-40B 外銷型的 Hawk 81A-2 還是 P-40E

型，在火力和速度上都勝過九七戰、「隼」以及「屠龍」。「隼」的爬升性或靈
活性或許勝過 P-40，但裝有自封油箱與裝甲隔板的 P-40 承受攻擊的能力更強，
史考特大隊長對 P-40E 裝備的艾利森（Allison）V-1710 發動機更是讚不絕口，戲
稱這款發動機靠吃土也能過活。儘管如此，如果沒有搭配正確的戰術，P-40 面對
「隼」的時候還是會吃虧。比如太平洋戰爭爆發之初，駐菲律賓的美國遠東航空
軍（Far East Air Force）P-40B 型還有 E 型，就因為試圖跟性能與一式戰相似的日
本海軍零戰作空中纏鬥而遭遇慘重損失。游擊戰首重「避實就虛」，要以己方的
優點對付敵方的缺點，用笨重的 P-40 去與靈活的零戰或一式戰作空中纏鬥無疑
是自殺。陳納德主張運用 P-40 快速的俯衝速度對零戰或一式戰做「打了就跑」
的攻擊。一來「隼」很難追上俯衝中的 P-40，二來就算追上了也很難將擁有厚重
裝甲機身的 P-40 擊落。

　　Hawk 81A-2 是美國提供給英國皇家空軍的《租借法案》物資，後轉讓給我
們空軍，武裝是機鼻上的兩挺 12.7 公厘機槍和機翼上各兩挺的 7.62 公厘機槍。
由志願隊經由《租借法案》取得的 P-40E 型，火力比 Hawk 81A-2 要強上許多，
除了機翼上的六挺 12.7 公厘機槍外，還可攜掛炸彈，具有 Hawk 81A-2 所不具備
的對地攻擊能力。直到 1942 年 11 月以前，日本陸軍裝備的「隼」多屬早期的一
式戰鬥機一型甲，武器僅為機鼻上的兩挺 7.7 公厘機槍。後來較新型的一式戰鬥
機一型乙，也不過是把機鼻上兩挺 7.7 公厘機槍的其中一挺升級為 12.7 公厘而已。

　　「隼」的機翼過度薄弱，無法承受機槍掃射時產生的振動，因此不像 P-40
般可在機翼上加裝機槍。日軍過度重視戰鬥機空中纏鬥的能力，為了提高靈活性
寧願犧牲對飛行員的保護，導致「隼」的裝甲薄弱到被 12.7 公厘機槍一擊中就
爆炸，甚至在追擊俯衝中的 P-40 時可能因為操縱過猛而發生類似於衡陽空戰中
「自行解體」的事件。只要美軍戰術運用得當，「隼」完全不是 P-40 的對手。

　　P-40 與「隼」在設計上完全反映了美日兩國不同的戰爭思維，前者反應美國
重視飛行員生命的個人主義傳統。陳納德雖然重視團隊精神，且要求 P-40 飛行
員遭遇敵機時盡量採雙機編隊攻擊，才可以在空戰中彼此交叉掩護。但是從志願

隊時代以來，他手下的飛行員還是傾向單打獨鬥。擁有厚重裝甲、龐大火力以及高俯衝速度的 P-40，完全能滿足飛虎小將的個人英雄主義。

「隼」的設計反映的是東方文化的集體主義思想，除了靈活的爬升與轉彎性能外，更重視飛行員之間的團隊合作。日軍唯一的取勝方式，就是逼使 P-40 與「隼」打空中纏鬥，他們採用一種被 23 大隊飛行員稱呼為「松鼠籠」（squirrel cage）的戰術。由一架或數架「隼」擔任誘餌機吸引 P-40 的注意，等到 P-40 被吸引展開攻擊時，再由另外一批或數批「隼」從四面八方飛來以數量優勢實施反攻擊，逼使 P-40 空中纏鬥直到被擊落為止。美式個人主義與日式集體主義各有優缺點，關鍵還是在於飛行員能否將正確的戰術運用到戰場上，所以除了討論飛機性能之外，飛行員水準的比較也是十分重要的。

美日文化差異造成的優勢和缺失

「隼」的飛行員相比 P-40 飛行員的最大優勢，在於日本參戰比美國還要早，累積了更多過去與我們空軍還有蘇聯空軍交戰的實戰經驗。美國參戰之初，陸軍航空隊的人才培訓尚未進入戰時狀態，飛行員下部隊前只接受九個月共 200 小時的飛行訓練。日本戰鬥機飛行員在完成基本、中階以及高等飛行訓練後，下部隊以前還要到教育飛行隊接受半年的培訓。等分發到飛行戰隊，還有三個月的部隊飛行訓練等著他們。前前後後，日本陸軍戰鬥機飛行員要完成兩年共 300 小時的飛行訓練才能投入實戰。

但在這看似比美軍扎實的訓練，當中卻有一個致命的缺陷，日軍花了很多時間強調對天皇以及部隊長官的忠誠度，這一類的訓練使得他們在空戰中的表現遠比美國飛行員來說是保守得多。從衡陽空戰中，有日機實施自殺攻擊的案例來看，對天皇盡忠的洗腦教育是十分徹底的。這樣的教育不僅導致飛行員在作戰時的一舉一動都必須跟緊長官，大幅限制了他們思想的靈活性與積極性，就連取得戰果時都必須要與長官或者部隊一起平分。

美國文化向來提倡個人主義，沒有飛行員失敗了就必須要以死殉國，對敵人實施自殺攻擊的文化，讓美軍一起步就比日本的飛行員更有彈性。陳納德又是一個比其他主官更能跳脫傳統框架思考的戰鬥機指揮官，自然在對 23 大隊的部署上不會墨守成規。投入第一線作戰的飛行員，像是希爾、瑞克特、布萊特以及薩維爾這些前志願隊老兵，不然就是如巴姆勒般，都是擁有豐富的實戰經驗。還有一些飛行員如艾利森，雖然沒有實戰經驗，卻有優異的飛行技術。尤其是那些來到中國以前，曾經被派往巴拿馬保衛運河區安全的飛行員，至少都累積了 295 小時的飛行時數，看在陳納德與希爾眼中更是不可多得的人才。連結太平洋與大西洋的巴拿馬運河，為同盟國重要的戰略樞紐，派往當地駐防的飛行員本來就最優秀的。同時，美國飛行員來華以前多數是先從南美洲飛越大西洋抵達非洲，再經由印度抵達中國。這些飛行員當中有相當高的比例曾在巴拿馬待過，因此有機會在實務上累積了 P-40 的飛行經驗。

來自巴拿馬的飛行員如同前志願隊飛行員，雙方共同點是對 P-40 戰鬥機都非常熟悉，然而美軍不可能「只」從巴拿馬調派飛行員來華參戰，總還有一些只飛了 200 小時的菜鳥。陳納德把他們分配到外號「學校中隊」（School Squadron）的 74 中隊，由擔任中隊長的前志願隊飛行員史基爾指導下強化飛行技能。雖然是留守昆明大後方，不代表就沒有參戰機會，畢竟駐緬甸的日本陸軍第 5 飛行師團（5 飛師）還是時常派遣百式偵察機飛臨昆明上空，自然成為「學校中隊」的攔截目標。

瑞德中尉（James C. Reed）與麥克沃斯少尉（Joseph L. Mikeworth）兩人，在7 月 16 日起飛對一架百式偵察機做了一趟未成功的攔截。麥克沃斯少尉雖捕捉到偵察機，卻因為座機發動機故障，只能被迫放棄攻擊，回到巫家壩機場迫降。這架 P-40 徹底報廢，但麥克沃斯毫髮無傷。陳納德沒有因為麥克沃斯平白損失一架戰鬥機而處罰他——美日雙方對飛行員的作戰與訓練邏輯造就了雙方飛行員實力及文化的差異。

以空間換取時間

　　好飛機與好飛行員還不足以扭轉美軍數量上的劣勢，如何靈活部署以及運用才是勝利的關鍵。幸運的是，日軍的數量優勢因為中國地大物博而無法徹底發揮出來。CATF 以司令部所在地昆明為中心，向南飛 483 公里是滇緬公路最南段的臘戍，飛 531 公里則為越南河內。往北飛 612 公里的話，就會抵達戰時首都重慶，向東邊飛 684 公里就會抵達桂林。若以桂林為據點，往東邊 241 公里就到零陵，再飛 105 公里便是衡陽。

　　有如此廣大的範圍可供陳納德發揮，首先就能避免 23 大隊被 3 飛師集中殲滅。其次，陳納德會從不同方向，對日本佔領區內的目標實施空襲，這些空襲的規模都相對不大，目的是為了混淆日軍的判斷力，讓他們不知道美機究竟是從何而來。陳納德為了誤導日軍認為 CATF 比實際編制有還要多的飛機數量，他要求每完成一次任務就修改一次機身編號。空戰理論大師沃登上校（John A. Warden III）指出，陳納德成功讓日軍誤判他手下有 200 架以上的飛機。

　　其實日軍對 CATF 的實力研判，並沒有如戰後沃登所指的差距那麼大。依據 1942 年 6 月底成立，負責荷屬東印度群島的蘇門答臘、法屬中南半島、泰國、緬甸（因此也參與了對中國西南地區的空襲行動）作戰的日本陸軍第三航空軍於 1942 年 8 月底編纂的《第 3 航空軍戰時月報 第壹號》所判斷的兵力顯示，當月駐華美軍作戰飛機數量為 P-40 和 P-43 戰鬥機合計 90 架，外加 30 架 B-25。雖然並非 200 架，但還是比 CATF 實際上的 53 架飛機多出四倍。大本營對 CATF 不敢小覷，在提及 3 飛師時曾指出：「中國之現有空軍雖不足為懼，但在華之美空軍戰鬥隊不能等閒視之，故有效壓在華美軍維持我方之空中優勢成為該飛行師團最艱鉅的任務。」

　　到了 1942 年 8 月，中國戰場上空的對日作戰已完全由美軍接手，CATF 自然成為 3 飛師的頭號殲滅目標。為了貫徹讓日軍疲於奔命的原則，陳納德在 8 月 8 日的廣州空襲結束後並沒有閒著，他下令 CATF 於 8 月 9 日再次出擊，但目標

絕對不會是已經在前一天攻擊過的廣州。這次陳納德指派三架 P-40E 以廣西南寧為前進基地，掩護第 11 轟炸機中隊的四架 B-25C 空襲越南北部第一大港海防，令此刻人還在從新加坡到南京履新的路上，中途滯留臺北的中薗盛孝師團長措不及防。

駐紮在河內嘉林機場的獨立第 21 飛行隊，完全沒有接獲 3 飛師的通知，自然沒能在 B-25 還有 P-40 飛臨海防上空時予以攔截。B-25 從 17,000 英尺高空進場，悠哉的將炸彈投向海防港，大火持續燃燒了三天。對海防港的空襲，代表 CATF 的任務已進入陳納德所規劃的第二階段——切斷連結日本本土與東南亞的海上運輸線。

海恩斯早在 1942 年 7 月 25 日一封給陳納德的建議信中，就已經把溫州、廣州、香港、海防以及河內外海航行的日本船艦列入 CATF 的打擊範圍。陳納德不打算給日軍喘息的時間，空襲海防隔日又命令史考特大隊長率 P-40 掩護 B-25 空襲武漢。武漢是日本第 11 軍的據點，為日軍在華中最重要的補給站。史考特上校對第 1 飛行團在武漢的彈藥與燃料庫實施了炸射，確保日軍短時間內無法再對衡陽實施任何攻擊。對海防與武漢的空襲結束後，美軍在衡陽、桂林與零陵的彈藥和燃料庫存都已用盡，於是陳納德下令部隊回到西南大後方整備。

補給始終是最大的問題

在陳納德與古柏的規劃下，75 中隊從衡陽轉進雲南霑益，76 中隊從桂林飛到昆明與 74 中隊會合，16 中隊則從零陵移防到重慶的白市驛機場。經過一個多月的艱苦奮鬥，CATF 儲存的燃料與彈藥已經見底，由於 B-25 吃油量高於 P-40，陳納德下令轉移到雲南驛機場的第 11 轟炸機中隊停止兩星期的作戰任務。受制於美國「重歐輕亞」政策，還有喜馬拉雅山惡劣的飛行環境，駝峰空運的噸量並不總是能滿足陳納德的任務需求。必要時他會降低甚至取消 B-25 的出擊任務，等燃料與彈藥的儲存量都足夠以後再發起空中攻勢。

　　由海恩斯與史考特創立的阿薩姆－緬甸－中國運輸司令部，此刻已擴編為專門支援 CATF 的印中運輸司令部（India-China Ferry Command）。除了惡劣氣候與險峻的群山外，位於緬甸北部的密支那機場是駝峰飛行員最大的威脅。50 戰隊和 64 戰隊的「隼」，隨時可能以密支那機場為前進基地，起飛捕捉駝峰航線上無武裝的 C-47 運輸機。為了確保作戰物資能源源不斷進入中國，史迪威還要求陳納德確保駝峰航線的安全。

　　陳納德沒有派遣 P-40E 護航駝峰航線，因為這個方法太過於消極且治標不治本，還會分散他手下有限的戰鬥機兵力。所以等累積到足夠的燃料與彈藥後，陳納德、古柏以及海恩斯從 8 月 26 日起便下令 B-25 攻擊緬甸與越南境內的交通線，阻礙日軍向密支那機場輸送燃料與彈藥。然後從 8 月 30 日到 8 月 31 日，再由海恩斯親自指揮八架 B-25 接連兩天空襲密支那機場。

　　值得一提的是，陳納德違反了自己訂定的「轟炸機必須要有戰鬥機陪同護航」的原則，從 8 月 26 日到 8 月 31 日的任務中沒有一次派遣一架 P-40 護航。之所以讓第 11 轟炸機中隊單獨行動，首先是 CATF 難以同時向 B-25 與 P-40 提供足夠的燃料，不如將燃料通通提供給海恩斯，確保掛彈量更大的 B-25 能給密支那機場帶來最大的破壞。其次則是陳納德判斷 P-40 飛行員，尤其是 74 中隊的菜鳥飛行員還需要更多的飛行訓練，貿然把他們投入護航工作只會帶來毫無意義的傷亡。

擺出「空城計」拖住日軍在東部戰場

　　23 大隊退回西南大後方，轉而對緬甸與越南發動空襲的同時，卻仍舊在東部戰場上保持主動攻擊的姿態，以持續混淆 3 飛師的判斷力。陳納德在 9 月初仍不時派遣小規模的 P-40 機隊回到衡陽、零陵還有桂林等華中與華南前沿基地駐防，一方面鼓舞當地軍民士氣，二方面則不時對江西省九江及南昌的日軍實施空中騷擾。9 月 2 日，23 大隊動員了 16 架 P-40 出擊南昌，攻擊被日本第 11 軍徵

用來搶奪國軍第9戰區糧食的船隻。過程中，75中隊的飛行員伊萊斯中尉（Henry P. Elias）不幸遭到擊落，他雖成功跳傘，卻在落地後被日軍射殺。然而伊萊斯的死亡卻沒有辦法降低日軍對23大隊的怒火，24戰隊與第10中隊奉第1飛行團團長今西六郎指示，於9月3日派出33架「隼」輪番掃射衡陽、零陵與桂林，並聲稱摧毀地面上的P-40戰鬥機10架。可所謂在地面上遭日軍摧毀的P-40，實際上全部都是竹製假飛機。就算沒法直接擊落「隼」，陳納德還是能透過欺敵消耗3飛師有限的燃料和彈藥。

9月5日，75中隊上尉飛行員巴南（Burrall Barnum）駕駛的P-40E因引擎故障降落衡陽。所幸衡陽機場還留有7月30日當天清晨由艾利森上尉駕駛，擊落三架敵機後墜入湘江的P-40殘骸，該機裝備的發動機尚處可用狀態。地勤人員合力將引擎從艾利森座機的殘骸拆卸下來，裝到巴南上尉的座機後修復成功。然而隔日一大早，當巴南駕駛他的座機升空測試發動機時，他目睹到66架「隼」朝衡陽方向飛來。為了掩護地勤人員不為一式戰掃射，巴南只能硬著頭皮與數量佔絕對優勢的敵機周旋，他交戰到一半，因為燃料消耗殆盡還冒險落地加油，然後再逆風起飛繼續奮戰。雖然美日雙方在9月6日當天都沒有聲稱取得擊墜記錄，可巴南還是獲頒傑出飛行十字勳章（Distinguished Flying Cross），表揚他以寡擊眾力阻日機掃射地勤人員的英勇行為。日軍同樣也記載了9月6日的空戰，只不過24戰隊和第10中隊派出的「隼」沒有66架那麼多，總計只有44架。

對於巴南的表現，日軍記載如下：「只見一架敵機從衡陽上空飛避之外，其他地面及空中均不見敵機，研判敵機可能避退至後方，儘管7日以後至旬末晴空如洗，但始終不見敵機出擊。」雖然美日雙方對9月6日有多少架日機參加空戰的記載截然不同，可巴南單機與數量佔優勢的「隼」對抗總歸是事實，無人能否認他樹立了23大隊以寡擊眾的名聲。

經過一連串白白浪費燃料與彈藥的空襲後，日軍總算判斷出23大隊將重心轉移到西南大後方的事實，對東部戰場的壓力逐漸放鬆。此刻正值瓜達康納爾戰事吃緊之際，大本營下令將裝備一式戰的24戰隊調往蘇門答臘，致使3飛師暫

時無法在東部戰場發動攻勢。若非同樣以「隼」為主力的 33 戰隊及時從滿洲國轉移到廣州，中薗盛孝與今西六郎手中只剩下一個獨立飛行中隊的一式戰在東部戰場面對 23 大隊。

24 戰隊離開中國確實令 3 飛師放鬆了對東部戰場的壓力，讓陳納德得以將更多資源投注到西部戰場，但這絕對不代表他改變了靈活調度 CATF 的原則。

警報網發揮預警、導引的功能

9 月 8 日，警報網再次捕捉到兩架百式司偵由越南河內起飛，分別向保山還有昆明方向飛來，時任 23 大隊作戰官的郝樂威少校（Bruce K. Holloway）立即將情報告知「學校中隊」，希望能藉由該中隊取得戰果來提升官兵的士氣。當天值勤的飛行員為駕駛老舊 Hawk 81A-2，機號 46 號的史密斯中尉（Thomas R. Smith），他早上 8 點 45 分升空，於 10 點整在宜良上空遭遇那架向昆明飛來的百式司偵。

郝樂威少校本想派 76 中隊經驗較豐富的飛行員丹尼爾斯中尉，駕駛編號 104 的 P-40E 趕往宜良上空支援，不過丹尼爾斯尚未趕到空戰現場，史密斯就將百式司偵給擊落了。這是 74 中隊參戰以來取得的第一個戰果，所以史密斯在回到巫家壩機場降落前還做了一次漂亮的「勝利翻滾」（Victory Roll），這次的勝利振奮了人心。可惜直到本書完成以前，筆者都沒有辦法從日軍的文獻中找到當天有百式司偵被擊落的紀錄。

史密斯的戰果，證明美軍能夠不斷取勝的關鍵在於陳納德懂得如何靈活部署他手中的 P-40。「兵無常勢」，希爾表示每次只要他們一飛抵華中或者華南前沿基地，日軍就會察覺到他們的行蹤，然後隔日一早就派機來空襲。雖然日軍看似有了情報而掌握了上風，但其實其一舉一動都在美軍的眼皮底下，利用中國大陸廣大腹地的特性，做靈活性的部署行動。然後希爾他們會持續在前沿基地戰鬥，直到燃料與彈藥耗盡才回到西南大後方，出擊緬甸與越南的目標並保護駝峰航

線。要在中國廣大的疆域上，如此靈活部署戰機，關鍵就是要對數量佔絕對優勢的日軍行蹤有絕對的掌握。

回憶到這點的時候，史考特上校略為誇張地提到，廣州天河機場的一式戰只要一發動引擎，一駛出機堡，他們的行蹤就會立即被美軍所掌握。透過名為警報網的地面預警系統，23 大隊的四個中隊長能將戰鬥機在正確的時間派往正確的地點、正確的高度攔截來襲的日機編隊。

獲得國民政府充分支援的陳納德，將中國各地的軍隊、游擊隊以及老百姓動員起來，從日機起飛開始沿途觀察他們的高度、方向、隊形以及數量，然後再透過無線電或者電話將情報傳遞回司令部。

收到情報後，基地會在旗杆上升起紅色燈籠將敵機的動態告訴飛行員，一顆燈籠代表發現敵機，兩顆燈籠代表敵機向機場方向飛來，等到第三顆燈籠升起時代表敵機已經臨空。掌握到日機的動向後，陳納德便可將 P-40 派往正確的空域，如水一般因地而制，迎戰 3 飛師或 5 飛師。在燃料足夠的情況下，還可以派出 B-25C 對日軍佔領的武漢、廣州、臘戌、密支那、海防以及河內實施炸射，混淆日軍對美軍兵力與動向的判斷。

此外中國不只氣候惡劣，還欠缺精確的航空地圖與現代化的導航設備，所以警報網的存在還可用來導引迷航的飛行員回到正確的航道上。飛行員都被告知迷航時要先在周邊的空域盤旋五分鐘，由警報網鎖定他們的位置後指引到最近的機場降落。

中國軍民的全力配合

警報網的成功，顯示陳納德能打贏這場「空中游擊戰」的關鍵是他得到來自中國軍民的支持，這是陳納德比起對手所擁有中薗盛孝師團長所沒有的優勢。

事實上，當地民眾能提供給美軍的幫助，絕對不是只有情報而已。史考特大隊長強調，華南戰場上有上百座小機場供 23 大隊用於截斷日軍補給線，這些機

場的興建工程就因有當地軍民的全力支持才得以完成。然而，最重要的援助，莫過於當美國飛行員被擊落，或者迫降在人生地不熟的環境時伸出援手，把他們交給效忠蔣中正的中央軍手中。陳納德明瞭飛行員被擊落或者迫降後獲得營救，對維持軍心士氣的幫助有多麼巨大，能讓他的子弟兵更無後顧之憂與日軍作戰，因此他格外重視發展與中國軍民之間的關係。

從 1942 年 5 月到 6 月的浙贛會戰中，有 25 萬人因營救杜立德與他的 63 名手下而慘遭殺害的案例來看，日軍是以極端殘酷的手段報復營救美國飛行員的中國人。

不過 9 月 22 日的一場空襲行動，卻證明日軍的殘酷報復毫無作用。當天 23 大隊作戰官郝樂威率領 Hawk 81A-2 兩架，與 76 中隊少校中隊長瑞克特指揮的 P-40E 兩架從巫家壩機場起飛，他們先到雲南驛前進機場落地加油後，再飛往怒江西岸空域搜索日軍動態，很快就在芒市捕捉到第 56 師團的運輸車隊。四架 P-40 沿著滇緬公路一路掃射，飛了 48 公里共摧毀了日軍 20 餘輛卡車。期間郝樂威目睹一名日本兵被炸到 50 英尺高空，還有五名身上著火的日本士兵跳下卡車試圖逃亡，結果通通都慘死在他的機槍掃射之下。接著郝樂威率領他的 Hawk 81A-2 雙機編隊飛到惠通橋上空，壓低高度掃射一輛日軍轎車和數輛卡車。然而惠通橋的日軍早在 1942 年 5 月 7 日就經歷過飛虎隊八機編隊的毀滅性轟炸，所以這次面對郝樂威的雙機編隊他們是有備而來，馬上就抬起法製哈乞開斯（Hotchkiss）13.2mm 防空機槍（即ホ式 13 粍高射機關砲）向空中的兩架美機反擊。郝樂威的座機被擊中，並因引擎失去動力而墜毀於保山機場南部 40 公里處的施甸，他人雖然無恙，卻遭到一群憤怒的村民包圍。

起初村民不知道郝樂威是美國人還是日本人，對他的態度相當敵視。所幸航空委員會頒發了上有青天白日滿地紅，寫有「來華助戰洋人（美國），軍民一體救護」文字的血幅給他，讓郝樂威很快證明了自己盟軍飛行員的身份。獲得村民幫助的郝樂威，被直接交給了駐防保山的第 71 軍，還在第 11 集團軍總司令宋希濂將軍的指揮所待了一晚。最後郝樂威被中央軍送到雲南驛機場，再搭乘中國航

空公司的 DC-3 客機返回昆明巫家壩機場。

　　與史考特同樣畢業於西點軍校，身為大隊作戰官的郝樂威少校是眾多跳傘脫險後平安歸來的 23 大隊飛行員當中職務最高的。郝樂威的脫險顯示，怒江東岸的百姓即便與日軍 56 師團只有一江之隔，卻不顧日軍報復的風險營救來華助戰的美國盟友。在郝樂威指出自己是美國飛行員以前，施甸居民展現出的質疑與敵對態度，若換成是日本飛行員落入民眾手中下場會是如何，這是陳納德所獨有，中薗盛孝師團長卻連想都不敢想的優勢。

第五章

戰力擴大，改變了打法

　　由於戰力的擴大，美軍不再需要像過去那樣以「打了就跑」的戰術與日軍周旋。反之，他們更能以一般部隊的作戰方式投入戰鬥。然而，這段時間日軍戰力還是處於巔峰時期，美日之間的空戰勝負各有。隨著文森特從印度調到昆明擔任陳納德的幕僚，事情開始有了明顯的改變。

　　整個 9 月份，陳納德為了節省得來不易的駝峰物資，大幅降低了出擊頻率。不過為了掌握日軍動向，74 中隊的中隊長史基爾少校還是在 9 月 12 日駕駛改裝成偵察機的 P-43A（即 P-43B）飛往河內執行偵察任務，結果遭到獨立飛行第 84 中隊的二式複戰截擊。

　　P-43A 存在自封油箱設計不佳的缺陷，飛行時容易因燃料外洩而起火，導致包括空軍 4 大隊大隊長鄭少愚少校在內，諸多國軍飛行員接收槍騎兵時發生死亡意外。裝備渦輪發動機的 P-43 擁有比 P-40 還要快的爬升速度，從而為史考特與史基爾等飛行員視為一款優秀的高空偵察機。當天史基爾憑藉 P-43B 優異的高空性能，輕而易舉就爬到 36,000 英尺高空，將尾隨他的「屠龍」甩掉。

　　1941 年 12 月 20 日，美籍志願大隊在昆明上空打的第一場空戰，就是為了攔截由河內嘉林機場起飛的 10 架九九式爆擊機，當時第 84 中隊裝備的九七戰，因航程不足無法由河內飛到昆明為第 82 中隊的九九雙輕提供護航。

　　陳納德經由史基爾拍攝回昆明的照片，掌握到第 84 中隊已換裝「屠龍」的資訊。雖然 6 月 12 日的桂林空戰已證明「屠龍」敵不過 P-40，但日軍第 84 中隊

換裝航程大幅提升的二式戰，就有了遠程護航獨立第 21 飛行隊轟炸機的能力，對昆明的威脅將更為直接。於是陳納德將嘉林機場列為打擊目標，命令史考特大隊長在 9 月 25 日親自率領九架 P-40E 掩護四架 B-25C 轟炸機空襲河內。

四架 P-40 由 76 中隊的中隊長瑞克特指揮，隨伺在 B-25C 一旁保護轟炸機的安全，史考特上校則帶領另外五架 P-40E 負責高空掩護。13 架美機一進入河內空域，就遭到同樣數量的「屠龍」截擊。「屠龍」試圖攻擊四架 B-25，卻反遭瑞克特的四架 P-40 反撲，一場激烈的空戰隨即爆發，反讓 B-25 逮到飛往嘉林機場上空投彈的機會。B-25 把炸彈丟完後，就調轉機頭返航，不過還是有三架「屠龍」緊隨在後。人在高空的史考特大隊長注意到 B-25 遭「屠龍」追殺，就立即率領五架 P-40 俯衝下去實施「反攔截」，一舉將三架敵機通通擊落。

這次三架「屠龍」的戰果通通都由史考特聲稱取得，如果再加上 7 月 31 日在耒陽上空聲稱擊落的兩架敵機，此刻他已成為擊落五架敵機的王牌飛行員。23 大隊 9 月 25 日聲稱擊落的總戰果為六架「屠龍」。

9 月 25 日的河內空戰一如 6 月 12 日的桂林空戰，再次顯示「屠龍」除了比 P-40 飛得快以外毫無其他優勢。更糟的是，次日 21 飛行隊在執行防空警戒任務時，又有一架二式複戰（175 號）疑似因飛行員未打開氧氣裝置導致昏迷墜毀。這一連串的損失，讓日軍大本營認定 84 中隊已無力拱衛河內，決定將裝備「隼」的飛行第 1 戰隊調到嘉林機場。對河內的打擊，陳納德不只緩解了獨立第 21 飛行隊對昆明的壓力，還成功讓日軍做出了他把攻擊重點轉移到法屬印度支那北部的判斷。陳納德再一次誤導日軍成功，因為進入 1942 年 10 月以後，他與古柏、海恩斯、史考特已經把目光轉移到被稱為「東方之珠」的英屬殖民地香港。

駐印度航空特遣隊的成立

陳納德四處出擊的同時，先前第 10 航空軍被迫調往埃及的 23 架 B-24D 轟炸機投入了對羅馬尼亞的普洛什特（Ploesti）油田的轟炸任務，切斷了德國非洲

軍團的後勤補給。進入 10 月以後，西部沙漠戰役隨著蒙哥馬利將軍揮師阿拉敏而進入尾聲，於是第 10 航空軍對四引擎戰略轟炸機的申請又重新獲得阿諾德將軍的同意。

畢塞爾考量到 B-24 的航程比 B-17 長，更適合疆域遼闊的中緬印戰區，決定選擇 B-24D 做為他重組第 10 航空軍遠程打擊的主力。在「哈波羅」機組轉調北非以前，根據第 10 航空軍初代司令布里列頓將軍（Lewis H. Brereton）的規劃，這 23 架 B-24D 解放者式是要與第 11 轟炸機中隊、第 22 轟炸機中隊的 B-25C 轟炸機合組第 7 混合轟炸機大隊。重新取得 B-24 的畢塞爾對這個規劃做出了調整，將第 7 轟炸機大隊轉為只裝備 B-24 的重轟炸機大隊。在中國的第 11 轟炸機中隊與印度的第 22 中隊則合組為第 341 轟炸機大隊，只裝備 B-25 中型轟炸機。此外，畢塞爾對陳納德在中國的成功相當眼紅，於是他在 1942 年 10 月 3 日，比照 CATF 如法炮製建立了駐印航空特遣隊（India Air Task Force, IATF）。

駐印航空特遣隊由海恩斯上校擔任指揮官，下轄第 7 轟炸機大隊、第 22 轟炸機中隊、51 戰鬥機大隊以及第 9 照相偵察機中隊，主要任務是保護駝峰航線以及為中國遠征軍未來反攻滇緬提供空中支援。然而 B-24 來到中國，卻沒有讓陳納德更加開心，他反倒認為 B-24 這種吃油機器並不適合中國的後勤環境，而且他的手下愛將海恩斯還被調到新德里去指揮駐印航空特遣隊，沒法繼續他的空中游擊戰了。

不過人在印度的海恩斯，還是設法替陳納德分憂解勞，他將河北唐山的開灤煤礦廠列為 B-24 重返印度後的第一個轟炸目標。畢塞爾批准了海恩斯的任務，還將空襲過普洛什特油田的「哈波羅計劃」成員芬尼爾少校（Max R. Fennell）調回新德里擔任第 436 轟炸機中隊的中隊長，指揮對唐山的空襲行動。六架 B-24 在芬尼爾少校帶領下，於 10 月 21 日從前進基地成都起飛，除了一架因機件故障折返外，其餘五架解放者式轟炸機均順利進入唐山空域，從 14,000 英尺高空投下炸彈。由於所有裝備「隼」的日軍飛行戰隊都集中在廣州對付 23 大隊，當天 B-24 沒有遭遇到任何日本戰鬥機的攔截。

第 436 中隊投下的炸彈並未擊中礦坑裡的電源與抽水機，對開灤煤礦廠的破壞十分輕微，這畢竟是黃河以北有史以來第一次遭到美機轟炸，北支那方面軍坦承 B-24 的「奇襲」還是給他們帶來了極大的心理衝擊。據當時父親就在開灤經營「順利煤局」的馬素芸回憶，B-24 的炸彈徹底搗毀了煤礦廠高級員司與中級員司的房舍，雖沒有造成大量傷亡，導致許多中國員工因為害怕空襲而辭職。

遠征東方之珠

B-24 對唐山的轟炸確實將日軍的注意力引導到華北，從而有利於陳納德接下來在香港發起的空襲行動，不過 3 飛師並沒有上當，因為他們早已掌握到 P-43 和 P-40 偵察華南沿海的情報。

中薗盛孝判斷出 CATF 即將攻擊香港，所以派遣 33 戰隊第 3 中隊的「隼」進駐啟德機場，準備迎接 B-25 和 P-40 的來臨。另外獨立飛行第 10 中隊也被擴編為飛行第 25 戰隊，這支部隊將會一直在中國待到 1945 年 6 月為止，成為與 23 大隊交戰時間最久的敵人。

恰如 3 飛師的研判，雖然此刻陳納德只能湊到 12 架 B-25 轟炸機，當中兩架還是海恩斯從第 22 轟炸機中隊調來中國支援第 11 轟炸機中隊的，他仍舊期待空襲香港能證明自己的實力。考量到九龍是日軍增援瓜達康納爾的重要轉運站，古柏與海恩斯都認為空襲香港符合盟軍壓制日本的策略，他們將攻擊之日選在氣候晴朗的 10 月 25 日。陳納德總共動員了 11 架 P-40 為 12 架 B-25 護航，如此規模的機隊放在動輒就出動上百架轟炸機的歐洲戰場實在是不夠看，但是以當時中國的條件卻已經是超級大編隊了。

從桂林到香港的距離為 523 公里，都在 B-25 與 P-40 的航程之內，不過為了避免遭到廣州天河與白雲機場起飛的「隼」攔截，攻擊編隊必須繞道飛行，於是航程就增加到 1,046 公里。再考慮到香港上空爆發空戰的可能性，勢必要讓燃料見底，所以不能裝副油箱的 Hawk 81A-2 通通被排除在這場任務之外。所有參加

10 月 25 日空襲香港的 11 架 P-40 都是 E 型，由史考特大隊長和郝樂威作戰官各自率領兩個分隊出擊。當 P-40E 編隊從桂林起飛時，先是一架引擎故障無法發動，另外一架不慎衝出跑道損毀。起飛之後，郝樂威與艾利森兩人又因機件故障被迫返航，只能由史考特大隊長領導剩下的七架戰機繼續出擊。

七架 P-40E 與 12 架 B-25C 以戰鬥編隊進入廣東省，然後立即向右轉彎繞過廣州 33 戰隊的監視網。海恩斯上校依據古柏的指示，一離開廣州空域就向左急轉彎，率領 B-25 飛往維多利亞港上空投下 60 多枚 500 磅炸彈。日軍第 33 戰隊派駐在啟德機場的六架「隼」緊急起飛，依照戰隊長水谷勉中佐的指示不與 P-40 交戰，全力攔截 B-25 轟炸機。

空襲也引起廣州日軍的注意，紛紛起飛「隼」埋伏在美軍編隊的返航路線上，總計約有 21 架日機投入戰鬥，數量上佔壓倒性優勢。夏爾少尉（Morton Sher）駕駛的 P-40，在試圖護衛一架 B-25 的時候被「隼」打到發動機失去動力而墜毀。夏爾所試圖護駕的 B-25 也不幸被擊落，機上四名來自第 22 轟炸機中隊機組人員為親日的中國人出賣給日軍，其餘兩人則幸運為效忠重慶的游擊隊所救，送到惠州交給英軍服務團（British Army Aid Group）。

隸屬 76 中隊的夏爾同樣幸運，及時為英軍服務團救起送回惠州，才沒有被痛恨英國殖民統治的中國人捕獲（註一）。事後 CTAF 大肆宣傳遠征香港的勝利，畢竟這是開戰以來盟軍首度空襲日本佔領下的香港。不過從日軍的資料來看這場空襲實在稱不上成功。日軍第 33 戰隊擊落了 B-25 轟炸機和 P-40 戰鬥機各一架，本身在空戰中毫無損失。「隼」的即時現身更讓海恩斯編隊無法精準投彈，最終只對香港威非路道（Whitfield Road）的日軍軍營造成有限度破壞。此次對港島的遠征確實是效果有限，不過也拉開了陳納德後續一連串空襲香港任務的序幕。

拉鋸情勢，互有輸贏

10 月 25 日晚間到 10 月 26 日清晨，九架 B-25 完成加油掛彈後，又從桂林

起飛對香港和廣州發動夜間空襲，這是 CATF 成立以來第一次發動的夜襲。先是六架空襲了北角的電廠，接著又是三架攻擊天河機場的日軍燃料庫。夜襲結束後，11 架 B-25C 都依照畢塞爾的命令飛回昆明，重新投入炸射怒江西岸日軍的任務。可 B-25 調回雲南，並不代表陳納德就不能夠持續以 P-40 攻擊香港。而且第 7 戰區司令長官余漢謀將軍還考量到 P-40 的副油箱已經用盡，命令國軍從日軍手中奪下廣東南雄，大幅縮短了 23 大隊攻擊香港的距離。

投入這次遠征的 17 架 P-40 分別來自第 75 和 76 中隊，他們試圖炸射香港外海的日本船團，且同樣遭到日軍第 33 戰隊的攔截。結果 75 中隊上尉飛行員歐康納（Philip B. O'Connell）遭擊落，連人帶機一起墜入維多利亞港殉難。接連兩次在香港上空贏得勝利的 3 飛師還是不敢大意，得出美軍 23 大隊在中國東部戰場已經部署了有 70 到 90 架 P-40 戰機的結論，決定對桂林發起攻擊以確保日軍持續掌握華南戰場的制空權。

攻擊從 10 月 29 日展開，但是要等到 11 月 2 日，美日才真的有在桂林上空交手的機會。當天日軍 25 戰隊與 33 戰隊掩護 90 戰隊的 12 架九九雙輕空襲桂林，遭遇 23 大隊 16 中隊的 P-40 攔截。日軍一式戰仿效陳納德採用「打了就跑」的空中游擊戰術，使 16 中隊折損了萊西少尉（Walter E. Lacey）駕駛的 P-40，其遺體與座機殘骸於 5 日為國軍在六塘尋獲。另一方面，日軍也有兩架飛機受損。接下來受到惡劣氣候影響，美日雙方休戰了一個禮拜。直到 11 月 9 日，日軍 33 戰隊才又派八架「隼」掃蕩桂林，結果又遭遇美軍 16 中隊的九架 P-40。這是 23 大隊成軍以來，首次在對日空戰中佔據數量優勢。一番交手下來，美方聲稱擊落三架一式戰，日方聲稱擊落一架 P-40，但雙方戰史都沒有記載當天有損失紀錄。

23 大隊從 10 月 25 日空襲香港以來，到此刻為止已與 3 飛師接連打了四場空戰，結果不是失敗就是遭遇敵機沒有戰果或者根本沒有遭遇敵機，成軍之初藉由不斷打贏空戰所取得的勝利光芒看似已消逝始盡。

今西六郎團長貌似還發現 P-40 副油箱不足的問題，為了一勞永逸的消滅 23 大隊，他命令 33 戰隊飛往桂林將 16 中隊的 P-40 機群引誘到湖南芷江上空，再

由 25 戰隊的「隼」接棒將燃料耗盡的他們一一摧毀。11 月 12 日,33 戰隊首批八架一式戰向桂林飛來。他們的行蹤為警報網所捕捉,16 中隊隨即派出 11 架 P-40 前往攔截。雙方激戰的同時,另外 11 架一式戰趁機攻擊桂林機場,卻沒料到當地還有另外一批 P-40 守株待兔,結果被布萊恩中尉(Donald D. Bryant)與克林格聲稱各擊落一架「隼」。

16 中隊在日軍 33 戰隊發動第三波空襲前,下令所有 P-40 飛往芷江和零陵疏散。期間克林格駕駛的 P-40E 因機件故障降落桂林機場維修,結果卻遭到一式戰低空掃射,所幸「隼」裝備的 7.7 公厘機槍沒能打穿 P-40 裝甲。向湖南芷江方向疏散的 P-40,在途中遭遇到 25 戰隊的「隼」,結果空戰中巴恩斯中尉(George R. Barnes)與韋恩(Heath H. Wayne)又聲稱打下了兩架一式戰。

奪回華南制空權

33 戰隊後來又對桂林機場實施了兩次空中壓制,但是 16 中隊能飛的 P-40 都轉移到芷江去了,不能飛的則留在 7.7 公厘機槍所無法擊破的堅固機堡內。11 月 12 日的空戰無疑是以日軍戰敗收場,第 1 飛行團確認當日有三架「隼」在戰鬥中折損,並指出 P-40 的續航力超過今西六郎團長的想像,就算遠離桂林還是能持續戰鬥。16 中隊取勝的關鍵,其實與續航力毫無關係,是因為 33 戰隊和 25 戰隊編隊的行蹤早已為警報網捕捉,所以每次 P-40 都能飛到正確的地點攔截他們,根本沒有燃料耗盡的問題。此外芷江本來就是 23 大隊 P-40 的疏散地,日軍把 P-40 引誘到芷江上空消耗他們燃料再一舉殲滅的計劃從一開始就沒有成功的可能性。更何況即便成功捕捉到地面上的 P-40,「隼」一型裝備的 7.7 公厘機槍非但無法將其擊破,也沒辦法投擲炸彈,3 飛師失敗的最大原因是沒有辦法做到知己知彼。陳納德計劃於 11 月 22 日派遣 75 和 76 中隊的 P-40 掩護第 11 轟炸機中隊對香港展開第四度的轟炸,不過受到惡劣氣候影響,他只能命令 B-25 改道空襲北越的鴻基港。

11 月 23 日，日軍第 90 戰隊的三架九九雙輕空襲桂林，遭到 16 中隊派克上尉（Harry M. Pike）、隆巴德中尉與格里芬少尉（Chester D. Griffin）攔截。九九雙輕成功投下炸彈，將桂林機場的跑道炸出幾個坑洞，可他們還是遭到三架 P-40 的猛烈攻擊。隆巴德上尉從後方追上一架日機並將其打得起火燃燒，不過他的 P-40 同樣因為燃料箱被對方機尾槍手操縱的 7.7 公厘機槍擊中而著火，迫使隆巴德不得不棄機跳傘。剩下的兩架九九雙輕，分別為派克上尉與格里芬少尉擊落，當天 90 戰隊坦承有兩架轟炸機沒能返航。

隔天輪到陳納德反擊，命令郝樂威率 12 架 P-40 掩護八架 B-25 空襲白雲機場，因為他掌握到日軍在當地興建一座飛機組裝廠的情報。不過根據日軍方面的資料，其實 23 大隊 11 月 24 日攻擊的是天河機場。日軍 33 戰隊的「隼」雖然緊急起飛攔截，卻沒能如預期般攔截到 B-25 與 P-40 編隊。在沒有「隼」追擊的情況下，B-25 乃至 P-40 都對著天河機場低空投彈，當場炸死 33 戰隊七人，炸傷四人。25 戰隊試圖起飛攔截，同樣飽受 P-40 編隊的猛烈壓制，導致駕駛「隼」在跑道上滑行的菅原英男中尉與片山勝治准尉當場喪命。

24 日對廣州的空襲對 25 戰隊所造成的損害，還遠遠超過 33 戰隊，共有 19 人死亡與 30 人受傷，幾乎一夕之間戰力全失。美軍方面，只有 76 中隊分隊長丹尼爾斯中尉在炸射地面目標時，疑似因吊掛的炸彈提早爆炸而身亡。

歷經 24 日上午的一次攻勢，就奪走日軍在華兩支最強飛行戰隊 24 人的性命。經歷兩次對香港空襲失敗的 23 大隊，總算是重振了士氣，華南戰場的制空權又重新回到盟軍手中。

當天傍晚，75 中隊的艾利森上尉率領六架 P-40 攻擊長江的日本內河航運。巴姆勒回憶，期間有一架一式戰試圖混入 P-40 編隊中，不過都被他還有艾利森成功甩掉。接連兩天，陳納德持續命令 23 大隊掩護 B-25 炸射咸寧等漢口的周邊目標，目的是要讓日軍誤判他的下一個攻擊目標就是武漢。陳納德同時還故意向為日軍工作的中國間諜放出他將空襲香港的消息，繼續混淆 3 飛師的判斷。

天才作戰官文森特

由美籍志願大隊改編而成的 CATF，之所以在美軍裡被視為雜牌軍或游擊隊的原因，在於陳納德沒有專業的幕僚人員協助他管理部隊。飛行員每次出擊完任務，對填寫相關文件的態度都非常隨意，完全沒有紀律可言。於是畢塞爾將軍派出西點軍校畢業，原本被派到菲律賓指揮第 35 驅逐機大隊，卻因為珍珠港事變爆發，只能轉往印度坐冷板凳的文森特上校（Clinton D. Vincent）到昆明擔任陳納德的副手，協助改進幕僚作業。

沒想到陳納德認為文森特是畢塞爾派來昆明監控他的，硬是不讓文森特接掌掌握實權的副指揮官，只讓他擔任作戰官。文森特並沒因此憎恨陳納德，反而覺得此一安排正合他意，因為他本來就渴望到前線參戰而不是留在後方當幕僚人員，作戰官的身份給予了他駕駛 P-40 出任務的機會，對陳納德其實只有感謝，怎麼會憎恨呢？為了答謝陳納德給他參戰的機會，文森特積極與郝樂威、史考特以及古柏合作，制定一系列針對華南沿海目標的打擊任務。11 月 27 日對廣州的空襲行動尤其讓文森特興奮，因為他終於逮到參戰以來首次駕機出任務的機會。

當天陳納德將 75、76 還有 16 中隊的戰機通通集結起來，湊齊了 23 架 P-40掩護 10 架 B-25 出擊天河機場。為了誤導日軍，他們在前一段還先朝北往武漢方向飛行，誤導潛伏在桂林的「第五縱隊」。等拉到地面無法以肉眼看到的高度以後，他們再轉彎朝廣州方向飛去。

這次空襲由郝樂威機隊擔任上空掩護，史考特上校與文森特上校各率一支P-40 編隊隨伺在 B-25 機隊旁邊護航。史考特指出早期 P-40 與 B-25 機隊默契不足，B-25 機組員時常抱怨不見 P-40 身影，擔心遭遇日機攔截，導致投下的炸彈命中率都不高。後來 P-40 緊跟在 B-25 旁邊，轟炸機組人員較能無後顧之憂地投下炸彈，當天投在廣州天河機場的炸彈命中率竟高達 65%。

P-40 機群在空中與日軍 33 戰隊的一式戰再度交鋒，這次美軍獲得壓倒性勝利，75 中隊漢普夏爾上尉（John F. Hampshire Jr.）聲稱擊落三機，史考特、郝樂威、

76 中隊的杜波伊斯中尉（Charles H. DuBois）與 16 中隊飛行員格斯各聲稱擊落兩架。擊落一架的有 16 中隊的隆巴德上尉、克林格中尉、76 中隊的盧布納中尉（Marvin Lubner）以及作戰官文森特上校。

11 月 27 日，23 大隊聲稱共擊落不下於 23 架的日本戰鬥機，可實際上當天整座天河基地恐怕都找不到 23 架「隼」給 P-40 擊落。日方只確認飛行員藤尾康弘中佐戰死，但是真正被擊落的「隼」數量應當不只一架。從日軍官方自承當日「損失慘重」這點來看，遭 P-40 擊落或者擊成重傷的「隼」介於四到五架的可能性不低。

取得第一架戰果的文森特非常開心，特別將此事寫在他當天的日記裡，可實際上他給日軍造成的損失又豈止是一架「隼」。從 22 日對越南北部鴻基港的轟炸開始，到 27 日襲擊天河機場為止的每一場空襲都有文森特上校參與策劃。原來當時日軍為了支援瓜達康納爾戰役，正準備將第 51 師團從香港運往拉包爾，結果古柏與文森特卻似乎掌握到了這個情報，接二連三打擊鴻基港、三灶島以及黃浦江等香港航道周邊目標，令日軍怵目驚心。難怪當第 51 師團終於平安駛離港島之際，支那派遣軍坦承實有「如釋重擔」之感。

最後一批飛虎隊成員離隊

雖然第 51 師團的船團還是平安離開了香港，可 CATF 光是 24 日的任務就殲滅了日軍 33 和 25 戰隊將近三分之一的戰力，文森特上校初試啼聲的表現也令人刮目相看。陳納德之所以選擇廣州而非香港為這幾波空襲的目標，與 75 加侖燃料箱庫存不足有密切的關係。因為這層關係，即使 P-40 飛抵港九上空，也沒有足夠燃料得以與「隼」交火。

CATF 的攻擊雖然沒能阻止日軍增援瓜達康納爾島，但他們造成的破壞仍令日軍航空戰力元氣大傷，對中國戰場局面有重大的正面意義。進入 12 月以後，華南氣候轉壞，外加損失慘重的兩支「隼」戰隊無法再對桂林發動反擊，陳納德

又將 CATF 主力調回雲南。

此刻第 9 照相偵察中隊派出三架洛克希德（Lockheed）F-4A，即偵察型的 P-38F 閃電式戰鬥機進駐昆明。裝備四座 K17 空照相機，飛行高度 39,000 英尺的 F-4A 偵察機，很快取代 P-43B 成為 23 大隊高空偵照的主力。74 中隊的中隊長史基爾，對這款新型偵察機愛不釋手，從 12 月 1 日起開始與第 9 照相偵察中隊分遣隊長史瓦茲少校（Dale L. Swartz）一起執行偵察任務。

12 月 5 日，史基爾與史瓦茲甚至還從桂林起飛，對日本殖民下的臺灣進行了美軍首次的空中偵察任務。然而兩架飛機卻在完成偵察任務返回昆明途中於雲層裡走散，史瓦茲成功降落到貴州新鎮機場，但史基爾卻行蹤成謎。陳納德於是指派巴姆勒，接替史基爾出任 74 中隊長。也就在史基爾飛來臺灣偵察的同一天，75 中隊的中隊長希爾、76 中隊的中隊長瑞克特、布萊特與薩維爾等四位「飛虎元老」，完成了他們的使命，搭上飛往印度的 C-47 運輸機展開返美之旅。

海軍出身的希爾與瑞克特，都因為追隨陳納德加入 CATF 的決定而成了美國陸軍的飛行員，未來還將成為美國空軍的創始元老。至於史基爾少校的遺體，則在 12 月 18 日於雲南的叢林裡與他的 F-4A 殘骸一起為中國老百姓所發現，此刻 23 大隊的編制內再也沒有前美籍志願大隊的飛行員了。希爾與瑞克特兩人都受到陳納德的影響，對中華民國與蔣中正夫婦懷有強烈的好感與認同。他們在戰爭結束以前，都會再投效力 23 大隊。

不過接下來將近 10 個月的時間，23 大隊將不會再有美籍志願大隊時代的沙場老將引領他們。幸運的是，巴姆勒、艾利森以及郝樂威都累積到了足夠的實戰經驗，足以擔任中隊長。

日軍並不會因為「飛虎元老」的離開就放鬆對 CATF 的壓力。雖然日軍 33、25 兩個戰隊暫時無力再戰，河內的飛行第 1 戰隊與獨立飛行第 85 戰隊也是以固守越南北部為主要任務，駐緬甸的飛行第 5 師團還是能給西部戰場的 CATF 帶來致命打擊。尤其 5 飛師麾下的 50、60 戰隊，更是日本陸軍航空隊眾多裝備「隼」的隊伍中威力最強的其中兩支。

好消息是，來到 1942 年的最後一個月，第 10 航空軍總算向 23 大隊撥交了一批新型的 P-40K 戰鬥機，飛行員們可以輪流到印度去將新飛機飛回駐地。P-40K 與 P-40E 的最大區別，在於前者採用的艾利森 V-1710-13 引擎馬力更大，飛行速度更快。郝樂威表示 K 型是他最喜歡的一款 P-40，在提升速度的同時又不會抵銷掉 P-40 原有的戰力。

傳頌 80 年的佳話

進入 12 月以後，無論是東部還是西部戰場都呈現無戰事的態勢，即便 23 大隊在 12 月 14 日當天派出 14 架 P-40E 與四架 P-43 出擊越南北部，也未在河內嘉林機場上空碰到日機。返航途中，領隊郝樂威中校在老街空域看到一架法國空軍的包台斯 25（Potez）雙翼機朝他們的反方向飛去，於是他立即掉頭回去向那架包台斯 25 開火，毫無懸念的將之擊落於紅河三角洲，並目睹飛行員跳傘。

當時的越南，名義上還是由號稱德國與日本盟友的維琪法國統治。雖然維琪政府與英國已經開戰，卻與美國維持外交關係直到 1942 年 11 月 8 日，盟軍發動「火炬行動」，登陸法屬摩洛哥與阿爾及利亞為止。所以當郝樂威擊落包台斯 25 的時候，美國與維琪法國才剛剛成為敵人，23 大隊尚未發佈任何遭遇法國軍機時的作戰準則。不過郝樂威在日記中表示，他早已透過國軍了解到日軍禁止法軍飛機在越南飛行，所以他判斷那架飛機是由日本人駕駛，沒有多想就將其打下（註二）。一星期後的 12 月 22 日，他又在越南上空打下一架包台斯 25，這是他聲稱擊落的第五架戰果。

陳納德沒有因為這種「西線無戰事」的美好而懈怠，也不以欺負與自己同宗的法國空軍為滿足，隨著美軍空運司令部（Air Transport Command）決定擴建雲南驛機場以提高駝峰空運頓量，他研判駐緬甸的 5 飛師勢必要對雲南發起空中攻勢。於是陳納德在 12 月 24 日聖誕夜，命令 16 中隊的新任中隊長哈茲利特少校（George W. Hazlett），率領六架 P-40E 進駐雲南驛機場。

果然不出陳納德所料，日軍 50 戰隊的 10 架「隼」25 日一大早就掩護第 8 戰隊九架九九雙輕襲擊雲南驛機場，哈茲利特還來不及命令 P-40E 起飛，日軍的攻擊就結束了。不幸中大幸，六架 P-40 的損傷相當輕微。16 中隊所有的 P-40E 後續都轉移到雲南驛，以強化哈茲利特抵禦日軍下一次空襲的能力。不過 23 大隊大隊長史考特認為這樣還不夠，他與陳納德一樣判斷「隼」必然會在 26 日的同時間對雲南驛發動攻擊，決定親自坐鎮雲南驛，準備在 1943 年 1 月卸下大隊長職務以前再取得一些對日空戰的戰果。

26 日下午，同樣是 10 架 50 戰隊的「隼」掩護九架第 8 戰隊的九九雙輕來襲。這次史考特上校準備好了，先派晉升為少校的派克率隊將 50 戰隊引開，然後再由他本人與哈茲利特聯手攻擊九九雙輕，三個編隊分工合作。

隨派克編隊參戰的萊利斯上尉，還記得正當他準備起飛的時候，他的好友莫尼中尉（Robert H. Mooney）剛好駕駛 P-40E 抵達雲南驛機場。原來莫尼中尉是受陳納德臨時指派，南下強化 16 中隊的作戰能力。他馬上跟著萊利斯一起隨派克少校升空，投入與 50 戰隊的交鋒之中。

據萊利斯回憶，莫尼中尉勇敢善戰，打不到幾回合就擊落了一架「隼」，但是其 P-40 座機卻也為藤井一男軍曹駕駛的「隼」打成重傷。本來莫尼可以棄機逃生的，但是他考慮到一旦自己跳傘，P-40 的殘骸可能墜入下方祥雲縣的民宅，造成更多百姓的死傷，於是決定留在已起火燃燒的駕駛艙內，直到整架飛機撞入地面為止。莫尼中尉是 1942 年 12 月 26 日空戰中唯一身亡的美國飛行員。他為了保護祥雲百姓而犧牲自己性命的行為，成為了傳頌於中美兩國 80 餘年的佳話。

從游擊隊轉正規軍

雖然有莫尼中尉的犧牲，史考特編隊仍成功擊退日軍第 8 戰隊，他還聲稱擊落了其中一架九九雙輕。這是史考特上校聲稱打下的第 13 架敵機，也是他卸下大隊長職務前的最後一個戰果。根據 5 飛師戰報，當天只有山田實曹長的「隼」

沒有返航，另外兩架受重傷的九九雙輕和一架「隼」都飛到臘戌機場降落成功。

　　當天除莫尼外，還有同樣來自 16 中隊的庫奇中尉（Llewelyn H. Couch）被擊落，不過只受到些許輕傷。把 23 大隊聲稱擊落的戰果與戰後日本防衛廳公開的損失數據做一比較，不難發現 23 大隊確實誇大了戰果。但是從 1942 年 7 月 4 日到 12 月 26 日為止，3 飛師遭 P-40 打下的戰鬥機和轟炸機保守估計為 20 架以上，而 23 大隊實際在空戰中被擊落的 P-40 僅五架來看，美日雙方戰機損失的交換比為一比四。自 CATF 成立以來究竟誰是中國戰場的空戰贏家，答案其實已經不言自明。3 飛師雖然沒有被殲滅，卻仍受到了重創，陳納德取得中國戰場制空權的目標尚未完成，進展卻是相當地順利。

　　陳納德自然是不甘願永遠打空中游擊戰，期望 CATF 能發展成真正的正規軍，而伴隨著西部沙漠戰役在美英盟軍發動突尼西亞戰役後進入尾聲，陳納德認為美國陸軍航空部隊將會把更多飛行員與飛機派來中國是理所當然的。他認為 CATF 只需要 150 架戰鬥機、30 架與 B-25 同等級的中型轟炸機，以及 12 架和 B-24 同等級的重型轟炸機，就能夠完成他三階段的所有作戰任務，奪下中國的制空權、癱瘓日軍海上運輸線以及轟炸日本本土。

　　提出這些近似天方夜譚的構想，並非陳納德真的相信他能依靠 30 架 B-25 和 12 架 B-24 擊敗日本，而是他希望以此呼籲美軍高層調派更多飛機來到中國戰場。另外陳納德也知道，B-24 這款四引擎的重型轟炸機並不適合強調機動部署的中國戰場，尤其華中與華南前進基地沒有足夠的燃料可以維持 B-24 的後勤需求，一個中隊的重型轟炸機已經達到 CATF 運作的極限。甚至他還認為直到展開第三階段作戰以前，這 12 架 B-24 根本不用急著來。提升 23 大隊戰機的數量與戰力，對陳納德而言才是眼前真正的當務之急。

　　CATF 面臨的問題還不光是飛機與人員不足，駝峰空運噸量也遲遲沒有辦法提升。到 1943 年初，平均每個月運入中國的噸量只有 3,000 噸。陳納德認為要完成他的戰略目標，從 7 月開始每個月要得到 4,700 噸物資，9 月起必須提升到 7,129 噸。等到 1944 年來臨前，CATF 必須每個月獲得 10,000 噸的物資補給，才

能實現他轟炸日本本土的偉大願景。

換言之，所有駝峰物資都必須優先提供給陳納德，這自然與史迪威將軍優先反攻滇緬的戰略目標起衝突。這讓陳納德忍不住認為，畢塞爾對史迪威的言聽計從將使 CATF 在第 10 航空軍指揮架構下綁手綁腳，於是他轉而尋求脫離第 10 航空軍，要指揮自己的獨立航空軍。他還向蔣中正建議跟美國爭取 500 架飛機的軍事援助，做為重建中華民國空軍的資本，當然重建後的中華民國空軍也應該納入他的指揮之下。

為了防止阿諾德干預他在中國戰場的指揮權，陳納德還建議蔣委員長任命自己為中國戰區空軍參謀長，指揮所有盟軍在中國戰場的空中武力，進一步推動 CATF 脫離第 10 航空軍的宰制。

註一：香港因為自 1842 年以來就受英國殖民統治，讓汪精衛政權能以鴉片戰爭以來的國恥號召港人組織「第五縱隊」協助日軍驅逐英軍，許多民族情緒強烈的民眾也積極投入圍捕美國飛行員的工作。

註二：1942 年 1 月 24 日，美籍志願大隊掩護中華民國空軍 SB-2 轟炸機襲擊河內嘉林機場，獨立飛行第 84 中隊派出九七戰起飛攔截，卻在混亂中不慎擊落維琪法國空軍外型與 P-40 相似的 MS.406 戰鬥機，或許這是日軍禁止法軍飛行於越南上空飛行的真正原因。

第六章

飛虎的最終蛻變 ──第14航空軍成立

　　到了 1942 年 10 月，盟軍雖然在北非戰場上轉守為攻，太平洋戰場仍陷入僵局。中途島海戰的敗仗，絲毫動搖不了日軍防守索羅門群島與進攻阿留申群島的意志，讓羅斯福總統又不得不將注意力重新轉移回中國戰場上來，因為此刻唯一從太平洋戰場上傳回來好消息的仍只有 CATF。從這裡，CATF 將因為羅斯福的政治決定，搖身成為更高階，可以掌握更多主導權與資源的第 14 航空軍，也是「飛虎隊」在發展史上的最終蛻變。

　　自太平洋戰爭爆發以來，受制於各種主客觀因素，中華民國成為獲得美援最少的同盟國，就連原本承諾要提供給空軍的 A-29 赫德森轟炸機，還有要以中國為基地轟炸日本的 B-17、B-24 等長程轟炸機，都臨時改道支援北非戰場去了，讓蔣中正不禁懷疑美國到底有沒有把中國視為平等的盟國看待。羅斯福自然知道中華民國對太平洋戰局的發展有不可取代的地位，於是他指派自己 1940 年競選總統連任時的共和黨籍老對手威爾基（Wendell L. Willkie）為特使，對包括中國在內的同盟國展開為期 49 天的親善之旅。

　　威爾基 1942 年 10 月 2 日抵達重慶，在中國停留了兩個星期。他與緊抱孤立主義的傳統共和黨人不同，主張美國應大力涉及海外事務，且反共信仰強烈，與蔣委員長非常合拍。

　　自認無法透過軍方正式管道向層峰表達意見的陳納德，將威爾基的到訪視為翻身的機會，希望能透過特使建立與羅斯福總統直接溝通的管道。起初陳納德沒有被告知威爾基有與他見面的安排，讓他懷疑背後是史迪威從中作梗。直到後來威爾基直接打電話到陳納德在重慶白市驛機場的辦公室，才讓他有了在 10 月 11 日與總統特使會面的機會。

　　威爾基本來就從《時代》（*Time*）與《生活》（*Life*）雜誌上得知了「飛虎隊」的傳奇故事，一直把陳納德當成美國英雄的典範看待。沒想到在實際與陳納德接觸會談後，他才得知陳納德以 50 餘架飛機牽制日本陸軍近 300 架飛機的事實，於是要求陳納德盡快擬定一份讓他可以帶回美國面交羅斯福總統的計劃。

　　陳納德與古柏參謀長花了一個晚上的準備，並在威爾基離華前一天的 10 月 13 日將書面報告遞交給他。他們強調，只要 CATF 有 105 架戰鬥機、30 架中型轟炸機及 12 架重型轟炸機的戰力，就能在半年的時間內消滅日軍 3 飛師。然後再花上一年的時間，就能把緬甸的 5 飛師與越南的獨立第 21 飛行隊一同瓦解。

　　陳納德強調，他接下來將師法羅馬名將大西庇阿在第二次布匿戰爭中對付迦太基英雄漢尼拔的方式，攻擊中國沿海的日本海上運輸線。雖然漢尼拔成功將戰火燒到了羅馬的大門口，最終卻因為迦太基無力與羅馬共和國打長期戰爭而被下令收兵。所以陳納德在切斷日本的海上補給線後，便會展開對其本土的戰略轟炸。曾經在來華前對日本本土做過考察的陳納德認為，日本房屋結構多為木造，若實施火攻必能取得巨大成效。只要將日本軍民的抵抗意志摧毀，他們自然就會向政府提出停戰的要求。

　　陳納德最打動威爾基的一點，是他提出擁有 4 億人口的中國不只是美國對抗日本與蘇聯的地緣戰略夥伴，還會是戰後美國發展經濟的重要市場。憑藉與蔣委員長友好的私人關係，他強調只要自己能被賦予指揮所有盟軍在華空中武力的權力，就絕對能確保中國人戰後對美國持續友好下去，進而使中華民國成為全亞洲，甚至全世界最親美的國家，實現羅斯福總統扶持中國成為世界「四強」的戰略目標。

陳納德再次遭到否決

　　當威爾基詢問蔣委員長，美國對中國的援助應該以陸軍還是空軍為優先時，蔣委員長的答案為：「陸空兩軍同感重要，但如空軍不先充足，則不能克復緬甸。」蔣中正對發展空軍的支持更強化了威爾基對陳納德的激賞，他將報告帶回美國呈交給總統，羅斯福轉手就下令戰爭部立即展開研究。陸軍參謀長馬歇爾將軍看了以後直搖頭，只回了：「胡說八道」四個字。就連曾經支持組建美籍志願大隊的戰爭部長史汀森（Henry L. Stimson），都不留情面批評陳納德的報告為「渾蛋的見解」。

　　看在一心想打回緬甸去，重新開啟陸上通道的史迪威而言，陳納德的建議不只不切實際，而且還將使 CATF 的前沿機場陷入險境。因為在所有駝峰物資都優先讓給陳納德的情況下，缺乏訓練與裝備的中華民國陸軍面對日軍地面攻勢將毫無招架之力。史迪威逐漸認為蔣中正之所以支持陳納德，不過是想依靠美國空權武力迅速替自己擊敗日本，以保留陸軍實力待戰後鎮壓異己，對這位委員長的所有敬意就此蕩然無存。

　　至於美國陸軍航空部隊的大家長阿諾德，雖然沒有對蔣中正形成強烈的負面態度，也認可陳納德是一位戰術天才，但是他堅持美國的資源應該優先投入到打敗納粹德國的戰爭中。事實上「哈波羅計劃」在 1942 年 5 月改道埃及，就是來自阿諾德的決定，當時羅斯福希望能派遣 50 架 B-24D 轟炸機到中國，既可投入對日軍的轟炸也能提升駝峰航線的噸量。

　　阿諾德反對羅斯福的要求，認為如果把 50 架 B-24 投入對德國的轟炸能更快速結束戰爭，遠比送到中國戰場更符合作戰效益。史迪威認為既然盟國賦予中國戰場的任務是盡可能牽制日軍，那麼當務之急就是改革派系林立與任人唯親的國軍，給予美式裝備與訓練後對滇緬戰場發動以打通中印公路為目標的陸上反攻。唯有如此，美援物資才能大量進入中國，讓國軍更有效率的牽制日軍，甚至對武漢與廣州發起大規模地面攻勢。

　　無論是空中還是地面部隊的主流意見，都否決陳納德在中國發起空中攻勢的計劃。史迪威甚至認為，蔣中正之所以支持陳納德，只是為了拖延反攻滇緬的時程。在史迪威的眼中，蔣中正害怕現代化的軍事改革，將讓自己丟失對軍隊的控制權。蔣中正對軍權十分看重這一點，是史迪威與陳納德少有的共識。

　　蔣中正並非對反攻緬甸毫無興趣。陸軍出身的蔣中正，比他同時代的軍人更重視空權武力，但他同時也知道地面部隊才是贏得勝利的關鍵所在。對於反攻緬甸他舉雙手贊成，但先決條件是英國皇家海軍同時對仰光發起兩棲登陸作戰，否則讓中國遠征軍孤軍深入只會重蹈第 5 軍、第 6 軍與第 66 軍等嫡系精銳部隊失敗的覆轍。對蔣中正而言，美國與英國對中國是否有足夠的誠意取決於他們是否願意投注足夠的兵力在收復緬甸全境之上。

　　如果美英的選擇是以歐洲為優先，那麼蔣中正從保存國軍戰力的角度出發，也傾向於持續在中國戰場上與日軍維持僵持狀態。陳納德的空中攻勢或許無法擊敗侵華日軍，但是對維繫蔣委員長在中國人心中的威信還是有幫助的。伴隨著西部沙漠戰役進入尾聲，未來中國在同盟國戰勝軸心國的全球戰略將扮演何等角色，中國將成為航空或者地面部隊主宰的戰場，一切都還是要等待真正掌握軍政大權的羅斯福拍板定案。

陳納德陷入兩面交戰

　　1942 年底到 1943 年初，陳納德陷入兩面交戰的尷尬處境，一是在軍事上與日軍的交鋒，二是在政治上應付來自美軍高層的箝制。首先是陳納德的參謀長古柏，雖然在三個月的戰鬥下來證明了自己的實力，但沒有接受過專業幕僚軍官訓練的這一個問題，遭到史迪威與畢塞爾的非難，認為他連軍服該怎麼穿都不知道。古柏也不怎麼喜歡史迪威與畢塞爾，過去在好萊塢混過的他，在華府的人脈不會輸給陳納德。受了氣的古柏寫了一封信給戰略情報局（Office of Strategic Services）局長鄧諾凡（William J. Donovan），向他抱怨史迪威與畢塞爾的種種。

　　鄧諾凡是羅斯福過去在哥倫比亞法學院的同學，除了是總統的親信，他指揮的戰略情報局在戰時所扮演的角色舉足輕重。陳納德跳過軍中管道，透過威爾基特使直接向羅斯福表達策略實施的行為，看在馬歇爾眼中已經破壞了美國陸軍的倫理，古柏直接寫信向鄧諾凡告狀更是踩到了他的底線。馬歇爾要求解除古柏參謀長的職務，陳納德想盡一切辦法遊說畢塞爾讓古柏留下來。但這次畢塞爾決定「不忍了」，硬是要古柏走路。

　　此刻海恩斯已經被畢塞爾調去指揮駐印航空特遣隊，古柏在畢塞爾的施壓下離開了中國，唯一留在陳納德身邊的 CATF 元老就只剩下 23 大隊的大隊長史考特上校了。不過到了 1943 年 1 月 1 日，就連史考特也接獲返回美國的命令，讓陳納德的處境進一步孤立。為了確保 23 大隊繼續掌握在自己手中，不讓畢塞爾趁機見縫插針，陳納德立即將郝樂威升任為大隊長，76 中隊的中隊長職務則由 24 歲來自加州的馬歐尼上尉（Grant M. Mahony）接手。

　　經過三個月的磨合期後，CATF 作戰官文森特上校總算獲得陳納德的信任，不再被視為畢塞爾派到昆明的人馬看待，於 1 月 8 日接替了本來由史考特兼任的副指揮官職務。原本來自華府以及第 10 航空軍的壓力，已經夠讓陳納德焦頭爛額的了，現在又遇上日本 5 飛師在 1 月 16 日派出 16 架 50 戰隊的「隼」，掩護第 8 戰隊的 21 架九九雙輕空襲雲南驛機場的事情。這也是 16 中隊的中隊長哈茲利特少校離開中國前的最後一場空戰。

　　當天 16 與 75 中隊派出九架 P-40E 升空攔截，並聲稱擊落 12 架敵機，其中萊利斯上尉、巴恩斯中尉與里特爾中尉（James W. Little）各打下兩架「隼」，隆巴德上尉、歐尼爾中尉（Robert A. O'Neill）、利佩少尉（Aaron Liepe）以及金博爾少尉（Melvin B. Kimball）各打下一架。史密斯上尉（Robert E. Smith）則在派爾斯少尉（George V. Pyles）配合下，擊落「隼」與九九雙輕各一架。

　　不過，派爾斯在取得空戰成果之後，也不幸遭一式戰打下，成為 23 大隊當天唯一的陣亡人員。日軍 50 戰隊聲稱擊落三架 P-40。美日雙方都誇大了 1 月 16日的戰果，事實上 50 戰隊同樣只有大槻威中尉陣亡，然後再加上第 8 戰隊的一

架九九雙輕中彈受損，其實是各損失一架。

縱然雙方打了一場平手，但美軍整體而言在與日軍的交手中略有斬獲。儘管23大隊的勝利不足以扭轉戰局，但對於已經在中途島與北非獲得勝利，卻還在整個太平洋和歐洲陷入苦戰的盟軍而言還是有士氣上的提升作用。

16中隊於1月20日回防霑益機場，將雲南驛機場的防衛工作交給75中隊，隨後哈茲利特少校被調回喀拉蚩擔任飛行教官，向剛抵達印度的菜鳥飛行員傳授中國戰區的作戰經驗，他的中隊長職務改由派克少校接手。另外一名16中隊的空戰英雄隆巴德上尉，則被調到昆明接替即將回美國的巴姆勒少校出任74中隊的中隊長。

史考特大隊長回國後，軍方安排他駕駛P-40K戰鬥機巡迴全國，以自己在中國作戰的經驗激勵民眾購買戰爭債券。後來有出版商將他在中國的事蹟集結成冊，出版了名為《上帝是我的副駕駛》（*God is My Co-pilot*）的戰時回憶錄，目的同樣是提升美國人民的士氣，支持政府把戰爭打下去。《上帝是我的副駕駛》因為過度彰顯史考特的英雄事蹟，而激怒了眾多其他較早回國的23大隊甚至美籍志願大隊的老「飛虎」，但是該書在市場上的表現十分亮眼，直到90年代都還是暢銷書。史考特大隊長一如《捍衛戰士》電影男主角湯姆‧克魯斯，為美國陸軍航空部隊吸引到無數青年報名從軍，也順勢拉抬了中華民國在美國人民心目中的地位。

卡薩布蘭卡會議

然而光靠23大隊贏得的勝利，還有《上帝是我的副駕駛》一書尚不足以讓羅斯福更重視中國。日本在中途島海戰失敗，瓜達康納爾陷入苦戰之後，重新思考對華政策，不再對中國採取分而治之的戰略，轉而鞏固南京政府以與美國爭奪中華民族主義的話語權。1943年1月9日，汪精衛政權正式對英美宣戰，代表中國加入軸心國陣營。而CATF對淪陷區的空襲，尤其是對武漢與廣州的炸射，

成了南京向美國宣戰最名正言順的理由。

南京政府在《宣戰佈告》中嚴厲聲討美國「以自國飛機，借渝方為根據，向我武漢廣州等處，屢施轟炸，殘害平民。在渝方分子，甘受英美驅使，躬為英美叛逆，固屬可恥，而英美對於東亞處心積慮，盡其挑撥離間之能事，以圖遂其最後併吞之欲，尤為東亞民族所當同仇敵愾」。美軍的對地攻擊固然給日軍帶來慘重傷害，但同時也很難避免淪陷區的中國居民造成死傷。原本同仇敵愾反抗日本侵略的中國人，難免在目睹同胞慘死於 B-25 或 P-40 投下的炸彈後，對是否該繼續支持重慶抗日產生分歧。

越來越多的大中華主義者認為，所謂太平洋戰爭不過是一場美日爭奪霸權的「狗咬狗」戰爭，誰贏或者誰輸都改變不了中國只是配角的事實。重慶堅持抗戰下去，只不過是以中華民國三軍健兒的性命為代價，換取美國在戰後取代日本入主亞洲。重慶付出的巨大犧牲，不只沒能換來美國同等的重視，還讓武漢與廣州民眾吃完日軍轟炸的苦頭後繼續挨美軍轟炸。對他們而言，汪精衛經由和平談判「收復」日軍以武力攻下的英美租界，反倒能讓中國在日本主導的亞洲新秩序中盡可能保持領土完整與民族尊嚴，從而更支持南京政府。

羅斯福察覺到中華民族主義者路線上的分歧，出手逼迫英國與美國在 1943 年 1 月 11 日，也就是南京對美英宣戰的兩天後一起和重慶簽訂《平等新約》（New Equal Treaty），以廢除兩國在華租界與治外法權的方式，替蔣中正鞏固民心。緊接著羅斯福前往剛為盟軍收復的摩洛哥重鎮卡薩布蘭卡，與英國首相邱吉爾會晤，針對西部沙漠戰役勝利後的同盟國戰略目標展開討論，其中也包括反攻緬甸的議題。

不過促成吉羅（Henri Giraud）與戴高樂兩位法籍將領和解，攜手領導自由法國推翻納粹扶植的維琪政府，仍是美英召開卡薩布蘭卡會議的首要目的，緬甸反攻的順序還是排在西歐之後。所幸在美國海軍作戰部長金上將（Ernest King）與陸軍參謀長馬歇爾的堅持下，美英參謀長聯席會議（Combined Chiefs Staff）做出了必須在 1943 年 7 月以前決定何時反攻緬甸的決定。

　　金上將從有別於陸軍的視角出發，指出中國在牽制日本陸軍主力方面扮演了類似蘇聯牽制德軍主力的角色，但這個論點卻從來沒有獲得英美同等的重視。既然西部沙漠戰役已經取得勝利，他與馬歇爾都同意該是給重慶更多關愛的時候了。在英美短期內都無法派出大規模地面部隊反攻緬甸的情況下，邱吉爾在羅斯福的「強烈建議」下，同意以強化陳納德戰力為提升重慶抗日士氣的優先目標。為了確保陳納德能形成完整的航空戰力，美軍將派遣更多軍事人員進入中國戰場，這項由羅斯福與邱吉爾達成的共識為 CATF 脫離第 10 航空軍的牽制推向成功的一步。

阿諾德訪華與委員長的堅持

　　隨羅斯福出席卡薩布蘭卡會議的阿諾德將軍，在會議結束後接受總統委派，經由印度飛往中國向蔣委員長展現美國支持重慶抗戰到底的決心。他在第 10 航空軍司令畢塞爾將軍陪同下於 2 月 4 日晚間從汀江機場起飛，在駝峰航線上飛了足足六個小時後於 2 月 5 日凌晨 1 點 45 分抵達昆明。當天他在昆明就中國空戰局勢同史迪威、畢塞爾、陳納德三人進行會談。阿諾德雖然對陳納德在戰術上的才華有更深一層的了解，卻也同時斷定陳納德對後勤體系毫無概念，才會提出 CATF 獨立於第 10 航空軍的要求。

　　鑑於 CATF 所有的燃料補給都來自第 10 航空軍在印度的基地，而且陳納德缺乏有效的幕僚與行政人員，阿諾德在當天給馬歇爾的電報中建議維持 CATF 在第 10 航空軍的編制之下。唯一阿諾德願意做出的讓步是增加空運司令部負責駝峰航線的印中聯隊（India-China Wing）運輸機數量，由原本的 62 架提升到 137 架，包括載貨量比 C-47 運輸機還要大的 C-46 以及 12 架四引擎的 C-87。他研判，從 4 月份開始，駝峰航線每個月能向中國運入 4,000 噸物資，當中 1,500 噸將提供給陳納德。此外以 B-24 轟炸機為主力的第 308 重轟炸機大隊，也在幾天工夫，從美國本土派到中國參戰，目的是為日後由中國起飛轟炸日本本土的戰略轟炸任

務累積經驗。

阿諾德於 2 月 6 日飛往重慶與蔣委員長進行三個小時的會晤，結果卻發現蔣中正對陳納德的支持比他想像中還要強烈，不僅主張 CATF 脫離第 10 航空軍，還要求賦予陳納德指揮所有同盟國在華空中武力的權力。蔣中正同時強調，如果反攻緬甸的日期設在 1943 年 11 月以前，那麼平均每個月的駝峰空運量應提升到 10,000 噸。最後還提出在陳納德主導下重建中國空軍的訴求，為此他希望美國提供 500 架飛機給中華民國。

阿諾德對蔣中正的印象在這次會談後變得更差，他認為委員長一心只想重建一支擁有 500 架美製飛機的空軍，卻沒有考慮是否有足夠的燃料維持這 500 架飛機的運作。眼見與阿諾德本人對談無效，蔣中正只能在 2 月 7 日委託他轉交一封親筆信給羅斯福，內容還是期待美國能讓 CATF 脫離第 10 航空軍、提升每月駝峰空運量至 10,000 噸，以及提供 500 架飛機給中國空軍等三大訴求。

接獲蔣中正透過阿諾德轉交的信件後，羅斯福不顧阿諾德與馬歇爾的反對，立即同意了委員長的三大訴求。當中，增加空運噸量與提供 500 架飛機並不為阿諾德與馬歇爾所反對，他們只是認為沒有辦法如蔣中正所願在 11 月以前完成而已。他們唯一堅決反對的，還是讓陳納德在中國全權指揮的航空軍，認為無論是從後勤補給還是美軍倫理的角度來看都不切實際。

不過羅斯福心意已決，認定在英美盟軍無法承諾蔣中正對緬甸發起全面反攻的情況下，支持陳納德是維持重慶抗敵意志的不二法門。於是在 2 月 19 日，馬歇爾向史迪威傳達了總統將 CATF 擴編為第 14 航空軍的命令。依據此一命令，CATF 將從 1943 年 3 月 10 日起脫離第 10 航空軍，擴編為第 14 航空軍，由晉升少將的陳納德繼續指揮。蔣委員長從史迪威口中得知此一消息後，還在 2 月 22 日給宋美齡的電報中，提到陳納德不再受畢塞爾節制的消息。然而史迪威仍是陳納德的長官，且畢塞爾也並非美軍裡真正想拔掉陳納德的人，所以陳納德的挑戰其實在第 14 航空軍成立後才正要開始。

催生親美的新空軍

伴隨著更多 P-40K 的到來，23 大隊在 1943 年 3 月 10 日當天的戰力已提升至 65 架 P-40，還有 38 架在昆明組裝維修中，可陳納德的願望並不只是要率領第 14 航空軍擊敗日本，而是要在戰後為中華民國建立一支現代化又親美的空軍。

然而，當陳納德在 1937 年 5 月抵達中國，擔任中央航校總顧問的時候，空軍內部可是存在著不小的反美勢力。首先是對於早年接受法國、日本、蘇聯以及德國訓練的東北以及廣東航空隊元老而言，蔣中正在 1932 年引進美國顧問團成立中央航校，並且以嚴格的篩選制度將他們悉數淘汰的目的只是為了清除異己。從廣東航空學校第 6 期畢業的卿雲燦便回憶道：「許多人懷疑是美國的陰謀，故意阻礙中國空軍的發展。由於宋美齡為航委會秘書長，一切聽從美國，時人說中國空軍為牝雞司晨。」由孔祥熙聘請義大利顧問團成立的中央航校洛陽分校，外加抗戰初期蘇聯志願隊來華助戰，即便是中央所培養出來的飛行員，也同時有親義大利、親蘇聯的派系存在，對陳納德的到來本就十分排斥。

中央航校第 10 期畢業的喬無遏少將回憶：「陳納德帶了幾個美國飛行員來做我們的飛行教官，那時候部隊裡對於外國人做教官還是不太能接受。有一次在飯店裡吃飯，乞丐向美國人討錢，有一個中國教官說：『跟他們要什麼錢，他們都是來要飯的！』可見一些軍官的心理和態度。」喬無遏是同期中第一個放單飛的學生，結果卻因為與美籍顧問相處融洽而遭到其他同學排擠孤立。受到反美教官影響的一批第 10 期學員，更是針對陳納德等美籍教官發動過集體罷考，整起事件最後是在航空委員會主任周至柔將軍介入下才平息。

為此陳納德多次萌生辭意，雖然每一次都被蔣中正夫婦給慰留了下來。當然反美的學員在中央航校仍是少數，比如空軍官校第 11 期畢業的朱安琪上尉，本身就是來自北加州的美籍華僑，在他的印象裡陳納德是一位既認真又嚴格的教官^{（註一）}。雖然許多學員因為語言不通，時常會與教官產生摩擦，但大多數摩擦很快都會過去。至於由陳納德欽選，在 1941 年 10 月被送往美國受訓的空軍官校第

12 期 50 名畢業生，態度就是一面倒的親近美國。

　　當中的程敦榮就指出：「當時陳納德的戰術概念，已在孕育徹底拋棄第一次世界大戰的傳統三機編隊戰術。那個靈活的交叉掩護概念，以後發展成兩機一組的四機編隊，以及『一擊脫離』（或稱打了就跑）的戰術，就是很自然的事情了。」畢業自空軍官校第 12 期的陳炳靖指出，陳納德預料得到，第一次踏上美國本土的他們，尤其是到了保守的亞利桑那州受訓時，很可能面對「種族隔離」的社會氛圍，因此刻意安排已經在中國接受過完整訓練的他們到美國從初期班起從頭學飛，目的是要改變當地人對黃種人的印象，結果因為優異的表現，而贏得當地民眾稱其為「飛行天才」的美譽。

　　官校 12 期的學生在陳納德刻意安排下，一律只接受戰鬥機飛行訓練，因為陳納德知道中華民國空軍的重建必須要從戰術空軍的重建開始。他們在路克基地（Luke Field）完成高級飛行訓練後，又被調到佛羅里達州的戴爾·馬貝瑞基地（Dale Mabry Field）接受第 58 戰鬥機大隊 P-39 的部隊訓練。眼見他們的訓練即將完成，陳納德在 1943 年 3 月 4 日寫信給周至柔將軍，提議讓自美返國的中國飛行員編入第 14 航空軍。周至柔將軍在 3 月 17 日回信，同意將其中 16 名 12 期畢業生編入 23 大隊。

橢圓形辦公室裡的勝利

　　第 14 航空軍成立後，駝峰空運的噸量仍舊沒有如蔣中正所期待的那樣，提升到每個月 4,000 噸。史迪威在 1943 年 3 月同意給第 14 航空軍 1,000 噸，可陳納德實際上只收到 625 噸，到了 4 月份答應要給 245 噸，結果真正交付的只有 45 噸。如此可憐的物資數量，等同於要陳納德直接取消所有的遠程打擊任務。於是蔣中正向羅斯福提出建議，希望總統能將陳納德召回白宮，當面聆聽中國戰場的現況。恰好羅斯福與邱吉爾 5 月份又將在華府召開三叉戟會議（Trident Conference），針對開闢西歐第二戰場與滇緬反攻等議題進行討論，羅斯福於是

打算同時將史迪威和陳納德召回華府聆聽兩人的看法。

　　史迪威於 4 月 20 日抵達昆明，告知陳納德這個消息，並表示他們將於兩天後出發前往華府。幸運的是，史迪威什麼都沒有給陳納德，倒是給他指派了一個很好的參謀長葛倫准將（Edgar E. Glenn），可以在陳納德前往華府開會兩個月的時間代理指揮第 14 航空軍。陳納德與史迪威搭乘的 C-87 專機於 1943 年 4 月 28 日抵達華府，隨即開始準備三叉戟會議期間要遞交給羅斯福總統的書面報告。

　　在這份新的報告中，陳納德向羅斯福提出了 150 架戰鬥機、70 架 B-25 以及 30 架 B-24 的要求，同時還希望在未來三個月內能將駝峰空運量提升到每個月 4,790 噸，之後再提升到 7,129 噸。他已經制定了全盤作戰計劃，從 7 月份開始將以兩個月的時間從 3 飛師手中奪回中國戰場制空權，此為陳納德計劃的第一階段。接下來進入第二階段，B-25 將從 9 月起由桂林起飛，對海南島以及越南北部沿海的港口與船隻實施掃蕩。到了第二階段的後半段，B-24 轟炸機的加入將會讓沿海掃蕩任務的範圍擴大到臺灣海峽與南海，甚至擴展到上海與南京等汪精衛政權控制下的精華地帶。從 1943 年 11 月起，第三階段空襲日本的任務便可交由第 308 重轟炸機大隊執行。

　　陳納德於 4 月 30 日將計劃提交給了戰爭部長史汀森與陸軍參謀長馬歇爾，隨即遭到史迪威打槍，批評第 14 航空軍對中國沿海日本船團的空襲只會刺激日軍大舉進攻美軍飛行基地，到時候國軍地面部隊將不具備守護這些機場的能力。接著陳納德與史迪威進入白宮橢圓形辦公室，當面向羅斯福匯報自己的計劃。

　　沒想到陳納德的報告引起羅斯福的極大興趣，詢問他第 14 航空軍能否在一年內擊沉日本 100 萬噸的船隻。陳納德保證，只要他每個月能取得 10,000 噸的物資就可辦到。羅斯福顯然十分滿意陳納德的答案，他批准了陳納德駝峰空運的優先使用權，要求第 14 航空軍在 1943 年秋天以前摧毀 3 飛師以及華南沿海 50 萬噸的日本船隻。另外羅斯福還主動提議陳納德建立與他的私人聯繫管道，直接跳過美軍官僚體系向總統匯報中國戰場的情況。

　　輪到史迪威報告反攻緬甸的計劃時，羅斯福卻只感到枯燥與乏味，看著不斷

自言自語的史迪威質問馬歇爾：「他是否病了？」眼見自己的計劃得不到總統支持，史迪威直言蔣中正沒有扮演好羅斯福期望他扮演的角色，即徹底動員中國的兵力牽制日本陸軍主力。他與馬歇爾還以日軍在「杜立德空襲」後拿下衢州機場為例，強調若第 14 航空軍的空中攻勢引發類似的報復性攻擊，國軍將無力替陳納德守住機場。史迪威的主張並非毫無道理，可此時此刻羅斯福從政治而非軍事考量出發，已然不可能收回對陳納德的支持。

來自蔣羅邱的鼎力支持

其實無論是蔣中正還是代表蔣中正出席三叉戟會議的宋子文，都傾向於以反攻緬甸為優先目標，只是在沒有辦法得到英國承諾對緬甸發起全境反攻的情況下才轉而支持陳納德。宋子文在向羅斯福遞交的備忘錄裡聲明：「蔣委員長經縝密考慮，認為所有戰時資源，暫須全部致力於空中攻擊之準備，故擬於五、六、七的三個月空運噸量，全部供運汽油及飛機器材之用，使有效的空中攻勢早見事實。七月以後，空運貨物除少數空軍補充材料外，再運陸軍所需器材。以美國生產力如許之鉅，上述飛機與其器材，數量並不甚大，當無困難。」

從這裡可以發現，蔣中正並非一面倒地支持陳納德，而是要等進入中國的駝峰空運噸量穩定後再對陸軍與空軍進行更為合理平均的分配。不過宋子文提出的備忘錄這段文字，「蔣委員長並囑予聲明，敵人如以地面部隊攫我飛行基地，中國陸軍力可應付」卻大有爭議。宋子文似乎不明白，在已經有浙贛會戰這個失敗案例的情況下，蔣中正做出如此不負責任的承諾將在一年後給中美關係的惡化埋下不可挽回的伏筆。不過真正促使羅斯福力挺陳納德發動空中攻勢的關鍵，還是來自邱吉爾的意見。

在 5 月 12 日召開的三叉戟會議正式會議上，邱吉爾指出抽調英軍兵力反攻緬甸將偏離英國「歐洲第一」的宗旨。就算動員大軍打通陸上交通線，中印公路

也必須等到 1945 年才能運作，而且每個月平均只能向中國輸入 20,000 噸的物資，根本得不償失。既然邱吉爾不願意發動對緬甸全境的反攻，支持陳納德毫無疑問就成了羅斯福鞏固重慶抗敵意志的唯一選擇。

蔣中正已經透過史迪威以口頭告訴羅斯福，他需要美軍派遣三個戰鬥機大隊的兵力來華，唯有如此國軍才能對日軍發起反攻，否則會有更多中國陸軍投降日本。所謂更多中國陸軍投降日本的說法並非空穴來風，因為自太平洋戰爭爆發以來，已經有孫良誠、吳化文等西北軍將領接受汪精衛政權改編為和平建國軍。在三叉戟會議召開第三天的 5 月 14 日，孫殿英與龐炳勳兩位將領也因太行山戰役兵敗被俘，選擇投效南京。統帥晉綏軍的第 2 戰區司令長官閻錫山，也與日軍都達成了互不侵犯的默契，如果美國持續忽視中國戰場的地位，只會讓更多的中國人，尤其是中國軍人擁抱日本的「大東亞共榮圈」。

於是在龐炳勳與孫殿英投降的同一天，羅斯福與邱吉爾取得了中國戰場將以空戰為導向的共識。英軍印度司令魏菲爾元帥（Archibald P. Wavell）明確指出，緬甸的戰略態勢直到 1944 年雨季結束以前都不會樂觀。至於蔣中正對仰光發動兩棲登陸作戰的提議，同樣遭到英軍東方艦隊司令薩莫維爾爵士（James F. Somerville）的否決。英國第一海務大臣龐德海軍元帥（Dudley Pound），更是表達了直到地中海戰役結束以前，不會有一艘皇家海軍航空母艦開往遠東的態度。羅斯福索性要求史迪威減少在緬北的軍事行動，全力配合陳納德在中國戰場的空中攻勢。

陳納德破天荒般得到了蔣中正、羅斯福與邱吉爾自由世界三大元首支持，不只史迪威遭輾壓，就連阿諾德也被迫同意給第 14 航空軍擴編兩個戰鬥機大隊以及一個中型轟炸機大隊，另外還撥交 80 架 P-40 與 40 架 B-25 給接受陳納德指揮的中華民國空軍大隊，即日後的中美混合團。然而在三叉戟會議上取得空前勝利的陳納德，卻招惹來了史汀森、馬歇爾、阿諾德以及史迪威的怒視。

註一：中央航空學校 1938 年 7 月改為「空軍軍官學校」，屆數延續，因此這裡才會出現中央航校第 10 期，接續至空軍官校第 11 期的說法。

第七章

美日持續拉鋸作戰

在國軍飛行員形成氣候之前，美軍飛行員依然堅守崗位與盟友在中國戰場持續抗擊日軍的多番攻擊。在獲得羅斯福總統的實質支援的情況下，第 14 航空軍在成立之後，陸續接收了不僅是油料，還包括作戰所需彈藥、人員，乃至於武器。中美聯合編制的作戰人員，使得國軍第 4 驅逐機大隊完訓的飛行員得以在戰場上發揮多年來儲備的戰力，從而向盟友展現自己是堪以在抗日作戰上貢獻力量的一份子。

從 1943 年 3 月底冬去春來，伴隨著氣候逐漸好轉，日軍 3 飛師又對衡陽、零陵、桂林與柳州等東部機場發起打擊行動。由於第 14 航空軍沒有派遣任何人員與飛機進駐東部機場，自然沒有空戰的爆發，23 大隊還是將作戰焦點，放在保衛駝峰航線的任務上。3 月 29 日，16 中隊的金博爾少尉駕駛志願隊時代的 Hawk 81A-2 驅逐機飛往印度，準備將更新型的 P-40K 接回中國，結果他在娜迦山區迷路，因燃料耗盡不得不迫降於一座小機場上，卻不知道這座機場是位於日軍控制的緬甸孟關（Maingkwan）境內。幸運的是，這只是一座臨時機場，無論第 50 還是第 64 戰隊平常都沒有在使用，也沒有任何日本駐軍。

金博爾不知自己身處何地，只能不斷透過無線電呼叫周邊的 P-40 趕來營救。恰好同屬 51 大隊，以汀江為基地的第 26 中隊飛行員柯威爾上尉（Charles H. Colwell）與佛格森中尉（John J. Ferguson）正在周邊空域巡視，他們聽到金博爾的呼救後，便往孟關機場飛去，很快就目睹到受困於地面上的 P-40 戰鬥機。

　　柯威爾立即將金博爾受困的消息告知汀江基地，要求 51 大隊立即派人駕駛雙座機趕到孟關機場接人，並提醒日軍隨時可能從不到三公里外的營站趕來抓人。25 中隊蘇斯基中尉（Ira M. Sussky）駕駛雙人座的 PT-17 教練機緊急飛往孟關，冒險降落到跑道上營救金博爾，只是當金博爾跳進後座駕駛艙時，蘇斯基卻發現 PT-17 的機輪陷入泥沼之中動彈不得。日軍則一如柯威爾所料，已派出地面部隊趕來抓人，於是他立即與佛格森中尉壓低 P-40 的飛行高度，對來襲的敵軍猛烈開火。

　　蘇斯基嘗試了八次，終於使 PT-17 擺脫泥沼，隨即以迅雷不及掩耳的速度載著金博爾沿著跑道衝上藍天，由 26 中隊的戴維斯上尉（Hebert W Davis）駕駛 P-40 一路護航回汀江。當然柯威爾與佛格森在返航前，還不忘以 12 挺 12.7 公厘機槍將金博爾遺留在孟關機場上的 Hawk 81A-2 擊毀，以防止這架接收自第一代「飛虎隊」的遺產落入日軍手中。這一段發生在 1943 年春天的小插曲，無疑為 51 大隊進駐中國支援遠征軍反攻滇緬的任務埋下伏筆。

　　3 月 31 日，陳納德將 23 大隊派回東部戰場，命令 16、76 中隊進駐桂林，75 中隊移防零陵，準備重新啟動對武漢與廣州的空中攻勢。P-40 重返東部戰場的消息，一如既往的在第一時間就為日軍所掌握，於是第 33、25 戰隊在 4 月 1 日派出的 12 架一式戰由武漢出擊，先掃射無人駐防的衡陽機場，再飛往零陵上空和升空攔截他們的 75 中隊 14 架 P-40 戰鬥機展開久違的較量。

　　飛行在 7,000 英尺高空的漢普夏爾上尉，最先發現到 12 架一式戰編隊的位置，他率先發起俯衝攻擊，將其中一架「隼」在半空中打成一團火球。漢普夏爾上尉的奇襲不只為他贏得了擊落一架敵機的戰果，還大亂了日軍的陣腳，其餘的 11 架「隼」想要撤退，卻反被佔有數量優勢的 75 中隊包圍。塔克中尉（Charles Tucker）、布魯爾中尉（Vern E. Brewer）、李中尉（James L. Lee）以及理察森中尉（Elmer W. Richardson）等五名飛行員，都在追擊一式戰的過程中各自聲稱擊落一架敵機。

推行融合兩國飛行員的計劃

日軍第 1 飛行團確認 4 月 1 日折損了四架「隼」，但同時也聲稱打下同樣數量的 P-40 戰鬥機。事實上 75 中隊當天只損失了一名飛行員，為 1942 年 9 月 5 日單機保衛衡陽的巴南上尉。他可能專注於追殺「隼」，忘記了與敵機保持距離，最終兩架飛機撞在一起同歸於盡。巴南上尉的陣亡令人感傷，但 23 大隊毫無疑問是第 14 航空軍成軍後，第一場對日空戰的勝利者。接下來又有近三個星期的時間，美日雙方受制於惡劣氣候暫停了所有空中作戰，但周至柔將軍同意分配給 23 大隊的第一批中國空軍留美飛行員，也在此時陸續進入大隊服役。

按照周至柔的規劃，原本是希望分發 16 名飛行員到 23 大隊的四個中隊服勤，每個中隊各四人。但由於 16 戰鬥機中隊仍隸屬 51 大隊，是暫時「借給」23 大隊的原故，因此只有直屬 23 大隊的 74、75 與 76 中隊有被分發到國軍飛行員。其中毛昭品、程敦榮、毛友桂與李鴻齡到 74 中隊；陳炳靖、蔣景福、王德敏和黃繼志到 75 中隊；湯關振、符保盧、楊基昊及孫明遠到 76 中隊^{（註一）}。

阿諾德將軍認為，陸軍航空部隊一切的資源，尤其是飛行人才都應該優先投入到歐洲戰場。與其派遣更多的美國飛行員到中國參戰，還不如提升中華民國空軍實力更符合美國的作戰效益，所以阿諾德期望能在第 14 航空軍的編制下成立一支由陳納德指揮，中美兩國戰鬥機與轟炸機中隊混合編組的飛行聯隊。

建設一支親美的中華民國空軍，稱得上是阿諾德與陳納德之間少有的共識。陳納德同樣對中美混合聯隊的作戰編組充滿期望，只要阿諾德允許返美休假的志願隊和 CATF 老兵再回到中國，他相信中國飛行員在少數擁有足夠作戰經驗的美國飛行員領導下仍能打勝仗。早在 1942 年初談及志願隊併入美軍的議題時，中美雙方就達成了中國飛行員可進入 23 大隊作戰的共識，這 12 名被派入的留美飛行員，毫無疑問是陳納德測試國軍飛行員是否能夠在美籍大隊長、中隊長指揮下，與美籍飛行員並肩作戰的種子飛行員。

只是還來不及等他們投入戰鬥，分發到 75 中隊的蔣景福少尉就在 1943 年 4

月 9 日一場發生在零陵的飛行意外中死亡，成為 23 大隊首位殉職的國軍飛行員。該大隊第一場有國軍飛行員參加的任務，是發生在 4 月 22 日，當天楊基昊少尉擔任斯圖爾特中尉（Harold K. Stuart Jr.）的僚機，隨 76 中隊從昆明起飛，炸射緬甸臘戍的日軍地面目標。

根據陳炳靖回憶，所有編入 23 大隊的國軍飛行員都享有美軍同等待遇，駕駛的也都是機身和機翼上有五角白星的美軍 P-40 戰鬥機。就在楊基昊隨美軍空襲臘戍的同一天，陳納德離開昆明返美參加三叉戟會議，將 14 航空軍的指揮權交給兼任代領司令官的葛倫參謀長、副指揮官文森特，以及 23 大隊的大隊長郝樂威，讓他們代替自己指揮美中兩國飛行員繼續戰鬥。

雙方的交流不僅如此，23 大隊的資深飛行員也被葛倫參謀長派遣到中華民國空軍，傳授 P-40 戰機飛行經驗並帶領國軍飛行員重返戰場，以加速推行阿諾德將軍融合中美兩國空軍的計劃。

兩大飛行師團輪番出擊

不過要讓中國飛行員適應美式機種，還有美式作戰制度尚需時間。在此之前，中國戰場空戰的主角還是 23 大隊的美籍飛行員。

4 月 24 日，東部戰場氣候逐漸好轉，3 飛師又有了動作，先是派遣百式司偵一架飛往零陵機場上空投下掛名「日本帝國空軍戰鬥機司令部」的傳單，表達與 75 中隊來一場「君子之爭」的強烈渴望。面對偷襲珍珠港又屠殺大量中國平民的日軍，75 中隊完全不吃「君子之爭」這一套，漢普夏爾立即起飛將這架百式機給打了下去。其實日軍也不是真的有「騎士精神」，因為緊跟著百式司偵之後而來的是 44 架 33、25 戰隊的「隼」，根本不打算給 75 中隊選擇時間和地點的機會。

雖然兵力懸殊，14 架 P-40 戰鬥機還是硬著頭皮升空，並一如 4 月 1 日的空戰般宣稱擊落了四架一式戰，加上先前的那架百式司偵，共取得五架戰果。不過

根據日軍方面記錄，當天沒有返航的日機除了漢普夏爾擊落的百式司偵一架外，其實也僅有第 33 戰隊的一架「隼」。

雖然沒有人能確定這架「隼」到底是由誰擊落，且 75 中隊擊落的敵機戰果明顯不如 4 月 1 日，但終究仍是贏得了一次勝利。更重要的是，4 月 24 日的空戰沒有任何一架 P-40 的戰損。3 飛師遭到此次失敗，又受到惡劣氣候影響，不得不停止 4 月其他時間的行動。

倒是緬甸的 5 飛師，在 4 月 26 日以王牌第 64 戰隊對美軍 74 中隊駐防的雲南驛機場發起攻擊。時任 74 中隊上尉中隊長的隆巴德上尉坦承，日軍對滇緬地區警報網造成了很大的擾亂，讓他們不斷接收到日機來襲的假情報，派出 P-40 前往攔截卻一無所獲。所以當他接收到警報時，沒能立即下令弟兄升空，結果導致 P-40 五架全毀、18 架受損以及五名地勤人員死亡的悲劇。一瞬間，74 中隊的戰力面臨了全面癱瘓。根據文森特上校的了解，64 戰隊的襲擊還造成雲南驛機場裡上百名中國勞工的死亡。他判斷 5 飛師將在裕仁天皇生日的 4 月 29 日再度來襲，火速將 16 和 75 中隊調回雲南驛和昆明，以保衛大後方的安全。

同樣是在 4 月 26 日，23 大隊的大隊長郝樂威完成一次壯舉，駕駛 P-40M 從零陵起飛，於衡陽與建甌兩地完成加油後，飛越臺灣海峽對日據臺灣實施歷史性的偵察任務。郝樂威的重點偵察目標，是位於臺灣北部的新竹海軍航空基地，不過他因為視線受到雲層遮蔽，沒有找到新竹機場，反倒偏離航道向北飛到臺北。在松山機場的機坪上，郝樂威目睹到 13 架雙輕與一架輸送機，接著他又沿著鐵路線往南飛試圖尋找新竹機場，卻先看到一列疾駛的列車。郝樂威本想衝下去掃射列車，結果卻看到已有九架飛機向自己飛來，想到美國飛行員在日本殖民地被擊落肯定不會有好下場，他立即拋下副油箱，拉起機頭向上爬升。幸運的是，這九架飛機都是轟炸機，沒辦法對郝樂威造成任何威脅。

完成了對新竹機場的觀測後，他就飛越海峽回到了大陸，先到由委員長之子經國先生控制下的江西贛州加油，接著再飛往衡陽降落。郝樂威一在衡陽機場落地，就收到 16 和 75 中隊被調往雲南支援 74 中隊的消息。

428 昆明空戰，美軍遇襲

　　身為 23 大隊的大隊長，郝樂威可沒有興趣依照原來的路線飛回人去樓空的零陵，而是休息一晚後就趕往昆明與 75 中隊會合。在昆明他同樣停留了一晚，就把防禦巫家壩機場的工作交給 75 中隊的中隊長艾利森，繼續飛往雲南驛督導16 中隊。沒想到 5 飛師比文森特所預料的早一天發動攻擊。這次轟炸的規模更加龐大，計有 50 架一式戰由 50、64 戰隊聯合派出，掩護 12 和 98 戰隊的九七重爆來襲。

　　5 飛師這次空襲的目標，包括雲南驛與昆明兩座基地。這是自 1941 年 12 月20 日的昆明空戰以來，日軍對昆明首次實施空襲，因此對雲南驛只是小掃蕩，重點打擊目標還是放在昆明巫家壩機場。所以當郝樂威興匆匆的駕駛 P-40M 趕到雲南驛上空時，日軍已經結束對雲南驛機場的掃蕩，北上襲擊昆明去了。不過75 中隊的少校中隊長艾利森可不是一般人，他早已命令76 中隊的 P-40 守株待兔，對第一批由北向南進場的九七重爆編隊實施火力干擾。

　　其中由 76 中隊吉莫爾中尉（Byron H. Gilmore）駕駛的 P-40，更是受到九七重爆群螺旋槳產生的氣流影響一度失控，在日機編隊裡到處亂竄，迫使九七重爆必須一邊躲避他一邊投下炸彈，對昆明機場造成的破壞格外有限。

　　不過，另外一支由南向北進場的九七式編隊，還是成功將炸彈投到巫家壩機場的塔台與作戰大樓內，負責指揮戰鬥機起降的梅爾曼上士（Bernard Melman）人就在塔台裡，挨了炸彈卻大難不死，仍敬業的衝入臨時指揮所裡繼續指揮 75中隊的戰機起飛。

　　作戰大樓裡的官員們就沒有那麼幸運了。上校作戰官里昂（Don Lyon）當場死亡，第 14 航空軍代理司令官葛倫參謀長背部遭彈片擊中負傷。當日陣亡的 23大隊人員，還包括 74 中隊的哈威爾上士（Harold Harwell）、75 中隊的兩位二等兵戈德史密斯（Donald Goldsmith）與湯姆普金斯（Charles Tompkins）。巫家壩基地周邊的村莊，同樣遭到九七重爆投下的炸彈擊中，造成上百名平民死亡。不

過由艾利森率領的九架 P-40 戰機還是在梅爾曼導引下順利起飛，並對返航中的日機編隊展開狙殺。

　　艾利森率先捕捉並擊落一架「隼」，隨後其餘 P-40 也對返航中的日機實施攻擊，而且都刻意針對一式戰。漢普夏爾上尉與米契爾中尉（Mack A. Mitchell）、布拉克史東上尉（Hollis M. Blackstone）與格里芬（Joseph H. Griffin）各組一支雙機編隊，依照陳納德的教誨相互掩護對眼前的「隼」發動攻擊，從 16 中隊調到 76 中隊的格斯少校也率領普萊爾（Roger C. Pryor）加入戰局，將一式機群打得抱頭鼠竄。當天 75 和 76 中隊聲稱擊落 11 架敵機，本身則沒有損失。5 飛師坦承有兩架隸屬 64 戰隊的「隼」沒有返航。而 50 戰隊長石川正少佐的一式戰在空戰中因引擎汽化器控制閥故障，於臘戌東方 30 公里處迫降。此外，98 戰隊第 3 中隊長田中大尉的九七重爆亦遭擊傷。

　　這是自 1941 年 12 月 20 日以來，改編自「飛虎隊」的 23 大隊，首度在昆明上空迎戰日本陸軍戰機。然而，在過去志願隊時代最難纏的日軍第 64 戰隊，卻還是贏得了漂亮的勝利。只是這場空襲給第 14 航空軍造成的地面損失絲毫不下於 4 月 26 日的雲南驛空襲，與作戰官里昂一起陣亡的，還有第 11 轟炸機中隊的勞勃遜中尉（George Robertson），就連陳納德欽點的代理司令葛倫都差點喪命，美日雙方嚴格來講只是又打了一場平手。

B-24 解放者首建戰功

　　葛倫負傷後，第 14 航空軍的大權完全落入文森特上校手中，他判斷 3 飛師隨時會在東部發起新的攻勢，於是命令艾利森少校率領 75 中隊返回零陵。5 月 2 日當天，日軍第 33 與 25 戰隊再度以 40 架「隼」掩護 16 戰隊的九九雙輕襲擊衡陽，卻在返回武漢途中於長沙上空遭到美軍 75 中隊的 16 架 P-40 截擊。

　　布魯克費爾德中尉（Donald S. Brookfield）開起了當日空戰的第一槍，並聲稱擊落了一架「隼」。接著下來艾利森、格里芬、漢普夏爾、巴雷特中尉（Christopher

Barrett）、里特爾、戈登中尉（Mathew M. Gordon Jr.）、普萊爾、理察森、李與黃繼志等人一擁而上，P-40 戰機的 12.7 公厘機槍的咆嘯聲響遍了整個湖南的天空。3 飛師又吞下敗績，雖然沒有像 23 大隊所聲稱那般被擊落九架，但第 33 戰隊當天確實被打下了三架一式戰，第 25 戰隊則被打下兩架，合計損失五架。只是在激烈的交鋒中，漢普夏爾的 P-40 亦遭到「隼」所擊傷，他雖憑藉優異的技術將座機迫降到湘江，卻還是因腹部中彈流血過多而死。

漢普夏爾的陣亡使 75 中隊的大夥震驚又難過，因為聲稱擁有擊落 13 架敵機紀錄的他，當時為 23 大隊的頭號王牌。無論他的 13 架擊落紀錄真實性有多高，漢普夏爾於 4 月 24 日擊落那架空投挑戰書的百式司偵的戰績可是貨真價實得到日本陸軍航空隊確認的。

兩天後，中國戰場的空戰隨著第 308 重轟炸機大隊的到來進入一個全新的階段，文森特迫不及待命令 18 架 B-24D 解放者式轟炸機由昆明起飛，與九架第 11 轟炸機中隊的 B-25 轟炸機聯手奔襲海南島的三亞灣。這次大隊長郝樂威親自出征，率領 19 架 76 中隊的 P-40 提供護航，此為美國陸軍航空部隊進駐中國以來，發動規模最大的一次空襲，宣告第 14 航空軍正式擺脫「打帶跑」戰術的時代。

B-24 起飛後，先由中越邊界進入越南北部領空，然後再轉個彎往三亞灣殺去，可 P-40 與 B-25 腿不夠長，飛不到海南島，只能集中炸射海防港。雖然沒能在越南上空與敵機爆發空戰，時任 76 中隊上尉作戰官的米勒（William E. Miller）還是在返回基地途中將一台行駛於滇越鐵路上的列車打爆。

食髓知味的文森特上校，特別選在四天後的 5 月 8 日與艾利森少校、派克少校一起率領 75、16 中隊的 23 架 P-40 掩護 16 架 B-24D 以及 11 架 B-25 空襲廣州。這又是一場成功的突襲，日軍 33 和 25 戰隊還來不及反應，炸彈就被丟到白雲機場與天河機場。只有第 11 轟炸機中隊的一架 B-25 轟炸機，因為炸彈提前引爆的關係在廣州市區上空爆炸，機組全員死亡，這是第 14 航空軍當天唯一的損失。第 33 戰隊的坂下勇登中尉率領一個中隊的「隼」起飛迎戰，聲稱打下 B-25 一架以及 P-40 一到兩架，23 大隊則聲稱打下 13 架「隼」。雖然日軍方面確認包括坂

下勇登中尉座機在內只有兩架一式戰被擊落，但地面上還有五架被摧毀，因此 5 月 8 日空戰的贏家仍是第 14 航空軍。

B-24 擁有 B-25 所不具備的 5,000 噸掛彈量與 4,587 公里航程，仍被陳納德認定不適合於中國戰場，主要就是其驚人的燃料消耗量。平均每出一次任務，就要飛越駝峰三次補齊下一次任務的燃料與彈藥。所以在完成兩趟任務後，文森特便要求第 308 重轟炸機大隊暫時停止出擊。

515——第三次昆明空戰

正當文森特派 B-24 出擊的同時，以武漢為據點的日本陸軍第 11 軍司令官橫山勇中將發起「江南殲滅作戰」，試圖掃蕩洞庭湖至長江南岸的第 6 戰區國軍部隊，並進一步打通宜昌周邊的內河航道。從蔣委員長與第 6 戰區司令長官陳誠將軍的角度出發，宜昌的石牌要塞是從湖北省進入四川省的戰略通道，一旦為第 11 軍攻克將意味重慶對日軍門戶大開，以嫡系部隊陸軍第 18 軍為核心的國軍主力自然是要以重兵佈防，因此引爆了鄂西會戰。

文森特不敢大意，下令駐昆明的 76 中隊、駐雲南驛的 74 中隊調往零陵與桂林，準備為第 6 戰區的國軍地面部隊提供空中支援。與此同時，他推估日軍在經歷 B-24 兩波空襲後，絕對不會放過做為駝峰物資接收站的昆明，於是又將 75 和 16 中隊調回昆明和雲南驛，形同與 76、74 中隊互換防區。

從 74 中隊飛行員的眼中看來，這是成軍以來他們首次被派往東部作戰，沒有人不因此感到興奮異常。但 75 中隊飛行員的心境就不同了，因為從 3 月 31 日以來，這是他們在東西兩戰場之間移防，並且大家都相信到了昆明以後參戰機會就會減少。

對 75 中隊士氣帶來重大打擊的另外一個消息，是葛倫將軍為了貫徹阿諾德強化中國空軍的計劃，將中隊長艾利森少校調到大隊部服務，專門負責帶領空軍第 4 大隊的飛行員作戰，新的中隊長職務只能由從 76 中隊調來的前 16 中隊飛行

員格斯接替。根據人在 75 中隊的陳炳靖回憶，義大利裔的格斯少校不光是具有威望的空戰英雄，而且毫無長官的架子，性格相當和藹可親，對待他們三名國軍飛行員更是一視同仁。

75 中隊士氣低迷的問題很快就得到解決，因為 5 飛師真的一如文森特所料在 5 月 15 日對昆明實施報復性打擊，派出 64 戰隊的「隼」23 架，掩護第 98 和 12 戰隊的 30 架九七重爆來襲，在他們的正上方還有另外一批 50 戰隊的一式戰護駕。

文森特本想跟 5 月 8 日那樣親自率領 P-40 迎戰，卻被第 14 航空軍代理司令官葛倫將軍下令不准參戰，只能改由郝樂威來領導這次任務，動員了多達 15 架 P-40 投入這場自志願隊成軍以來的第三次昆明空戰。

威利克斯少校（Roland Wilcox）與克萊瑟中尉（Charles Crysler）率先發現來襲的爆擊機編隊，於是展開干擾攻擊。他們的干擾攻擊似乎頗具成效，九七重爆投下的炸彈多數沒有落在巫家壩機場內，雖然仍有一架 B-24 轟炸機被擊中起火燃燒，另有一架 B-25 轟炸機被「隼」打出好幾發彈孔。當然沒有落到機場裡的炸彈，通通都落到機場旁邊的村落，造成更多中國人死傷。在郝樂威與格斯帶領下，其他 P-40 從 28,000 英尺上空對日機編隊實施俯衝攻擊，昆明上空呈現混戰狀態。

威利克斯先是擊落一架「隼」，然後再與里特爾中尉在空中會合，聯手掃射另外一架一式戰，最後由里特爾從左邊，他從正後方打下了那架「隼」。當天還有從霑益趕來支援的 74 中隊聲稱擊落 15 架日機，但日軍確認的損失架數為四架「隼」，其中三架來自 50 戰隊，一架來自 64 戰隊，外加一架 98 戰隊的九七重爆。若加上再加上 3 架「迫降」但飛行員生還的一式戰，以及一架受損的九七重爆，日軍當天至少有 8 架飛機損失、一架受傷，仍然可視為遭到了相當嚴重的戰損。鑑於巫家壩機場跑道的坑洞尚未修復，任務結束後 75 中隊飛往羊街基地轉場，並得到駐防在當地的第 308 轟炸機大隊 373 中隊少校中隊長歐布萊恩（Paul O'Brien）以美酒熱烈款待。

空中支援石牌保衛戰

昆明空戰結束後，74 中隊於 5 月 19 日從霑益基地飛往桂林，隨即克林格上尉與貝爾中尉（Paul N. Bell）就駕駛兩架 P-40 飛往洞庭湖執行偵察任務。從這天開始，只要氣候允許，每天都會有 74 中隊的 P-40 飛往美國飛行員口中所謂的「湖區」（Lake Area）實施威力偵察。22 日，蔣中正於重慶召見來華訪問的美國陸軍助理參謀長漢迪少將（Thomas T. Handy）、阿諾德將軍幕僚史崔特梅爾少將（George E. Stratemeyer）、畢塞爾與葛倫，會中提出以湖南衡陽、芷江、四川梁山以及湖北恩施為基地，對日本陸軍第 11 軍的戰略大後方宜昌實施空中打擊的建議。葛倫將軍還接獲指示，將派遣 23 大隊中兩個中隊的 36 架 P-40 投入戰鬥。

74 中隊的中隊長隆巴德上尉根據葛倫指示，親率八架 P-40 進駐衡陽機場，針對從武漢到宜昌的地面還有內河交通線展開空中阻絕，並於 5 月 28 日對岳陽車站一連實施兩次俯衝轟炸。夏普中尉（Teddy Shapou）在執行第二趟攻擊任務時，成功以炸彈爆破一輛停在車庫裡的火車頭。

同日，橫山勇下令對石牌要塞發起攻擊，並遭遇方天軍長與胡璉師長指揮的陸軍第 18 軍第 11 師頑強抵抗。第 18 軍為陳誠「土木系」核心部隊，為了確保他們不被日軍殲滅，文森特上校親自飛往桂林就任第 14 航空軍華東前進指揮官一職，協調 74 和 76 中隊支援石牌要塞守軍。在蔣委員長及史崔特梅爾將軍的共識下，九架第 308 重轟炸機大隊的 B-24 從 5 月 29 日起由成都起飛攻擊宜昌市區，當天投下的炸彈有 70% 落入目標區。同樣是九架 B-24，又在 30 日當天現身宜昌上空，轟炸日軍砲兵陣地。從編隊進入宜昌上空到投下炸彈，B-24 轟炸機的一舉一動都為地面上的國軍將士所親眼目睹，就算他們對第 11 軍造成不了實質傷害，相信也能給胡璉將軍還有他的部下提升士氣。

12 架來自 74 中隊的 P-40 則掃射從岳陽到沙市之間的日軍補給線，其中貝爾中尉（Paul N. Bell）聲稱途經一座小機場，看到一架日本飛機並順手將之摧毀。途中他們掃射了一艘行駛在長江上的大型貨輪、摧毀三列火車，然後又在岳陽擊

沉一艘小型蒸汽船，有效舒緩石牌要塞守軍的壓力。

　　5月31日，74與76中隊再度輪番出擊，全方面掃蕩從岳陽到宜昌的日軍目標。12架從零陵起飛的76中隊P-40戰機，對宜昌的日軍第11軍營房實施正面攻擊，沿途摧毀了三輛列車與數量卡車，還將數棟油庫打到起火燃燒。不過在惡劣氣候影響下，其中七架P-40迷航，米勒上尉與克拉克中尉（Thomas J. Clark）還算幸運，分別降落於長沙與恩施機場，待氣候好轉後平安回到零陵。擔任高空掩護的麥耶上尉（Robert Meyer）、馬修斯上尉（Jewell Mathews）、杜瑞爾中尉（Lawrence Durrell）、杜爾門中尉（George Dorman）及巴爾曼中尉（Sam Berman）卻因燃料耗盡不得不迫降淪陷區，所幸第6戰區的游擊隊及時將這五名美國飛行員救出，然後再一路護送回衡陽。

　　事實上，在5月最後一天出擊湖北的並只有上述的P-40戰鬥機，接受美援的中華民國空軍第4驅逐機大隊這時已經形成戰力，並被賦予了比23大隊更重要的任務，那就是掩護第308轟炸機大隊的九架B-24三度空襲宜昌，進一步考驗中美兩國飛行員混合作戰的能力。

531 荊門空戰

　　1943年5月的最後一天，空軍第4大隊大隊長李向陽少校率領P-40E戰鬥機八架，掩護第308重轟炸機大隊九架B-24D轟炸機空襲宜昌的荊門機場。可沒想到李向陽大隊長的P-40發生故障，只能改由國軍23中隊中隊長周志開上尉指揮剩下的七架P-40E從梁山機場起飛。這是中華民國空軍的戰鬥機首次為美軍轟炸機提供護航服務，自然不會完全將指揮權交給周志開這麼一位中央航校第7期畢業的區區上尉飛行員。畢竟就連美軍P-40飛行員，遭遇到B-24的時候都可能因為無法辨別對方是敵是友而互打起來。國軍P-40飛行員遇到美軍B-24的時候發生誤會的機會只會更高。

　　在第14航空軍代司令葛倫將軍安排下，美軍75中隊的前中隊長艾利森帶著

塔克中尉、布魯克費爾德中尉參加了這次任務，向周志開等國軍飛行員傳授護衛 B-24 的訣竅。由於不久前美軍又向第 14 航空軍輸送了 50 架 P-40，因此艾利森等三人駕駛的為全新的 P-40K 型。不過布魯克費爾德的 P-40 座機跟李向陽的一樣發生故障，所以實際參戰的 P-40K 只有兩架。

B-24 九架在 P-40 九架掩護下，於 5 月 31 日下午 2 點抵達目標區上空，但他們卻因視線受到厚重雲層影響，遲遲找不到荊門機場的位置。艾利森決定先降低高度為 B-24 探路，防止他們因不熟悉地面而撞山，結果 B-24 轟炸機卻不明就裡跟著艾利森一起向下方飛去。本來艾利森想透過無線電呼叫 B-24 將高度拉高，結果當他回頭一看，33 戰隊 1 中隊的 12 架一式戰已出現在他的正前方。很快艾利森飛到其中一架「隼」的後方開火，並目睹其墜落到雲層下方。還來不及證實自己的戰果，艾利森就拉高機身朝一架正在攻擊 B-24 的一式戰殺過去，將之在半空中打得起火燃燒。

沒想到 33 戰隊 1 中隊的中隊長大坪靖人大尉卻趁機飛到艾利森後方，開火摧毀其 P-40K 座機的尾舵，使艾利森徹底失去反擊能力。面對失去動力的敵機，大坪中隊長持續施以無情掃射，讓完成這趟任務後就即將回美國休假的艾莉森，擔心起自己可能要在中國捐軀了。不過螳螂捕蟬黃雀在後，一駕機身編號 2304，機尾編號 P-11031 的 P-40E 突然出現在大坪中隊長的正後方，隨即展開一連串猛烈的射擊。

這架國軍 P-40E 的掃射過於猛烈，根據艾利森回憶，險些要把他都一起給打下去了，所幸 P-40K 裝甲夠厚重，最終是大坪靖人大尉的「隼」先被打下去，成為當天日軍唯一確認的戰損。是哪一位國軍飛行員擊殺了一位日軍中隊長又救了一位美軍中隊長呢？艾利森隨後跑遍了空軍第 4 大隊的基地詢問 2304 號機的駕駛究竟是誰，最終得知是空軍官校第 10 期畢業的第 23 戰鬥機中隊臧錫蘭中尉，從此艾利森將臧錫蘭視為自己的救命恩人看待。

獲得美國人青睞的臧錫蘭不僅立即晉階為上尉，史迪威還代表羅斯福總統向他頒發「銀星勳章」，肯定國軍飛行員的表現。鑑於中國戰場的空戰已經有太長

的時間被美國飛行員給接手了過去，臧錫蘭在 5 月 31 日贏得的勝利更是讓蔣委員長心情為之一振，認為是中華民國空軍久違的榮耀。他表揚臧錫蘭「使盟邦戰友，認識了我們中國空軍的義勇精神，知道我們中國的空軍是不惜犧牲一己來援助友軍的。」當然臧錫蘭的出色表現，確實提升了第 14 航空軍高層對中華民國空軍的信心，為兩國飛行員的進一步融合揭開了序幕。

註一：加入 23 大隊的 12 人名單由陳炳靖提供。

第八章

夏季航空作戰

　　面對陳納德率領的第 14 航空軍的來勢洶洶，日軍第 3 飛行師團並沒有打算坐以待斃，而是決定要主動出擊。中美聯軍的節點依然是在維繫駝峰航線順暢的巫家壩基地，師團長中薗盛孝中將自然將目標鎖定了這裡。雙方在這個時期都有新的戰機投入作戰，分別是日軍的二式戰鬥機「鍾馗」，以及美軍的 P-38G 閃電式，雙方的作戰進入一個新的階段，日軍發動的 1943 年「夏季航空作戰」由此拉開了序幕。

　　5 月 31 日，不只是 33 戰隊在空中遭到美軍 23 大隊與國軍第 4 驅逐機大隊聯手擊敗，日軍地面的第 11 軍對石牌要塞的攻勢也遭到胡璉師長率國軍第 11 師將士擊退。到 1943 年 6 月 3 日，國軍以 14,319 官兵的性命為代價擊斃日軍 771 人，恢復了鄂西會戰開戰前的態勢。在動員了美軍九架 B-24、16 架 B-25、36 架 P-40、國軍 34 架 P-66、九架 P-43 還有 16 架 P-40 的支援下，第 18 軍將士兌現了蔣中正透過宋子文答應羅斯福總統的承諾，擋下了日軍的地面攻勢。

　　6 月 6 日，76 中隊的中隊長馬歐尼率 P-40 戰鬥機六架，由芷江起飛攻擊宜昌東邊的荊門機場，結果飛行員克拉克中尉遭日軍防空火力擊落。由於荊門機場當時由 25 戰隊駐紮，馬歐尼相信即便克拉克中尉順利跳傘，也會在第一時間內被俘，判斷他凶多吉少。

　　然而 3 飛師並沒有因為橫山勇將軍撤出進攻石牌要塞的部隊就停止了空中攻勢，他們同樣在同一天對梁山機場發動空襲，只是這次抵抗他們的不是 23 大隊，

而是戰力逐漸恢復的國軍第 4 大隊。

　　日軍 90 戰隊九九雙輕 16 架，在 33 與 25 戰隊各派出的 28 架「隼」掩護下，對中華民國空軍的梁山和恩施基地發起攻擊。由 33 戰隊掩護的八架九九雙輕（90戰隊第 3 中隊）順利進入梁山上空，投下炸彈並摧毀 15 架 4 大隊停在地面上的嶄新 P-40 戰機。不過，在日軍空襲的槍林彈雨中，四大隊 23 中隊上尉中隊長周志開駕駛 P-40M（ P-11028 號機）冒險升空，緊追返航之九九雙輕編隊以報日軍偷襲之仇。

　　雖然日後的中華民國官方戰史都記載當天空戰周志開一舉擊落了三架九九雙輕，但對照日方記錄，只確認雙方交戰後有兩架九九雙輕「自爆」。事實上，若根據鄂西會戰期間的國軍作戰日誌，也明白記載當天周志開「完全擊落（敵機）兩架，一落萬縣分水、一落雲陽」。然而根據日本航空史研究者中山雅洋的考據，結局其實另有隱情。

　　當天遭周志開追擊的確實只有兩架九九雙輕當場墜毀，但還有一架中彈的日機落地時試圖以機腹迫降，結果嚴重受損，被迫報廢。由此觀之，將這三架九九雙輕的損失全部歸因於周志開發揮國軍冒險犯難精神、果敢反擊所導致似乎亦無不可。

　　周志開還是贏得了空戰的勝利，不只升級為少校，還成為空軍歷史上獲得青天白日勳章的第一人。然而就算是蔣委員長，也不得不承認有 15 架 P-40 在地面上被摧毀的事實，代表周志開的勝利很大程度上是靠運氣取得的，4 大隊雖實力已有所提升，但還不足以取代 23 大隊擔任空戰的主力。

　　6 月 10 日，3 飛師又重新將攻擊目標對準 23 大隊，空襲 74 中隊駐防的衡陽。90 戰隊第 2 中隊派出 16 架九九雙輕，在 33 和 25 戰隊八架「隼」掩護下來襲，74 中隊以 10 架 P-40 接戰。不久前才抵達衡陽的維托維奇中尉（Harlyn S. Vidovich），本身是派尤特（Paiute）與休休尼（Shoshone）混血的北美原住民，是整個 23 大隊，甚至全中國唯一的印第安戰士。分發到 74 中隊的國軍飛行員程敦榮回憶：「他的外號叫『酋長』（Chief），身材不高，但非常結實，古銅色

的皮膚，深而黑的眼睛，微微捲曲的黑頭髮。我有時候想像他如果穿上他祖先印第安武士的服裝，插上羽毛頭飾，手持戰斧，坐在沒有馬鞍的駿馬上，一定威嚴得像一個真正的酋長。」維托維奇中尉不是「酋長」，卻絕對是一位真正的北美原住民戰士，第一天上戰場就打下了一架「隼」，這是當天 74 中隊聲稱取得的唯一戰果。

「鍾馗」來華參戰

其實維托維奇一架「隼」都沒有擊落。根據日軍記錄，當天損失的其實是一架 90 戰隊的九九雙輕，一式戰上只有一名飛行員，九九雙輕上卻有四名機組人員，這位北美原住民勇士在中國的天空創下了比他自己所聲稱還要巨大的戰績。74 中隊的官兵稱呼他「酋長」，或許是以開玩笑的心態，但是這樣的外號無論在當時還是現在多少帶有種族上的貶抑。筆者認為，比起同時代迫害猶太人的納粹德國，二戰期間的美國正在往族群融合的道路上前進，且相比起 1943 年 4 月才被允許開往海外參戰，由全非洲裔美國人組成的第 99 戰鬥機中隊「塔斯基吉飛行員」（Tuskegee Airmen）而言，維托維奇能進入以白人為主的 74 中隊服勤，已經是相當平等的待遇了。

可 40 年代的白人終究還是 40 年代的白人，就算沒有種族上的偏見，無心的笑話也可能讓這位北美原住民戰士產生疏離感，讓他反而跟中國飛行員關係更為融洽。程敦榮強調：「他和我們最要好，性情也極和藹、熱誠，每當我看到他那帶有亞洲蒙古人種的面容時，就產生一種親切之感。」

從 3 飛師的角度出發，來襲的 P-40 飛行員是白人、華人還是北美原住民都沒有差別，改變不了他們無法殲滅 23 大隊的事實。光靠第 1 飛行團與其麾下兩支裝備「隼」的戰隊，似乎也沒有辦法扭轉中國戰場制空權向盟軍傾斜的態勢。於是在 6 月 12 日，3 飛師要求增派第 8 飛行團以及裝備二式單座戰鬥機「鍾馗」的 85 戰隊來到中國。

「鍾馗」與「隼」同為中島飛行機株式會社設計，無論是在爬升還是俯衝性能都優於 P-40，而且還比「隼」更為堅固。搭配加裝新型發動機與自封油箱的一式戰二型來華作戰，33 戰隊和 25 戰隊的戰力也將大幅提升，成為 23 大隊更難纏的敵手。

6 月 14 日，33 戰隊的 20 架「隼」，掩護 99 戰隊的八架九九雙輕攻擊遂川與贛州兩座位於江西省的前進機場，結果卻在回程時遭遇 74 中隊中隊長隆巴德率領的七架 P-40 追擊。在隆巴德率領下，P-40 集中朝護航戰鬥機發動攻擊，聲稱擊落七架「隼」。33 戰隊坦承在這一天損失了三架「隼」，P-40 則是毫髮無傷。這天的空戰結束後，中薗盛孝師團長決定暫停對中美空軍的空中攻勢，等待以 85 戰隊為核心的部隊進駐以後，再從 7 月起發動規模更大的夏季航空作戰，計劃一舉殲滅在華同盟國空中武力。

少了來自空中的威脅，不代表美軍 74 中隊執行任務更加安全，因為「湖區」的日軍防空火力也在逐漸強化。哈金斯中尉（William B. Hawkins）在一次炸射洞庭湖的時候，P-40 機復遭日軍砲艦 44 公釐砲貫穿，所幸沒有擊中要害部位，讓他能夠駕駛受傷的鯊魚機平安返航（註一）。哈金斯強調，每次出任務前他都會向上帝禱告，期許讓更多日本飛行員為國捐軀，因為他自己可一點都不想死。

不過當運氣轉壞的時候，無論你飛行技術多麼高超，哪怕沒有空中和地面的威脅，幸運女神也不會眷顧你。74 中隊的隆巴德上尉中隊長於 6 月 30 日由衡陽起飛，掃蕩「湖區」周邊的目標，結果受到惡劣氣候導致迷航，最後因視線不佳而撞山殉職，導致整個中隊陷入群龍無首的局面。不久後他的屍體在湖南省益陽縣的山區為國軍所尋獲。

「飛虎將軍」大權在握

參加完三叉戟會議，贏得蔣中正委員長、邱吉爾首相以及羅斯福總統等三巨頭支持的陳納德回到中國，興奮異常的要求葛倫將軍與文森特上校強化對侵華日

軍的空中攻勢。陳納德在 6 月 30 日發文給前進指揮所指揮官文森特，表示他預計 3 飛師將於 7 月 4 日到 5 日，在美國國慶日或 CATF 成軍週年的時刻，對東部的幾座前進基地發起攻擊。他建議文森特選在 7 月 7 日，也就是七七抗戰六週年的日子對漢口或者廣州實施反擊。考量到雨季的影響，陳納德指出東部機場的跑道可能會濕滑，不適合 B-24 等大傢伙起降，建議文森特以 B-25 為空襲主力。不過到進入 1943 年的 7 月，由於東部戰場的雨勢過於驚人，3 飛師根本沒有辦法如陳納德所預想的發起任何空中攻勢。23 大隊便利用此一空檔快速進行人事改組，16 中隊的中隊長派克被郝樂威大隊長調到大隊部擔任執行官，由本來已經準備要回國的萊利斯接替他的中隊長職務。為此萊利斯上尉在整整又多待了一年，並因此成為 23 大隊史上任期最長的中隊長。

另外來自大隊部的波納維茲少校（Norval C. Bonawitz），也於 7 月 7 日當天前往衡陽接手了隆巴德的中隊長職務。恰好這一天空中放晴，文森特依照陳納德指示對廣州發起攻擊，他親自率領 24 架 P-40 掩護九架 B-25 攻擊廣州黃埔島周邊的日本船隻，結果遭遇 33 戰隊的「隼」起飛攔截。文森特稱擊落了兩架「隼」，他在當天日記中指出自己已取得四架敵機的擊墜紀錄，只要再打下一架就能成為王牌飛行員。雖然當天 33 戰隊確認的損失只有一架，但仍是送給盧溝橋事變國軍陣亡將士最好的禮物。

不過美軍高層顯然認為，陳納德這些戰術上的勝利足以讓他破壞軍中倫理，取得凌駕於戰區司令長官史迪威之上的指揮權，所以希望以派遣史崔特梅爾將軍使印整合第 10 與第 14 航空軍為藉口，架空陳納德。蔣委員長在 7 月 12 日發電報給羅斯福總統，基本上同意了史崔特梅爾將軍使印整合中印兩大戰區航空武力的訴求，但是他同時提議讓陳納德擔任中國戰區空軍參謀長，以確保「不置史於陳納德將軍之上」。

為什麼要確保史崔特梅爾的權力不凌駕於陳納德之上？蔣中正給的理由簡單明瞭，那就是「使余與陳納德將軍間密切與直接之關係並不因此阻隔」。沒想到羅斯福在 7 月 17 日的回文中，再度同意了蔣中正的建議，批准陳納德兼任第 14

航空軍司令與中國戰區空軍參謀長，意味就此之後中國戰區所有盟軍的空中武力，包括美國、中國還有英國的飛機都將歸陳納德指揮。不只陳納德將享有最大的空中指揮權，他所最討厭的畢塞爾也將被調走，改由他過去的好搭檔海恩斯出任第 10 航空軍司令。史崔特梅爾將軍的權限只限於整合美國陸軍航空部隊在印度還有緬甸地區的作戰，並且還要設法提升駝峰空運的噸位量。

　　獲得蔣中正政治加持的陳納德，又一次大獲全勝，少了畢塞爾的束縛又有了海恩斯的助攻，他忍不住再次畫起大餅來，決定將第 308 重轟炸機大隊的打擊範圍從中南半島擴展到南中國海。石牌要塞保衛戰的勝利，更讓他有足夠的自信向美軍高層要求使用駝峰空運的優先權，目的是擴大零陵、衡陽以及桂林的機場設施。

中薗盛孝的三階段作戰計劃

　　7 月 20 日，郝樂威大隊長親自率領六架 P-40 攻擊從漢口到岳陽的日軍水陸交通線。飛到湘江上空時，氣候正好轉晴，郝樂威便命令兩架 P-40 低空掃射江面上的日軍船隻，威廉斯中尉（James M. Williams）與史都華中尉（John S. Stewart）先是擊沉了一艘平底船，然後又將一艘蒸汽船打到起火燃燒。等到威廉斯與史都華兩人子彈耗盡，再輪到郝樂威對日軍控制的鐵路線低空掃射，連續將兩列車打到輪機癱瘓。

　　進入 7 月以後，雖然氣候隨著夏季到來而好轉，但是空中攻勢仍是由 23 大隊單方面發起，3 飛師只是被動回應而已。從馬來半島趕來支援的第 8 飛行團，讓中薗盛孝手下足足多了兩個中隊的九七重爆（58 與 60 戰隊），其中 60 戰隊還是美籍志願大隊過去在緬甸時的老對手。考量到裝備「鍾馗」的 85 戰隊也已經從滿洲國趕來助戰，中薗盛孝認為「隼」應退居二線，所以將 33 和 25 戰隊從第 1 飛行團調到第 8 飛行團的編制下，專門負責九七重爆的安全。

　　85 戰隊則納入第 1 飛行團的編制，負責以二式單戰保護第 16 及 90 戰隊的

安全，另外還被賦予獵殺 P-40 戰鬥機的任務。想要擊敗第 14 航空軍，一勞永逸的方法就是摧毀昆明的巫家壩基地，這麼一來就可以切斷駝峰補給線。不過中薗盛孝考慮到越南北部的機場並不堪用，還是決定先把重點放在掃除第 14 航空軍在東部戰場的前進基地。

自認獲得中美英三國領袖支持的陳納德也有三階段擊敗日本的計劃，中薗盛孝同樣將自己規劃的夏季航空作戰分三個階段執行。第一階段以衡陽為主要目標，消滅桂林以北的美軍飛行基地，以確保長江日軍水上交通線的安全，於是第 1 飛行團還有第 8 飛行團都被集中到了武漢。中薗盛孝認為此一階段的任務，將在 7 月下旬到 8 月上旬之間完成。進入第二階段，3 飛師對重慶還有周邊的內河航道實施戰略轟炸，瓦解國民政府的抗戰意志，時間將從 8 月中旬持續到 8 月下旬。進入第三階段以後，從 9 月上旬執行到 9 月下旬，以徹底摧毀昆明與桂林兩座美軍最大飛行基地。

相較起來，中薗盛孝的計劃只是殲滅美軍空中力量，陳納德卻是要以區區 12 架 B-24 轟炸機空襲並且迫使日本投降，前者的可行性遠比後者為高。可見中薗盛孝乃至於第 11 軍司令官橫山勇、支那派遣軍總司令官畑俊六都明白，中國不會是美日雙方決勝負的戰場。陳納德與史迪威兩人，則都把中國視為施展自己復仇計劃的歷史舞台，完全忽視了背後支持他們的長官，無論是羅斯福、馬歇爾還是阿諾德都把歐洲戰場視為打贏二戰勝利關鍵的事實。兩個同樣對中國懷抱熱情的美軍將領，卻因為該採用何種手段實現自己信念的想法不同而彼此爭得面紅耳赤，是導致許多不必要衝突發生的主因。中緬印戰區的縮寫 CBI 也因此被後人解讀為「混亂到超乎想像」（Confusion Beyond Imagination）的戰場。

可日軍同樣有一個錯誤的認知，那就是他們認為一旦擊敗了以第 14 航空軍為核心的美軍，蔣委員長就會選擇屈服於汪精衛的「和平統一」運動。接下來即將爆發的夏季航空作戰，將證明中薗盛孝認為自己能在戰術上擊敗 23 大隊的觀點有多麼膚淺，更何況獲得新飛機的也不只有 3 飛師。

「閃電」降臨中國

1943 年對美日雙方的飛行部隊都是很特殊的一年，3 飛師獲得了「鍾馗」，23 大隊則得到洛克希德公司的 P-38「閃電式」戰鬥機。事實上陳納德早在 1943 年 2 月 4 日為 CATF 制定作戰計劃時，就提出過需要至少六架 P-38 用於攔截高空飛行的百式司偵。另外還需要六架 P-38 的偵察型 F-4 執行偵察任務，由於偵察型的閃電機一開始沒有安裝機槍，經由陳納德的建議配上兩挺機槍，可以在遭到日本戰鬥機攔截時自衛。擁有雙胴體，造型特殊的 P-38，在 1943 年 4 月 18 日為美國陸軍航空部隊創下了大功。當天， 18 架 P-38G 投入獵殺日本海軍聯合艦隊司令長官山本五十六大將的「復仇行動」（Operation Vengeance）。這位策劃偷襲珍珠港的首謀所搭乘的一式陸上攻擊機，最終於布干維爾島上空被擊落，包括山本五十六在內，機上 11 名乘員全體死亡。P-38 日後還有狙殺日軍高級將領的機會。

雖然非洲軍團已經於 5 月 13 日向盟軍投降，反攻西西里島的戰役卻迫在眉睫。但根據美軍第 1 戰鬥機大隊第 71 中隊的少尉飛行員格雷格（Lee O. Gregg）回憶，在那一年 6 月份，德國與義大利空軍的身影在地中海戰場上幾乎消失，第 1 大隊一個月下來居然只有擊墜三架敵機的記錄。

阿諾德將軍考量到地中海戰場空域已淨空，且陳納德又有 P-38 的需求，決定從 1 大隊中挑選曾在北非作戰的 P-38 飛行員，志願到中國參戰，格雷格便是當中之一人。他們在 1 大隊的編制下，組建 X 中隊，由參加過北非戰役的老手卡特利少校（Robert Kirtley）擔任中隊長。他們於 7 月 6 日啟程，25 架首批來到中國的閃電式，是與擊斃山本大將同型的 P-38G，除了有四挺 12.7 公厘機槍外，還有一挺 20 公厘機砲，火力更為強大，對「隼」的殺傷力也更大。

不過 P-38 看在陳納德眼中還是有一項不足，就是耗油量大，所以他更希望能爭取到北美公司生產的 P-51 野馬式戰機。P-51 速度快、靈活、爬升高又省油，一小時只消耗 75 加侖的燃料，P-38 則需要 130 加侖。阿諾德並非不能理解陳納

德的要求，但是 1943 年的當下，整個美軍的 P-51 不過 327 架，P-38 卻有 1,421 架。而且「歐洲第一」的既定政策仍左右阿諾德的判斷力，讓他相信各方面表現優異的 P-51，需優先派到現代化程度較高的歐洲戰場去對抗德國空軍。在不影響地中海戰局的情況下，25 架 P-38G 已足以維繫重慶國民政府的士氣。此種罔顧在地需求且又站在華府角度的考量，無疑擴大了阿諾德與陳納德、蔣委員長之間的嫌隙。

P-38G 由阿爾及利亞的大沙漠起飛，將對抗義大利與納粹德國的戰爭拋諸腦後，準備投入中國的抗日戰場。首批五架 P-38 於 7 月 23 日飛越駝峰抵達昆明的巫家壩，隨後在 75 中隊飛行員理察森帶領下飛往桂林，這一天正好也是 3 飛師夏季航空作戰的啟動日。

夏季航空作戰開打

3 飛師以衡陽還有零陵為目標，於 7 月 23 日拉開夏季航空作戰的序幕。日軍以 25 戰隊掩護 60 戰隊的九七重爆攻擊衡陽，再以 33 戰隊掩護 58 戰隊的九七重爆攻擊零陵。此刻衡陽機場由威廉斯與史都華兩人率領 76 中隊的八架 P-40 駐防，零陵是 76 中隊主力的守備範圍。另外還有 74 中隊的 18 架 P-40，在得知日機大舉來犯後由桂林起飛趕來增援。

這是自 23 大隊成立、3 飛師調回南京以來，雙方最大規模的一場空戰。馬歐尼中隊長指揮的 76 中隊主力率先與 58 戰隊的 27 架九七重爆接觸，不斷以俯衝攻擊迫使九七式拋下炸彈後撤退。33 戰隊的「隼」見狀，立即對 P-40 施以攔截，準備打一場史詩級的空戰，馬歐尼中隊長沒上當，持續將攻擊目標鎖定在撤退中的 58 戰隊，當場擊落三架九七重爆，並對其他 24 架敵機造成不同程度的損傷。

在衡陽上空，威廉斯與史都華率領的 P-40 分隊埋伏在 28,000 英尺高空，對來襲的 60 戰隊實施俯衝攻擊。威廉斯與史都華記取馬歐尼中隊長的教誨，同樣集中八架 P-40 的火力攻擊 60 戰隊，並將第二編隊遠山安大尉編隊長駕駛的九七

重爆擊落。根據日軍記載，當這架爆擊機墜落地面時，有兩名機組人員居然舉起雙手高喊「萬歲」。夏季航空作戰開啟的第一天，就以 3 飛師的慘敗收場。

綜合 58 戰隊與 60 戰隊的損失，7 月 23 日就有四架九七式被 P-40 擊落，每架九七式有機組人員七名，墜毀四架代表日本陸軍折損了 28 人。此外，33 戰隊雖然宣稱在零陵上空擊落三架 P-40，但實際上支援零陵的第 74 中隊，只有蓋瑞特中尉（Jess T. Garrett）遭對方擊落；相對的日方也損失了矢島軍曹與他的一式戰。蓋瑞特雖然遭擊落，但在國軍控制區跳傘，很快就被救起送回了基地。當天下午，33 和 25 戰隊掩護 60 戰隊再度空襲零陵。不過受到惡劣氣候影響，雙方機隊只有零星接觸，沒有再爆發任何空戰。五架 P-38 於同一天抵達桂林，他們持續以 X 中隊的名義被納入 23 大隊的編制，由文森特上校指揮防衛東部飛行基地。

眼看四架九七重爆就這樣報銷，怒不可遏的中薗盛孝命令 85 戰隊的「鍾馗」出戰。24 日上午，85 戰隊聯手 33、25 戰隊的「隼」掩護 58 戰隊空襲衡陽。76 中隊的 P-40 機群早已在警報網導引下守株待兔，正如日軍所記載：「敵方具有相當進步之情報網，事先詳知我方之行動，在我方轟大兵力進攻時事先迴避，使我方空撲一場，且巧妙趁我之處攻擊我方之轟炸機。」25 戰隊的其中一架「隼」，在交鋒中遭到 76 中隊作戰官米勒上尉率領的 P-40 機群擊落。74 中隊也從桂林趕來參戰，其中包括剛抵達的 P-38G，由之前就有閃電機飛行經驗的史密斯中尉（Walter A. Smith）負責指揮。在激烈的空戰中，兩架來自 85 戰隊第 2 中隊的「鍾馗」被擊落，但這不代表二式單戰沒有發揮技術上的優勢。23 大隊也失去了飛機兩架，其中從 16 中隊調到 74 中隊作戰的巴恩斯中尉身亡，史密斯中尉疑似因太久沒有飛 P-38 技疏而被擊落。他雖然跳傘成功，臉部卻被灼傷。

來而不往非禮也

在桂林上空被擊落的兩架「鍾馗」，很大機率是由郝樂威大隊長以及 X 中隊的恩斯倫中尉（Lewden M. Enslen）各自打下，這讓恩斯倫成為了中國戰場上

第一位擊落敵機的 P-38 飛行員。P-38 與「鍾馗」的首次空戰，雙方互有損失，算是打了一場平手，尤其兩名二式單戰的飛行員米津文生軍曹及岡田福一伍長並沒有如日軍方面所聲稱的死亡，而是為國軍俘虜。

接連兩天的空戰打下來，顯然 3 飛師的折損率大於 23 大隊，於是中薗盛孝師團長又將 33 戰隊和 25 戰隊調回第 1 飛行團的編制下，準備集中手下所有戰鬥機一舉殲滅文森特的前進指揮所。可日軍在情報蒐集上沒有美軍成功，7 月 25 日，第 1 飛行團以 33、25 戰隊掩護 16 及 90 戰隊攻擊沒有任何飛機駐紮的芷江與寶慶機場，85 戰隊以「鍾馗」掃蕩衡陽。文森特認為，「來而不往非禮也」，命令九架 B-25 由衡陽起飛，在 17 架 P-40 和 P-38 的掩護下攻擊日軍佔領的漢口。

美日兩支編隊在空中擦身而過，第 1 飛行團因為炸的是空城，所以一無所獲。85 戰隊飛到衡陽時，B-25 前往攻擊漢口，同樣也是撲了個空。倒是 B-25 沒有遭到日機攔截，順道炸毀了幾座橋梁。雖然對漢口機場造成的破壞輕微，今西六郎團長顯然不能接受這樣的結果，立即命令 33 和 25 戰隊一起攻擊衡陽。

最終只有 25 戰隊的五架「隼」在坂川敏雄少佐帶領下出發。正巧，陳納德命令移防衡陽的 75 中隊 P-40 此刻剛好抵達衡陽，雙方又爆發了一場激烈空戰，結果一架「隼」被打掉了。

夏季航空作戰開打兩天，中薗盛孝就認知到爆擊機在與 23 大隊的作戰中發揮不了作用，於是將 16 戰隊調回後方，再把 33 與 25 戰隊納入 3 飛師的直轄部隊，準備親自指揮這場與文森特的戰鬥。文森特根本不給中薗盛孝準備的時間，26 號一大早就命令 75 中隊理察森上尉率 12 架 P-40 掩護五架 B-25 空襲漢口，當場炸毀一式戰與立川一式高等練習機一架。

地面上亦有 25 戰隊兩名駕駛「隼」的飛行士官被炸死，還有近 10 人死傷。33 和 25 戰隊動員一式戰升空，追擊返航的美軍，卻不慎被理察森打下兩架「隼」，還有另外一架遭到三架 P-40 圍攻，最後在半空中爆炸。不過，官校 12 期畢業的 74 中隊國軍飛行員李鴻齡中尉，卻遭到兩架「隼」以「松鼠籠」戰術合圍，在低空躲避時不幸遭日軍防空火網擊落陣亡，成為當天唯一犧牲的 23 大

隊飛行員。

　　夏季航空作戰進入第四天，3 飛師聲稱擊落 22 架 P-40 與一架 P-38，同時確認自己消耗的一式戰數量高達 12 架，外加二式單戰兩架及九七重爆四架。事實上，23 大隊只損失了四架 P-40 和一架 P-38，日軍的損失高達美軍損失的四倍。回憶起這四天的戰鬥，就連 23 大隊的大隊長郝樂威也承認，這是空戰史上的奇蹟，因為他們是在燃料、子彈以及炸彈都極度短缺的情況下贏得了這場勝利。

　　接連兩天對漢口的空襲後，第 14 航空軍前進指揮所指揮官文森特上校再次把目標對準了香港。

日軍攻勢被迫喊卡

　　對陳納德而言，最幸運的事莫過於「西線無戰事」，駝峰航線的相對穩定讓他得以將 16 中隊又從雲南驛調往桂林，支援文森特上校 7 月 27 日發起的香港空襲行動。

　　這次 74 和 16 中隊動員了 14 架 P-40 掩護六架 B-25，攻擊位於昂船洲近海的一艘日本大型貨輪。可能因為日軍的三個戰鬥機飛行戰隊，都被中薗盛孝集中於漢口投入空襲衡陽的任務，美軍沒有遭遇到任何日機攔截。不過 B-25 投下的炸彈除了炸死數量不明的魚之外，沒有一枚擊中目標。16 中隊威爾遜少尉（Robert Wilson）駕駛的 P-40，遭到日軍防空火砲擊傷，返航途中迫降第 7 戰區控制區，他獲得國軍幫助平安回到桂林。

　　28 日，第 11 轟炸機中隊再度空襲香港，這次由 16 中隊的中隊長派克親自率領 P-40 護航，不過仍沒有如預期般的遭遇日本戰鬥機。儘管接連兩次毫無重大戰果，陳納德仍要求文森特三度空襲香港，在 29 日動員 18 架第 308 重轟炸機大隊的 B-24 一起出擊，這次護航編隊由郝樂威大隊長親自指揮，有 12 架 P-40 以及三架 P-38 同行。

　　陳納德之所以接二連三對香港發動空襲，目的可能是為了轉移中薗盛孝師團

長的注意力，舒緩衡陽面對的空中壓力。顯然中薗盛孝沒有上當，在 B-24 空襲香港的同時，派出 60 戰隊的九七重爆從武昌起飛，在 33 與 25 戰隊的一式戰掩護下向衡陽襲來。75 中隊格羅斯弗納上尉（William J. Grosvenor）率領四架 P-40 起飛攔截，並對 60 戰隊的編隊發動攻擊，試圖干擾九七重爆投彈。

美軍方面的報告指出，P-40 順利確保了機場的安全，迫使日軍轟炸機將炸彈投到市區，造成上百名衡陽居民死傷。日軍方面的戰報則指出，60 戰隊本來就以衡陽火車站為目標，他們的炸彈在空襲中順利擊中了目標，因此算是獲得了勝利，當然結果仍是有上百名中國人死傷。唯一可喜的是，3 飛師確認有一架「隼」沒有順利返航。

7 月 30 日，中薗盛孝師團長總結過去一個星期的教訓，先命令九架 85 戰隊的「鍾馗」飛到衡陽西部空域，吸引 75 中隊的注意，順便擾亂陳納德的預警系統。與此同時，33 及 25 戰隊的「隼」掩護 60 戰隊的九七重爆向衡陽殺來。可警報網不是叫假的，兩支日機編隊的方向都被 75 中隊偵獲，由戈登中尉率領的 15 架 P-40 立即升空攔截。85 戰隊見 75 中隊沒有上當，便掉頭向東朝衡陽方向飛來與 33、25 及 60 戰隊的編隊合而為一。

在三個飛行戰隊的「隼」與「鍾馗」夾擊下，75 中隊失去了兩架 P-40，艾普森中尉（W. S. Epperson）的尾翼被打掉，他來不及逃離座艙就跟著飛機一起墜入地面，壯烈殉國。克瑞普納中尉（Howard H. Krippner）比較幸運，在 P-40 墜毀前跳傘成功。在戈登中尉的帶領下，P-40 編隊集中火力獵殺九七重爆，擊落了其中一架，還給另外八架帶來嚴重戰損，致使 60 戰隊失去戰力，於隔日調回南京整補。中薗盛孝師團長到 7 月 30 日為止，失去的飛機數量不小於 20 架，已經超出了 3 飛師所能負荷的程度。好在 31 日起，東部戰場氣候再度轉壞，給了中薗盛孝師團長一個對夏季航空作戰喊停的正當理由。然而，中薗師團長並未就此而放棄了擊潰美軍的意圖。

註一：23 大隊的飛行員習慣以 Sharks 稱呼他們的 P-40 戰鬥機。

第九章

擊殺中薗盛孝師團長

　　「雙胴惡魔」**P-38** 在歷史性一刻再擔任要角，取得日軍大員的墜落記錄，再添一筆狙殺高價值目標的戰果。中薗盛孝的殉職，使得 **3** 飛師的夏季航空作戰無以為繼，縱然「鍾馗」屢建奇功，但中美飛行員的韌性卻讓日軍始終難以越雷池一步。反觀，當盟軍在 **CBI** 戰區逐漸站穩腳步的時候，圍繞著陳納德與史迪威的權力鬥爭，卻漸漸浮上了檯面，從而將重慶與華府也連帶牽入這個抗爭的漩渦裡去。

　　進入 1943 年 8 月，由於東部戰場氣候惡化，中薗盛孝師團長暫停了對衡陽的空中攻勢。第 14 航空軍也趁機整軍經武，首先是中美混合團的第 1 轟炸機大隊與第 3 戰鬥機大隊於 8 月 1 日在喀拉蚩機場宣告成立。以美式裝備、美式訓練還有美式作戰準則培訓一支親美的中華民國空軍，是阿諾德與陳納德在二戰期間唯一真正意義上取得的共識。

　　這兩人都有長遠的戰略眼光，知道光是派 12 名國軍飛行員隨 23 大隊作戰無法完成這宏大的戰略目標。唯有讓更多國軍空地勤人員在第 14 航空軍的架構下投入對日作戰，才能讓國軍從中吸取美軍的作戰經驗。中美混合團下轄第 1 轟炸機大隊、第 3 戰鬥機大隊與第 5 戰鬥機大隊，從混合團團長到各大隊長、中隊長都分別有一位美軍與國軍飛行員共同擔當，目的就是要讓國軍飛行員在平等的環境裡迅速適應美軍的指揮文化。在那個連非裔飛官都不能與白人飛官一起服勤的時代，成立中美混合團實為歷史性的創舉。

隨著更多 P-38G 戰鬥機抵達，X 中隊於 8 月 2 日有了正式的番號——第 449 戰鬥機中隊，納入 23 大隊，由第 14 航空軍前進指揮所上校指揮官文森特指揮。449 中隊的首任中隊長，是此前曾在第 14 戰鬥機大隊第 37 中隊作戰的 P-38 飛行員帕默上尉（Sam L. Palmer）。

擁有地中海參戰經驗的帕默，對中國戰場環境相當陌生，因此 75 中隊的少校中隊長格斯被文森特臨時指派為 449 中隊指揮官，率領 P-38G 進駐零陵，準備迎接 3 飛師的下一波攻勢。76 中隊方面，此刻馬歐尼上尉已經返美休息，由卡斯特洛少校（Robert Costello）接替其中隊長職務，並以衡陽為主要守備範圍。

23 大隊面對惡劣氣候，無法在東部戰場發起新一輪攻勢，只能命令 16 中隊的萊利斯中隊長在西部戰線持續出擊滇緬公路上的日軍目標。8 月 14 日，為了紀念「八一四空軍節」，斯洛庫姆上尉（Clyde B. Slocomb）率領 P-40 機群空襲怒江西岸的龍陵，讓日軍產生了國軍將反攻滇緬的假象。

正當陳納德自以為胸有成竹，等氣候好轉就準備重啟東部戰場空中攻勢的時候，一個對他不利的消息從印度傳來。陳納德的好麻吉海恩斯並沒有如羅斯福所承諾，接替他的死對頭畢塞爾出任第 10 航空軍司令。相反的，史崔特梅爾將軍選了看起來比較聽話的戴維森少將（Howard C. Davidson）擔任這個重要職務。竟然連羅斯福以親筆信向蔣委員長承諾的人選，都能輕易被軍方「搓湯圓」搓掉，讓個性已經很偏執的陳納德益加嚴重。

在沒有辦法扭轉美軍「歐洲第一」戰略的情況下，恃寵而驕的他只能把目標轉向與他一樣希望以中國為主戰場發起對日反攻，卻被迫執行戰爭部高層命令的史迪威。他自認自己在中國遭遇到的一切阻礙，都是來自於史迪威，如果不能從政治上根除這個隱患，無論第 14 航空軍在中國贏得多麼輝煌的戰果，都無法得到美軍高層的重視。在懷抱著同時與中薗盛孝以及史迪威「兩面作戰」的扭曲心態下，陳納德在 8 月 20 日迎來了 3 飛師捲土重來的夏季航空作戰。

日軍仿效陳納德戰術

　　按照中薗師團長的計劃，夏季航空作戰的第一階段是拔除桂林以北的美軍航空基地，第二階段是空襲重慶，到了第三階段才掃除掉第 14 航空軍在昆明和桂林的最後據點。然而在 23 大隊的頑強抵抗下，拔除桂林以北美軍基地的計劃徹底失敗，搞亂了夏季航空作戰的步調，逼使中薗師團長決定提前發起對桂林的攻勢，徹底摧毀第 14 航空軍的前進指揮所。

　　中薗盛孝顯然是以 23 大隊為打擊目標，他命令 33、25 戰隊由武漢，85 戰隊由廣州出發，從南北兩個方向夾擊桂林。23 大隊的郝樂威與 74 中隊的指揮官波納維茲，率領 P-40 共 15 架起飛攔截。根據美方記錄，這次日軍表現得比過去靈活，保持在 30,000 到 35,000 英尺高度進場，刻意抵銷掉 P-40 俯衝攻擊的能力。更重要的一點，是 22 架來襲的「鍾馗」居然放棄了過去空中纏鬥的打法，採用陳納德的俯衝攻擊加「打跑」戰術對付爬升中的 P-40。雖然「鍾馗」早在 7 月 24 日就曾與美軍交過手，但因為這次採用了全新戰術，美軍這才發現敵方有新型戰機投入戰鬥。

　　74 中隊的傑佛瑞斯（Truman O. Jeffreys）與毛友桂，都慘遭 85 戰隊的「鍾馗」以打跑戰術擊落身亡。到了此刻，包括因飛行意外摔死的蔣景福、符保盧還有空戰陣亡的李鴻齡與毛友桂在內，分配到 23 大隊的 12 名國軍飛行員中已犧牲了三分之一。尤其李鴻齡與毛友桂所效力的 74 中隊，國軍飛行員陣亡率更是高達二分之一。

　　文森特上校沒有給大家太多的時間哀悼亡者，而是立即命令第 11 轟炸機中隊的六架 B-25 掛好炸彈，在郝樂威與波納維茲率領的 10 架 P-40 掩護下對廣州天河機場發動報復性攻擊。日軍資料顯示，他們攻擊了白雲機場北邊沒有任何飛行戰隊駐防的南村機場。即使如此，85 和 33 戰隊仍派遣「鍾馗」與「隼」飛赴當地與 P-40 較量。克魯克山克中尉（Arthur W. Cruikshank Jr.）、赫林中尉（Fennard L. Herring Jr.）、肯錫中尉（Samuel P. M. Kinsey）以及郝樂威大隊長都各自聲稱

擊落敵機一架。然而當天僅有 33 戰隊的一式戰一架沒有返航，綜合 8 月 20 日兩場空戰中美日雙方二比一的損失率來看，3 飛師略勝一籌。

不過中薗盛孝對「鍾馗」給美軍飛行員帶來的心理影響評估過高，認為 B-24 轟炸機之所以在 6 月之後較少出動的原因，是因為對二式單戰有所顧忌。事實上，純粹只是受到東部戰場惡劣氣候的影響，308 重轟炸機大隊把目標轉移到海南島與越南而已。到了 8 月 21 日，文森特見東部戰場氣候好轉，又決定動員 B-24 與 B-25 轟炸機襲擊廣州。郝樂威大隊長親率 76 中隊的 11 架 P-40 從桂林趕往衡陽，準備與零陵升空的 P-38 會合後一起護衛 308 重轟炸機大隊空襲廣州。

可沒想到郝樂威剛抵達衡陽，就傳來 33 與 25 戰隊向衡陽直撲而來的消息。郝樂威與卡斯特洛，各率七架與 12 架 P-40 分頭迎戰，起飛後立即往衡陽東北方的敵機編隊方向飛去。為了避免遭「鍾馗」俯衝攻擊，他們還一邊飛行一邊不斷爬升，試圖拉高飛行高度。雖然 3 飛師這次沒有派出「鍾馗」，但是 33 架佔據高度優勢的「隼」，還是背對著太陽對郝樂威編隊發起了一次成功的突襲。

3 飛師陣腳大亂

或許因為視線被陽光遮掩住，P-40 飛行員將眼前的「隼」誤認為「鍾馗」，不過他們還是硬著頭皮跟著郝樂威一起拋下副油箱，與來犯敵機纏鬥。飛在郝樂威旁邊的艾林中尉（Harvey G. Elling）座艙遭到擊中，幸運的是「隼」只有兩挺 12.7 公厘機槍，尚不足以對裝甲厚重的 P-40 帶來毀滅性破壞。艾林中尉則記住了陳納德對他的戰術指導，立即機頭向下脫離戰場，依靠 P-40 強勁的俯衝速度甩開了追擊的敵機。倒是卡斯特洛中隊長的機隊，在 20,000 英尺高空發現正在攻擊郝樂威機隊的「隼」，他們實施了一次更為成功的反俯衝攻擊。

卡伯特少尉（Robert T. Colbert）率先擊落一架敵機，接著威廉斯中尉又打下一架。從零陵趕來支援的 449 中隊 P-38 飛行員波頓少尉（Willard L. Bolton），也打掉了一架「隼」。當天美軍唯一的戰損，是 76 中隊的海德里克（Donald W.

Hedrick）遭到「隼」擊落，不過及時跳傘保住了性命。隨後郝樂威又率隊朝漢口方向返航的一式戰機群發起追擊，並與威廉斯聯手再打掉一架「隼」，當天33戰隊坦承損失了四架一式戰。

由於日機空襲衡陽後飛往漢口轉場，文森特在11點30分命令308重轟炸機大隊將攻擊目標改為漢口，並命令郝樂威率領11架P-40護衛。不料B-24變更了航線，沒有飛到衡陽上空與23大隊的戰機會合，而是單刀直入飛往目標區上空。25戰隊以「隼」升空攔截，當場擊落B-24轟炸機兩架。另外七架B-25因為獲得11架P-40戰鬥機的掩護，得以在完成任務後全身而退。失去了四架一式戰後，中薗盛孝又再度亂了陣腳，第一階段取得桂林以北制空權的目標尚未完成，就跳過時程執行第二階段的作戰計劃，從8月23日起接連兩天命令重慶。

雖然此刻防衛重慶的空軍4大隊與的11大隊已經換裝美製P-40、P-43以及P-66，卻仍不敵與23大隊的較量中累積充足經驗的日軍飛行員。結果4大隊段克恢駕駛的P-43、王鑄民駕駛的P-40以及11大隊嚴桂華、蘇仁貴駕駛的P-66遭擊落，不過58戰隊仍遭到國軍飛行員的頑強抵抗，失去九七重爆一架。

到了24日，3飛師再度以58、16戰隊空襲四川萬縣，不過天才指揮官文森特轉守為攻，放棄空襲日軍後方的主動權，動員16、74還有75中隊的P-40戰鬥機共16架，掩護308重轟炸機大隊六架B-24以及11轟炸機中隊七架B-25襲擊武昌機場。

當中的10架P-40由郝樂威指揮護衛B-25，另外六架由74中隊的克魯克山克中尉指揮守在B-24編隊的一旁。這次日軍不只派出33及25戰隊的「隼」起飛迎戰，武昌周邊的防空砲火還異常強烈，艾林中尉就親眼目睹一架B-24在半空中被打爆。不過艾林還是穩紮穩打，在俯衝甩掉數架「隼」後，重新拉回高度，卻突然發現眼前有一架一式戰從其前方從右向左飛行。艾林見機不可失，當機立斷開火攻擊，眼前的「隼」立即分解並向下墜落。克魯克山克、帶領艾林參戰的分隊長史都華以及哈金斯，之後都各自聲稱打下了兩架一式戰。

欲毀對手，卻自損一半戰力

308 重轟炸機大隊在 8 月 24 日對武昌的空襲中損失慘重，共有四架 B-24 被擊落。得到 10 架 P-40 護航的 B-25，當天根本沒有一式戰膽敢靠近。郝樂威大隊長聲稱有一架試圖靠近的「隼」在第一時間就被他擊落。當天 33 戰隊包括戰隊長渡邊啟少佐座機在內，共損失兩架一式戰，25 戰隊掉了一架「隼」。23 大隊沒能成功護衛 B-24，但本身在空戰中毫無損失。

郝樂威一回到桂林落地，就被文森特上校召見，要他準備接下來對廣州和香港的打擊任務，以確保 23 大隊從中薗盛孝手中奪回夏季航空作戰的主動權。23 大隊的攻勢以 8 月 25 日空襲九龍、香港拉開序幕。8 月 26 日，由 76 中隊的卡斯特洛中隊長率領 10 架 P-40，外加 16 中隊的兩架 P-40 一起掩護 B-25 空襲位於九龍的黃埔船塢。但此刻第 1 飛行團剛剛將團部由漢口南下遷移到廣州，因此 12 架 P-40 遭受到 85 戰隊「鍾馗」的「熱烈歡迎」，並且被打得毫無還擊之力。

威廉斯中尉回憶道，過去面對「隼」的追擊，P-40 只要俯衝就能夠輕易甩掉。不過這次「鍾馗」卻死死咬在他後面，只能躲到雲層裡啟動儀器飛行模式將緊咬的二式單戰甩開。等到回過神來，威廉斯看到另外一架 P-40 遭到「鍾馗」追殺，機身上已佈滿彈孔，隨時有被打下去的風險。於是威廉斯及時俯衝下去開火，阻擾「鍾馗」對 P-40 持續攻擊。最後那架 P-40 於第 7 戰區控制的廣東曲江成功迫降，飛行員斯威尼中尉（Robert Sweeney）被平安救出並得到國軍英雄般的歡迎。

當天 85 戰隊還有一架「鍾馗」在低空追擊 P-40 時墜毀，飛行員中村守男中尉陣亡，雙方各損失戰機一架，勉強算打成了一個平手。雖然 P-40 性能上不如「鍾馗」，可文森特與郝樂威的戰術頭腦卻強過中薗盛孝，利用廣州空襲剛結束，3 飛師鬆懈下來的時機又發起了對香港的空襲。這次文森特違抗陳納德與葛倫的指示，親自率領七架 P-40 出征，與 10 架 449 中隊的 P-38 一起支援 15 架 B-24 出擊黃埔船塢。

與 8 月 24 日空襲武昌機場的情況不一樣，這次文森特因為派遣了多達 17 架

戰鬥機護衛 B-24，33 戰隊雖然在廣州有留守部隊，卻沒有一架「隼」敢靠近他們。當天 23 大隊聲稱擊落五架敵機，文森特上校也聲稱取得了自己的第六架戰果，但這個數字筆者無法得到日方的史料佐證。B-24 投下的 56 枚炸彈有近一半命中黃埔船塢，其餘的落到了中華電力公司的鶴園發電廠，不幸造成無辜平民死傷。

3 飛師動用了三個戰隊的力量，連續兩個月對衡陽、零陵與桂林發動攻擊，雖依靠「鍾馗」一度佔了戰術上的便宜，卻始終剿除不掉 23 大隊。日軍不只損失慘重，還失去了 33 戰隊的戰隊長渡邊啟，第 1 飛行團的團長今西六郎都為此感嘆道：「該戰隊之戰力減低一半。」空襲香港的 15 架 B-24 全數平安返航，更驗證陳納德的「護航戰鬥機有用論」的可行性。他相信制空權從此刻開始，已經為自己所牢牢掌握，迫不及待要求文森特推展其第二階段的空中攻勢，那就是打擊日軍海上運輸線。

以 P-40 實施跳彈攻擊

進入 8 月底後，日軍對衡陽與桂林的空中攻勢再度舒緩，P-40 又轉以對地攻擊任務為主。日軍的防空火力依舊頑強，給 23 大隊的弟兄帶來不少麻煩。來自 76 中隊的克里普納上尉（Howard L. Krippner）就在一次炸射岳陽日軍的任務中遭到防空火砲擊落，連人帶機撞山陣亡。

8 月 30 日，郝樂威持續率領 P-40 與 P-38 共 10 機掃蕩從新市、岳陽到咸寧的日軍陸上交通線。文森特上校在日記裡記載總共炸射了五列火車、兩艘大船、兩艘砲艇以及兩座城鎮，重挫日本第 11 軍的士氣。不過陳納德與文森特都覺得，P-40 的潛力還未完全發揮出來。他們認為只要運用得當，P-40 可以採用第 5 航空軍司令肯尼（George C. Kenney）在西南太平洋戰場採用的跳彈（Skip Bombing）戰術對付日本大型船隻。此一戰術是要讓 P-40 低空投彈，運用水面讓炸彈彈跳起來，進而精準打擊到在水上移動的目標。同樣在 30 日這一天，文森特命令 74 中隊的哈金斯中尉率四架 P-40 攻擊三艘由香港駛往澎湖馬公的日本貨

船，準備實施醞釀多時的「跳彈戰術」。

當天留在高空護航的是哈金斯與班乃特少尉（Thomas P. Bennett），執行低空攻擊任務的是貝爾上尉還有安德森中尉（Andy Anderson）。根據日軍方面的記錄，他們攻擊了由威爾斯丸（Wales Maru）、哥倫比亞丸（Columbia Maru）以及那布勒斯丸（Naples Maru），還有一艘負責護衛的砲艦橋立號所組成的船團。1545時，先由兩架P-40低空投下500磅炸彈，然後四架P-40再一起以12.7公厘機槍施以猛烈掃射。攻擊發起時船員們正在甲板上集合點名，雖然沒有任何一艘船隻被擊沉，仍造成14人死亡以及45人負傷，最終三艘船隻只能於1830時折返香港。

8月31日，74中隊的三架P-40又以南雄為前進基地向香港襲來，他們先以三枚500磅炸彈擊中昂船洲外海的運輸艦白銀丸（Shirogane Maru），接著再以12.7公厘機槍掃射擊沉一艘50英尺的小船。完成任務後三架P-40飛到臨時機場梧州補充燃料，再回到他們原先出擊的桂林空軍基地。33戰隊的「隼」試圖追擊他們，最終因跟丟了美機無功而返。

隔日受傷的白銀丸行駛到汕頭外海，不料此情報為74中隊所掌握，再度派出三架P-40予以炸射。在對白銀丸投下兩枚500磅炸彈，並造成船上100多名人員死傷後，P-40沒有浪費機槍子彈在這艘他們打不沉的大型運輸艦上，而是飛往一旁的汕頭機場尋找新的目標。一架停在地面上，隸屬於南京政府的中華航空株式會社的一〇〇式輸送機（民間版稱為MC-20運輸機）被發現，立即在P-40戰機的機槍掃射下被無情摧毀。9月2日，文森特又對香港發動一次規模更大的空襲，派出11轟炸機中隊的10架B-25攻擊位於九龍半島西北部的荔枝角，一舉摧毀七座油庫，強烈的爆炸產生出濃厚黑煙，就連三公里外的深水埗戰俘營的盟軍戰俘都看得到。

這趟任務總計有五架74中隊的P-40參與護航，領隊哈金斯中尉的座機因故，與僚機安德森兩人的P-40比其他人晚了半小時出發。抵達香港上空時，兩人確認B-25已經返航，便對昂船洲外海的一艘油輪施以跳彈攻擊。哈金斯和安德森

在對油輪完成兩枚 500 磅炸彈的投放後，又以各自的機槍掃射試圖滅火的消防船隻。兩架 P-40 返航途中，遭到天河機場起飛的 85 戰隊「鍾馗」尾隨，一路跟著他們飛回到返航加油用的梧州基地。

哈金斯事後回憶，當時他們的燃料都快用完，而且幾乎是一降落就衝進防空壕裡避難。不過令人意外的是「鍾馗」沒有衝下來掃射兩架停在地面上的 P-40，顯然是迷了路或者是燃料耗盡，只能夠放棄攻擊飛回廣州。隔日哈金斯與安德森駕駛加完油的 P-40 回到桂林後不久，今西六郎團長就命令第 1 飛行團對早已人去樓空的南雄與梧州兩座基地實施報復性轟炸，結果當然是一無所獲。

中薗師團長殞落珠海

文森特上校在對香港實施了四趟成功的攻擊後，於 9 月 3 日奉陳納德之命啟程返回美國停留兩個月，為第 14 航空軍爭取 P-51 野馬式戰鬥機，並順便與自 1942 年 1 月起就分離的妻女團聚。第 14 航空軍前進指揮官的工作，由大隊長郝樂威暫時接替。不願承認失敗又愛面子的中薗師團長又一次自亂陣腳，在尚未達成夏季航空作戰第一與第二階段目標的情況下，執意於 9 月上旬起推動第三階段的作戰任務，命令第 8 與第 1 飛行團針對昆明與桂林兩座 23 大隊的後方基地發起最後總攻擊。

按照中薗師團長的構想，33 和 25 戰隊將隨第 8 飛行團一同進駐越南，以河內為基地掩護爆擊機攻擊巫家壩機場。85 戰隊留守白雲機場，配合第 1 飛行團打擊桂林基地。中薗盛孝對今西六郎的表現顯然不夠放心，特地將 3 飛師的戰鬥指揮所從漢口轉移到廣州，由他本人親自坐鎮指揮。他隨同前往越南的第 8 飛行團一起離開漢口，先是前往臺灣嘉義，然後於 1943 年 9 月 9 日隨幕僚搭乘一〇〇式輸送機飛往廣州^(註一)。

就在中薗盛孝抵達天河機場前，郝樂威命令 74 中隊的 13 架 P-40 掩護第 11 轟炸機中隊 12 架 B-25 攻擊白雲機場，他們在毫無損失的情況下摧毀了一架停在

地面上的「隼」，還擊殺了親自駕駛「鍾馗」起飛迎戰的 85 戰隊第 3 中隊中隊長中原義明大尉。今西六郎團長下令所有日機遠離廣州空域，以避免他們繼續成為 P-40 的活靶。不料這個訊息卻沒有被中薗師團長座機駕駛接收到，恰好就在師團長座機抵達廣州的時候，四架奉郝樂威之命空襲黃埔船塢的 449 中隊 P-38 戰鬥機也進入了同一片空域。

P-38 由恩斯倫中尉指揮，每架各攜掛 500 磅炸彈兩枚，對黃埔船塢實施俯衝轟炸。少尉飛行官比爾茲利（Billie M. Beardsley）投下炸彈後，於重新爬升的過程中發現廣州東南方空域九公里處的師團長座機，這是他進入廣州之後第一架目擊到的空中目標，便與僚機杜易士少尉（Kendall B. Dowis）一同向前發起攻擊。鑑於一〇〇式輸送機本身並無武裝，且依據今西六郎「遠離空域」的命令，當時沒有一架「隼」或者「鍾馗」能及時趕來廣州護衛師團長，比爾茲利少尉輕易就將中薗盛孝座機擊落。

一〇〇式於珠江上空墜落，同機隨師團長殉國的有 3 飛師作戰主任參謀宮崎太郎中佐、情報主任參謀高田增實少佐、三名軍官與四名士官。夏季航空作戰就是由中薗盛孝一手策劃，以東方國家人亡政息的傳統來看，隨著他的去世也就宣告結束。縱然他指揮下的「鍾馗」，還算是與 P-40 打得有來有往，卻仍舊沒有辦法避免這個「宏大」的計劃如鬧劇般收場。先後擊斃山本五十六與中薗盛孝的 P-38，儼然成為 VIP 獵殺機。

新任師團長的執念

中薗盛孝遭擊殺後，9 月中旬東部戰場的天空平靜了許多，74、75 還有 449 中隊轉往對地打擊任務。郝樂威表示，P-38 不只是上乘的戰鬥機，還是優秀的俯衝轟炸機，往往能夠在不受扭力的影響下將炸彈精準投射到目標上。更重要的是 P-38 足夠靈活，在執行俯衝轟炸時如果遭到「隼」攻擊，可以在投下炸彈後快速甩掉追擊者，所以郝樂威完全沒有派遣 P-40 或者其他機種從旁掩護閃電式執行

轟炸任務的必要。

在 74 中隊以跳彈對香港外海的四艘日本船隻實施攻擊後，76 中隊也不落人後，選在中薗盛孝被擊斃後的第二天掃蕩江西九江周邊的內河航道。威廉斯中尉率領四架 P-40 對長江上的一艘 175 英尺運輸船開火，第一波攻擊先以 12.7 公厘機槍將船上的防空火網壓制住，接著再調轉機身對船體實施第二波掃射。不過在實施第三波攻擊的時候，威廉斯機上的冷卻系統疑似遭到日軍步槍擊中，迫使其座機在四分鐘內停擺。所幸這短短的四分鐘已足以讓威廉斯飛到國軍控制區上空，讓他一跳傘落地就得到第 9 戰區部隊的救助。

23 大隊的執行官派克就沒有那麼幸運了，他在 9 月 16 日掃蕩武昌時座機不幸遭到日軍防空火網擊中，最終未能飛回國軍控制區而淪為俘虜。到了這個時候，23 大隊一如 3 飛師般陷入群龍無首的局面。文森特本人還在美國，前進指揮所由郝樂威兼管。郝樂威只是暫時兼任，文森特還要回來繼續指揮戰鬥，這個位置還是要歸還給他。二來郝樂威在中國作戰的日子也即將進入尾聲，他將在文森特回到中國後返國，不可能長久擔任這個職務。為了讓郝樂威專注於眼前的工作，陳納德另外指派 74 中隊的中隊長波納維茲接大隊長，然後由克魯克斯（William R. Crooks）替補 74 中隊的空缺。為了解除 23 大隊保護駝峰航線以及支援中國遠征軍反攻滇緬的壓力，51 大隊將被調往中國納入第 14 航空軍。23 大隊將更專注於東部戰場的任務，但 16 中隊也將結束與 23 大隊的關係，重新返回51 大隊。此外，中國戰場上唯一以 P-38 為主力的 449 中隊，指揮權也將轉移到51 大隊，使 23 大隊只剩下第 74、第 75 以及第 76 等三個戰鬥機中隊的作戰規模。

中薗盛孝的擊殺事件，沒有讓接替他的新任 3 飛師師團長下山琢磨中將放下對昆明的執著。33、25 與 60 戰隊等第 8 飛行團的主力，在中薗盛孝被擊殺後都已經派駐到了嘉林機場，不讓他們從越南對雲南發起一次空襲確實是十分浪費大老遠把他們從漢口轉移到河內所消耗掉的燃料。下山琢磨選在 9 月 20 日對巫家壩機場進行一次試探性攻擊，並將以這次攻擊的結果來決定是否要完成中薗盛孝的遺願，將夏季航空作戰第三階段推行下去。為此下山師團長在攻擊發起前，特

別將三個戰隊的空勤人員召集起來，慷慨激昂地鼓勵他們在這次攻擊中重創 23 大隊：「師團過去之戰鬥似有縱虎歸山之恨，今日之戰鬥乃大賜之良機也，望能誓死殲敵，以報一箭之仇。但願此行勝利成功。」

夏季航空作戰的覆滅

60 戰隊的 18 架九七重爆，在 30 架「隼」掩護下浩浩蕩蕩經由中越邊境向昆明襲來。16 中隊的中隊長萊利斯上尉當時正在吃早餐，他通過警報網掌握到敵機飛來的消息後，立即率七架 P-40 起飛前往攔截。16 中隊編隊保持在 24,000 到 26,000 英尺高空飛行，於昆明南方 80 到 90 公里處接觸到來襲的日機編隊，其中九七重爆編隊位於他們下方 19,000 到 21,000 英尺處，一式戰則在他們上方 800 到 1,200 英尺位置。

雙方短兵相接，萊利斯上尉立即對九七重爆展開俯衝掃射，上方的「隼」見到他們護航的轟炸機遭攻擊，也立刻衝下來攔截 P-40。結果 20 架「隼」的注意力被七架 P-40 給成功吸引走，導致九七重爆在沒有戰鬥機護航的情況下往昆明飛去。最後高達 17 架 75 中隊的 P-40，在昆明上空等待他們，並實施了比 16 中隊更為猛烈的攻擊。先是戈登上尉、格羅斯弗納上尉以及普萊爾上尉聯手以俯衝攻擊衝散九七重爆編隊，接著其他 P-40 再一擁而上，如同鯊魚撕咬獵物般無情掃射落單的日機。

P-40 的攔截發揮了效果，最終只有零星幾架九七重爆飛到巫家壩機場上空投彈，破壞力非常有限，沒有任何人被炸死。75 中隊聲稱擊落 16 架九七重爆，這個數字顯然是誇大了，60 戰隊 9 月 20 日的損失記錄只有五架。在與 16 中隊交戰的過程中，33 戰隊另外還有一架「隼」被打掉。當天第 8 飛行團總計報銷六架飛機，另外還有六架重爆與一架戰鬥機中度受損，23 大隊只損失 75 中隊劉易士中尉（Lyndon R. Lewis）駕駛的 P-40。雲南省怒江以東都屬自由中國的治理範圍，因此他在迫降成功後立即得到國軍幫助，並於五天內被送回巫家壩機場。

9 月 20 日的空戰沒有任何一個 23 大隊的中美飛行員戰死，卻有五架九七重爆和一架「隼」被擊落，以每架九七重爆有七名機組人員的標準來計算，3 飛師又一次吃了敗仗。從發起攻擊前下山師團長對空勤人員的訓話來看，他比中薗盛孝更明瞭 3 飛師的困境。這一仗的失敗，更讓他明白夏季航空作戰沒有實施下去的必要，只能忍痛宣佈中止對昆明的轟炸。

從 7 月 23 日到 9 月 20 日，3 飛師動員了第 1 飛行團麾下的 85、16、90、第 8 飛行團的 33、25、58 以及 60 戰隊全力圍剿 23 大隊。3 飛師兩個月的空戰打下來，損失的飛機共計 36 架，而 23 大隊只有 12 架，交換比為三比一。包括師團長中薗盛孝、戰隊長渡邊啟以及中隊長中原義明在內，共有三名 3 飛師的優秀幹部在與盟軍交手時喪命。反觀 23 大隊，只有執行官派克在執行對地打擊任務時遭擊落被俘。3 飛師不只沒有辦法將 23 大隊連根拔起，而且還逐漸將東部戰場的制空權讓渡給 23 大隊，令下山琢磨不得不體認到自己失敗的事實。又是一次以寡擊眾的勝利，讓陳納德、葛倫、文森特與郝樂威向美軍高層證明了自己的實力。

但是 3 飛師的有生力量尚未被消滅，陳納德也因駝峰空運量的不足，難以如原訂計劃推動第二與第三階段的作戰計劃。深怕失去羅斯福總統支持的他，更是把矛頭對準了史迪威，再次引發了一場新的政治風暴。

與史迪威鬥爭的白熱化

正當 23 大隊迎戰夏季航空作戰的同時，羅斯福總統與邱吉爾首相因應盟軍即將對義大利本土發動兩棲登陸的局勢，於加拿大魁北克召開同盟國首長會議。由於魁北克會議是以探討在西歐開闢第二戰場為重點，身為蔣委員長駐美代表的宋子文，直到會議結束之際才獲邀與會討論對日作戰議題。在邱吉爾的要求下，包括印緬、錫蘭、馬來半島以及蘇門答臘北部都被納入新成立的東南亞司令部（South East Asia Command）之下，由海軍上將蒙巴頓勛爵（Lord Louis Mountbatten）指揮。

　　東南亞英軍指揮架構的重整與擴編，所顯現的不是英國將在義大利投降後，派遣皇家海軍東來支援緬甸南部的兩棲登陸作戰，反而喻示著盟軍將以反攻法國北部為重，否決了與國軍聯手反攻緬甸的計劃。更糟糕的是，原本被納入中國戰區的泰國，反而因為東南亞司令部的成立而為英軍所覬覦，令宋子文大感不滿。更讓他吃驚的是，馬歇爾等美軍將領在沒有知會重慶的情況下，順應英國的態度，取消反攻緬甸南部的計劃，但批准了史迪威反攻緬甸打通中印公路的計劃。

　　從宋子文與蔣中正的立場來看，英國皇家海軍對仰光發動兩棲作戰是國軍出兵緬北的先決條件，如此一來才能對佔領緬甸的日本第 15 軍施以南北夾擊。陳納德與宋子文更是有志一同的認為，反攻中印公路重建陸上交通補給線毫無意義，運補中國戰場只需要提高駝峰空運的運輸量就可以辦到，只是連提升駝峰空運這點要求，史迪威都無法滿足陳納德。羅斯福雖然承諾陳納德，將在 1943 年 7 月以前至少讓他獲得每個月 4,790 噸的駝峰物資，可實際上在夏季航空作戰發動前，第 14 航空軍只得到 4,500 噸的物資而已。此外，將 22 轟炸機中隊和 491 轟炸機中隊調往中國，與第 11 轟炸機中隊並肩作戰的承諾也沒有在夏季航空作戰結束前兌現，讓陳納德難以集結 341 中轟炸機大隊的 B-25 打擊日本海上運輸線。

　　眼見自己向羅斯福總統誇下的海口即將跳票，陳納德唯一能做的就是把所有責任都推給史迪威，認為若不是一心想打通中印公路的史迪威從中作梗，自己第二階段的對日打擊任務早就已經垂手可得。

　　所以當宋子文在 1943 年 9 月 15 日向羅斯福提議撤換史迪威的時候，陳納德幾乎在第一時間就表達了強烈支持的立場。雖然羅斯福在 9 月 16 日給蔣中正與宋美齡的信件中，強調駝峰空運量是受到印度氣候惡劣、大洪水以及阿薩姆邦機場擴建無法如期完成所導致，但是在老對手畢塞爾被調走了的情況下，陳納德只能一路到底地將史迪威視為一切問題的根源所在。

　　陳納德還透過宋子文向羅斯福告狀，強調本應有 105 架戰鬥機與 30 架中型轟炸機的第 14 航空軍因為史迪威的失職，到夏季航空作戰結束時只剩下 85 架戰

鬥機和九架中型轟炸機可以使用，另外 20 架戰鬥機與九架中型轟炸機尚待維修。

　　雖然明知不全是史迪威的責任，中國戰場艱難的處境導致羅斯福與馬歇爾都難以替他辯駁，只能同意宋子文撤換史迪威的建議。在這關鍵的一刻，還是蒙巴頓勛爵、蔣夫人宋美齡以及孔祥熙夫人宋靄齡出手替史迪威緩頰，才避免了他被撤換的命運。史迪威在 10 月 17 日親自前往黃山官邸為自己的「失職」向委員長道歉，只是個性與陳納德一樣偏執的他，心中早已在構思要讓蔣中正與陳納德「加倍奉還」的計劃了。

註一：臺灣在當時為日軍從華中到華南的中轉站。

第十章

越洋發動新竹大空襲

　　中美聯軍發動的新竹大空襲，正巧與在埃及的開羅會議期程有了重疊。不知道這是命運的安排還是事情的巧合，這次不經意的空襲行動，卻讓臺灣與澎湖在戰後回到中華民國版圖的發展，有了明確的導引。同時，美軍持續換裝新型的戰機，這也使得中美聯軍在與日軍的空戰中持續拉近彼此的實力差距。

　　1943 年 9 月 30 日，抵達紐約的第 14 航空軍前進指揮官文森特上校來到廣場飯店（Plaza Hotel）與一位名人會晤，這不是別人，正是著名漫畫大師卡尼夫（Milton Caniff）。卡尼夫是漫畫《泰瑞與海盜》（*Terry and the Pirates*）的作者，這部漫畫以 30 年代的中國為背景，介紹美國少年泰瑞（Terry Lee）智取女海賊「蛟龍夫人」（Dragon Lady）的傳奇故事。

　　日本發動侵華戰爭後，卡尼夫也跟上所謂「抗日民族統一戰線」的時代腳步，將原本是反派的「蛟龍夫人」重新塑造成亦正亦邪的「反英雄」。隨著美國對日作戰，他也把「飛虎隊」的故事納入漫畫作品之中。透過文森特上校的夫人佩姬（Peggy）取得文森特的照片，他塑造了文斯（Vince Casey）上校這位全新角色，其實不過就是把文森特的姓名顛倒過來。文森特成了形象不輸美國隊長的漫畫英雄，他與卡尼夫的會面也經由媒體報導傳回了戰場，大幅提振了 23 大隊弟兄們的士氣。親自見到身高六英尺的文森特時，卡尼夫的第一句話是：「跟我畫的一模一樣嘛。」

　　進入 10 月份，第 14 航空軍的規模雖然有了顯著的提升，史迪威卻也得到馬

歇爾將軍的允許開展滇緬反攻的準備。史迪威在 10 月 1 日發電報給幕僚多恩上校（Frank Dorn），表示國民政府軍政部已經向駐華美軍司令部提出為中國遠征軍提供空中支援的申請，他將以駐華美軍司令的身份要求陳納德與中國遠征軍司令長官陳誠相互配合。

換言之，雖然 51 大隊的 25 和 26 中隊將進入中國，與 16 和 449 中隊整合，但將以支援中國遠征軍反攻怒江西岸為首要任務，23 大隊在東部戰場的壓力得不到絲毫舒緩。同一天剛剛進駐昆明的 25 中隊，隨即就派出八架 P-40，與 75 中隊的 16 架 P-40 聯手出擊，掩護 308 重轟炸機大隊的 B-24 轟炸機 22 架空襲越南第一大港海防。以嘉林機場為據點的 33、25 戰隊派出 40 架「隼」攔截，不過在美軍飛行員提供的雙層防衛下，一式戰始終難以靠近 B-24。75 中隊在 10 月 1 日當天折損了三架 P-40 戰鬥機。

三架 P-40 分別由伍德中尉（Henry L. Wood）、陳炳靖少尉以及王德敏少尉駕駛，其中王德敏陣亡，伍德和陳炳靖則為日軍所俘虜。陳炳靖少尉當天擔任卡頓中尉（Thomas Cotton）的僚機，卡頓強調他在率領四架 P-40 掩護 B-24 對海防投下炸彈後，於返航途中目睹兩架落單的 B-24，於是立即掉頭回去掩護。沒想到「隼」卻在這個時候殺出，集中火力攻擊陳炳靖。陳炳靖回憶當時他已經擊落了一架「隼」，卻因為一心想確認戰果，忽視後上方有敵機在攻擊自己，最終不幸也被一起擊落。

跳傘落地後，陳炳靖一度得到維琪法軍內同情自由法國運動的官兵幫助，然而其行蹤已經為日軍發現，迫使名義上仍為日本盟友的法軍將他「引渡」給日軍。接下來直到日本投降為止，陳炳靖與伍德都在日軍的折磨摧殘下渡過他們的戰時人生。日軍 25 戰隊的西留秋彥少尉與 33 戰隊的長谷川康男曹長遭擊落身亡，美日雙方在這場空戰中勉強打成了平手。

下山琢磨師團長無力回天

　　為了實現 1943 年 11 月空襲日本本土的承諾，陳納德把眼光看到了當時法理上屬於日本領土，但距離中國大陸最近的殖民地臺灣上。早在太平洋戰爭爆發前，蔣中正就主張中華民國收復 1895 年割讓給日本的臺灣，並仿效邱吉爾以海外基地換美國軍援驅逐艦的合作模式，向美國財政部長摩根索（Henry Morgenthau Jr.）提議讓美軍使用臺灣海空軍基地 99 年，換取美國向中國提供軍事援助。

　　筆者無法證實陳納德是否知道蔣中正的計劃，但協助國民政府收復臺灣肯定對建立一個親美的中國政府有所助益，且又能讓中美兩國領袖對自己刮目相看。史基爾與郝樂威從 1942 年 12 月起，就展開了針對臺灣的各種高空偵察任務，空襲臺灣被放到陳納德的作戰日程上本來就是順理成章之事。江西省遂川是國軍掌握的眾多機場當中，最接近臺灣的一個，自然是第 14 航空軍用於遠征臺灣的首選。晉升為上尉指揮官的史都華，奉陳納德之令率領一支由八架 P-40 組成的分遣隊於 10 月 3 日進駐遂川機場，沒想到他們一落地周邊就響起了警報聲。當天第 8 飛行團轟炸桂林，第 1 飛行團轟炸韶關，雖然 76 中隊立即起飛攔截，但是雙方因為距離過於遙遠所以沒有遭遇到彼此。

　　4 日，第 8 飛行團在把 33 和 25 戰隊的指揮權歸還第 1 飛行團後，離開了中國返回東南亞。第 1 飛行團動員了包括 85 戰隊的「鍾馗」在內，於 10 月 5 日又對桂林發動一次攻擊。雖然日軍官方宣稱這天沒有遭遇到美機，可其實 74 中隊的 P-40 卻有作戰記錄。飛行員克魯克山克中尉與凱吉（Robert M. Cage）兩人各聲稱擊落一架敵機。根據 3 飛師的記錄顯示，當天第 1 飛行團主力（25、33 戰隊）雖然在桂林上空沒有遭遇美機，但 85 戰隊在桂林至義寧間與七架 P-40 發生接戰，結果日軍確認只有一架「鍾馗」沒有返航。

　　直到 10 月 6 日，第 1 飛行團的今西六郎團長才發現遂川有美機進駐，命令 85 戰隊的「鍾馗」和 25 戰隊的「隼」，掩護 90 戰隊的九九雙輕來襲。八架 76

中隊的 P-40 起飛攔截進犯日機，一場小規模空戰隨即於遂川上空爆發。雖然這次「鍾馗」與「隼」佔據了高度優勢，但 P-40 不只沒有被佔到便宜，還進行有效的反擊，比如布拉德中尉（Judson D. Bullard）就聲稱擊落了一架「隼」。

為布拉德所擊落的「隼」，是由參加過 1939 年諾門罕戰役的日本陸軍王牌飛行員細野勇中尉駕駛，據說他因為座機墜毀前高呼：「陸軍飛行戰隊萬歲」以及「天皇陛下萬歲」等口號，成為了戰時日本鼓吹的愛國樣板。另外坦伯頓少尉（Richard J. Templeton），也聲稱在追擊返航的日機編隊時，於 2,000 英尺低空打爆了一架九九雙輕，擊落這架轟炸機的戰果事後也得到 3 飛師的證實。10 月 6 日擊落兩架敵機的數量雖然不算多，卻可能是 23 大隊成立以來與實際戰果最接近事實的一次。

遂川空戰的結果，讓 3 飛師的下山師團長徹底了解到中薗盛孝的遺願已無法成功，正式宣告終止夏季航空作戰的第三階段，其實也等於終止整個夏季航空作戰。從中薗師團長的規劃來看，夏季航空作戰第三階段是以桂林和昆明為主要打擊目標，遂川從來沒有被納入任何階段的計劃之內，下山師團長卻以空襲遂川失敗為由結束早該在 9 月就結束的作戰計劃，再度說明了他也亂了陣腳。夏季航空作戰最後一場真正有意義的空戰早在 9 月 20 日就已經結束，以 3 飛師在昆明上空的慘敗收場。

換裝戰力更強大的 P-40 與 P-51

伴隨著 51 大隊全兵力進駐，原本駐防昆明的 75 中隊在新任中隊長理察森帶領下於 10 月 11 日移防桂林，23 大隊下轄的三個中隊通通集中到了東部戰場。雖然 16 中隊已歸建 51 大隊，仍暫時留在衡陽機場支援 23 大隊，449 中隊的 P-38 則以零陵為據點，但隨時準備進駐遂川投入空襲臺灣的任務。

74 中隊因為克魯克斯回國的原因，一連換了兩個中隊長，先由貝爾上尉擔任，不過因為他突然生病的緣故，又馬上改由瓊斯上尉（Lynn F. Jones）接替。

除了克魯克斯上尉外，等著回國的還有 76 中隊的中隊長卡斯特洛少校，於是陳納德便以擔任 76 中隊的中隊長為條件，遊說另外一位即將回國的空戰英雄，不久前才在炸射九江時被擊落後獲救的威廉斯上尉在桂林多留一段時間。1942 年 10 月就抵達中國的威廉斯，到此刻已經是美軍認可擊落六架敵機的王牌飛行員，他對 23 大隊有高度的認同，於是欣然接受陳納德的建議留了下來，繼續與老搭檔史都華上尉合作將 76 中隊打造成最強的戰鬥團隊。

1943 年 10 月由於氣候不佳，空戰任務大幅減少，雖然有許多累積豐富作戰經驗的飛行員離開，可 23 大隊的士氣還是十分高昂。志願隊時代開始作戰的 Hawk 81A-2 與 P-40E 等老舊戰機，此刻已全數由 P-40K 及 P-40M 所取代，更新型的 P-40N 也開始陸續在換裝中。P-40N 是寇蒂斯－萊特公司生產的最後一款 P-40 戰鬥機，其特色是有別於傳統 P-40 講求厚重裝甲與龐大火力的設計，以輕盈高速為目標。其中裝備 1,200 匹馬力 V-1710-81 發動機，且移除掉其中兩挺機槍，只剩下四挺機槍，是所有 P-40 系列當中速度最快的。

是否該為了速度犧牲火力？80 年前的飛行員早已知道「只有小孩子才做選擇」的道理，於是到了 P-40N-5 型的時候又恢復了六挺機槍的設計，雖然平飛速度較慢，但具備龐大火力與高爬升速度的 P-40N-5 絕對是最適合打空戰的 P-40。到了戰爭末期，隨著制空權為 23 大隊所掌握，對地攻擊成為主要作戰模式，於是又有了延長攻擊航程的 P-40N-15，還有裝備 1,360 匹馬力 V-1710-99 型發動機，可在機翼下方懸掛一枚 500 磅炸彈的 P-40N-20。

不過 P-40 的性能再怎麼提升都還是 P-40，有其性能上的侷限，這是為什麼陳納德把文森特派回華府爭取 P-51 的原因。文森特上校的努力獲得了成果，北美公司設計的 P-51A 於 1943 年 10 月 17 日經由駝峰飛抵昆明。一個星期後，中國境內的 P-51 數量提升到了 15 架，全部用於裝備 76 中隊。雖然 P-51A 與 P-40N-1 裝備的同為 V-1710-81 發動機，且機槍數量也是只有四挺，但在加裝了副油箱以後航程卻提高到 3,219 公里，是任何一款 P-40 都無法達到的境界。想要從遂川派遣戰鬥機為空襲臺灣的 B-25 提供護航，唯有 P-51 搭配 P-38G 才能夠辦到。

　　有趣的是，阿諾德將軍似乎有意洗白美軍「重歐輕亞」的說法，刻意選在歐洲戰場第一支接收野馬的第 9 航空軍 354 戰鬥機大隊換裝 P-51B 的一個月前，選擇先向 23 大隊交付 P-51A。所以中國戰場其實比歐洲戰場更早出現 P-51 的身影，對提升「飛虎」小將們的士氣自然是大有幫助，不過沒有任何一件事情比「飛虎老將」希爾重返 23 大隊更振奮人心的了。

日軍發動常德會戰

　　時間來到了 1943 年 11 月，東部戰場的氣候仍舊不佳，且 3 飛師尚未從夏季航空作戰的損失中恢復，依舊沒有大規模空戰爆發。不過這次輪到支那派遣軍總司令官畑俊六坐不住了，他顧慮到中國駐印軍和遠征軍即將從印度和雲南方向對緬甸發起反攻，命令第 11 軍司令官橫山勇中將於 11 月 2 日動員五個師團的兵力向湖南常德發起進攻。

　　前志願隊王牌英雄希爾，於常德會戰爆發後的第二天與即將接任 308 重轟炸機大隊的費雪上校（William P. Fisher）一同搭機抵達昆明，並獲得陳納德將軍的熱情接見。或許是為了表達自己對希爾回到中國的興奮之情，陳納德立即將 23 大隊的大隊長波納維茲中校降為大隊執行官，然後指派希爾為 23 大隊的上校大隊長。陳納德希望為第 6 戰區司令長官的孫連仲將軍提供空中支援的同時，持續推行他針對日本海上運輸線的第二階段打擊任務，於是指示費雪以 B-24 轟炸九龍，希爾則集中 P-40 與 P-51 炸射日軍在洞庭湖的內河航道，騷擾橫山勇進攻常德的補給線。

　　新官上任三把火，費雪上校隨即於 11 月 3 日派出 22 架 B-24，在 30 架 P-40 與八架 P-38 掩護下空襲九龍。由於香港氣候不佳，他們沒能飛往目標區上空投彈，不過在返航途中遭到 85 戰隊的「鍾馗」攔截。其中一架 425 中隊的 B-24 一號引擎遭地面防空砲擊傷而脫離編隊，兩架 375 中隊的 B-24 目睹此景，也跟著脫離編隊為落單的 B-24 提供掩護。「鍾馗」不斷向這三架落單的轟炸機發動無

情掃射，直到兩架74中隊的P-40趕到現場才被驅離。23大隊聲稱擊落五架日機，不過當天85戰隊只記錄損失了由四鬼義次中尉駕駛的「鍾馗」。

希爾不需要如回國的郝樂威一樣，兼任第14航空軍前進指揮所指揮官，因為爭取P-51成功的文森特上校在11月4日回到了桂林，繼續統籌整個東部戰場的運作。在他的命令下，中美混合團1大隊第2中隊的B-25開始從桂林起飛，執行中國沿海的船團掃蕩任務。11月11日，文森特上校命令理察森率領75中隊進駐衡陽，全力為固守常德的74軍第57師師長余程萬提供空中支援。

余程萬與他手下中央軍嫡系部隊的將士非常幸運，因為有諸多飛行英才被集中到75中隊支援他們。比如11月12日出擊岳陽的奧森中尉（Charles J. Olsen）與卡頓中尉，他們都和理察森一樣有在巴拿馬駐防的經驗，是優秀的P-40飛行員。奧森回憶道，當天他們先是攻擊了一支日軍騎兵，他以12.7公厘機槍把其中四人掃射到粉身碎骨。接著他們又攻擊了洞庭湖上被日軍徵用來搶奪米糧的運輸船團。

11月15日，一位揚名歐洲戰場的空戰英雄抵達衡陽，他是名為烏班諾維（Witold Urbanowicz）的波蘭空軍少校。烏班諾維戰前效力於古柏創建的科希丘什科中隊，他在德蘇瓜分波蘭後流亡英國，加入英國皇家空軍，並在由波蘭流亡飛行員組成的303中隊擔任中隊長。303中隊是不列顛空戰期間表現最優秀的單位，烏班諾維更是其中表現最亮麗的一位飛官，創下擊落15架敵機的記錄。他在古柏推薦下以波蘭駐美武官身份被派來中國見習，對常德守軍是一大福音。

陳納德列席開羅會議

烏班諾維向75中隊報到的同一天，陳納德再度與史迪威一起搭上專機，這次他們不是飛往華府，而是前往開羅。國民政府主席林森病故後，接替其職務的蔣委員長總算能以中華民國元首的身份接受羅斯福總統邀請，前往開羅與羅斯福總統、邱吉爾首相一同列席美英中三強首腦會議。

　　本來羅斯福還希望邀請史達林一起參加，變成名正言順的同盟國四強首腦會議，不過史達林不認為蔣中正夠資格與自己平起平坐，便以蘇聯要遵守《日蘇中立條約》為由，另外於開羅會議結束後在德黑蘭，與羅斯福、邱吉爾舉行美蘇英三強首腦會議。陳納德與史迪威分別代表美國陸軍航空與地面部隊在中國的最高代表。在蔣中正出發前兩人先行抵達開羅，為下一場對日反攻的路線之爭做準備。

　　蔣中正察覺陳納德與史迪威的衝突已走向白熱化，若持續下去必將導致中美關係破裂，於是請求夫人宋美齡出面調解。然而同樣熱愛中國，也同樣偏執的兩位美軍將領的矛盾根本無從調解，開羅會議已注定成為他們下一波角力的戰場。

　　第 14 航空軍的運作不會因為陳納德暫時離開而停止。文森特於 16 日再度派遣 74 和 75 中隊共 24 架 P-40，掩護 B-24 轟炸機 11 架與 B-25 兩架攻擊九龍，這次他們完全沒有遭遇到日機攔截，只有輕微的防空火砲阻擾。不過 74 中隊的米爾克斯中尉（Robert L. Milks），因為副油箱的油料提早用完，忘記切換到主油箱的燃料，導致發動機一度失去動力，從 17,000 英尺下墜到 2,000 英尺。等重新恢復動力後，米爾克斯已經跟丟了編隊，只能試圖尋找桂林的方向打道回府。結果因為美軍在桂林有秧塘與二塘兩座機場，日軍同樣在廣州有白雲與天河機場的關係，他不斷尋找有兩座機場的城市降落，結果迷航又把廣州誤認為桂林，差點降落到 85 戰隊的機場。所幸日軍以防空火砲提醒了他在敵陣，最後靠警報網指引在燃料耗盡前飛往梧州機場降落。如此驚險的旅程，在缺乏精確地圖與現代導航設備，同時又時常天候不佳且地形凹凸不平的中國戰場，幾乎是 23 大隊每個飛行員都要面對的日常。

　　76 和 16 中隊又在 11 月 18 日攜手合作，從桂林與衡陽派出 16 架 P-40 戰鬥機空襲日軍位於常德外圍的石門陣地，對 30 到 40 名日軍騎兵實施火力壓制，還攻擊了一艘載有 30 人的平底船。同日，國民政府主席蔣中正啟程前往埃及，不過中國終究不是實至名歸的強國，所以當他的座機於 11 月 21 日抵達開羅時，唯一開車到場迎接委員長的也只有其空軍參謀長陳納德將軍。半年前在三叉戟會議

上，光憑羅斯福與邱吉爾支持就把史迪威給壓制下去的經驗，讓陳納德相信委員長的到來將讓自己更立於不敗之地，當然必須要親自到場維護蔣中正的顏面。

可是在陳納德摩拳擦掌，準備再度與史迪威唇槍舌戰的同時，23 大隊仍馬不停蹄的為 74 軍提供空中支援。同樣在 21 日，先是洞庭湖上的日軍船團遭到 29 架 P-40 炸射，石門縣與慈利縣的日軍陣地也分別遭到 12 架 P-40 猛攻。奧森中尉回憶道，執行船團掃蕩任務的 75 中隊飛行員早已殺紅了眼，炸射平底船與舢舨時根本難以區分那些被打得全身著火跳入湖裡的究竟是日本兵、中國船夫還是被強徵來的中國勞工了。

閃電機偵察北臺灣

從 11 月 21 日起，文森特上校似乎就感應到空襲臺灣的日子逐漸逼近，他在當天晚上的日記裡寫道：「陳納德與史迪威將軍還有其他人正在開羅參加一場大型會議，真想知道他們在會議上談了些什麼。」即便是天才如《泰瑞與海盜》裡的「文斯」上校，也無法預料到他與希爾上校將在未來四天內發起一場改變戰後臺灣命運的空襲行動。

為了不讓日軍察覺到遂川基地的真實用途，他甚至將 76 中隊的分遣隊撤回桂林，製造他將 23 大隊的三個中隊和 51 大隊的兩個中隊集中於掩護 74 軍的假象。比如在 11 月 22 日，75 中隊的理察森中隊長率領 16 架 P-40 攻擊「湖區」的日軍船團，這次即便是覆蓋在偽裝網下的船隻都被找了出來成為掃射目標。同時格羅斯弗納上尉率領另外 12 架 P-40 支援常德守軍，他們炸射日軍陣地時一如過去沒有遭遇到「隼」或者「鍾馗」攔截，就連防空火力也弱得可憐，讓美國飛行員產生是否 3 飛師已被全殲的錯覺。他們唯一能夠確定的，是常德的制空權已被牢牢掌握在 23 大隊手中。

在派遣 P-40 飛往常德前線協助余程萬將軍的同時，文森特上校也沒有放下他對臺灣空襲的準備工作。此時，21 照相偵察中隊已取代第 9 照相偵察中隊成

為直屬第14航空軍的專屬偵察中隊。其下屬C分遣隊的F-5A偵察機已進駐遂川，根據文森特的要求飛往臺灣執行偵察任務。11月22日，由索德萊特中尉（Winfree A. Sordelett）駕駛的F-5A偵察機，以時速644公里的速度從40,000英尺高空進入北臺灣，對日本海軍新竹飛行基地實施偵照。沖洗出來的照片在第一時間被送到桂林交給文森特，他驚訝地發現新竹有88架三菱重工生產的九六陸攻。

抗戰初期就投入戰鬥的九六陸攻，到1943年已屬日本海軍航空隊的二線轟炸機種，已逐漸為一式陸攻所取代。負責保衛臺灣的陸軍第3飛行團只有54戰隊不到一個中隊的「隼」可供調度，所謂新竹海軍航空隊不過是支教育飛行單位，基地裡僅有戰鬥教育分科的少許零戰駐防，防衛力量相當薄弱。於是文森特做出決定，選在11月25日感恩節發起第14航空軍的第一場跨海遠征。

為了繼續混淆日軍視聽，讓3飛師誤判野馬機的任務是為了遠程支援余程萬部隊，文森特上校於23日派遣七架P-51A出擊，與75中隊還有76中隊的24架P-40聯手掩護13架B-25炸射岳陽的鐵路線和倉庫。另外洞庭湖周邊的日軍平底船與舢舨，也遭到八架P-40的輪番攻擊。

同日開羅會議進入第二天的議程，針對盟軍在中緬印戰區的軍事行動展開討論，陳納德發現這次自己被徹底「邊緣化」，由史迪威代表蔣委員長向參謀首長聯席會議以及東南亞盟軍司令部提出意見。蔣中正不只允諾將在英國皇家海軍對仰光發起兩棲攻擊的前提下，支持史迪威反攻緬甸北部的計劃，還響應阿諾德的提議，主張派遣四引擎的B-29超級空中堡壘轟炸機到中國。然而B-29的到來，並不是要實施陳納德第三階段空襲日本本土的計劃，而是要從1944年10月起展開對臺灣的戰略轟炸。在打通中印公路之後，蔣中正認為接受美式訓練與裝備的國軍地面部隊將以半年時間收復廣州與香港，然後再以華南為跳板，於1945年發起對臺灣的反攻，展現雪甲午恥的決心。

遠征臺灣勢在必行

　　與會的美軍將領，包括向來支持蔣中正的金海軍上將，與不怎麼欣賞蔣中正的馬歇爾，都對此一收復臺灣的偉大計劃感到欽佩不已，尤其馬歇爾更是自認誤會了委員長。原來委員長沒有如他想的那樣，只想坐等美軍替他打敗日本，而是真的打算在史迪威輔佐下推行軍事改革，一舉收復清朝丟掉的失土。空襲臺灣以及協助國軍收復臺灣，為開羅會議上美軍將領們的共識。然而文森特幾乎是在史迪威代表蔣中正提議空襲臺灣的同時決定空襲新竹，且人在開羅的陳納德也不太可能下達任何命令給文森特，因此空襲新竹發生於美軍決意日後要空襲臺灣的兩天之後純粹是歷史巧合。

　　文森特上校動員 76 中隊的 P-51A 八架、449 中隊的 P-38G 八架、第 11 轟炸機中隊八架 B-25J 以及中美混合團 1 大隊第 2 中隊的 B-25D 共 14 架空襲新竹，共計投入 30 架飛機。六架 B-25D 因為屬於中美混合團，機身和機翼上都有中華民國的青天白日徽。文森特上校的如此安排，似有不可明說的政治目的。

　　考量到這趟任務不只具有高度的軍事意義，同時還具有高度的政治意義，不能隨便挑個飛行員來指揮。本來文森特想親自擔任空襲新竹的指揮官，卻因為陳納德臨走前給他下了禁航令而作罷，只好將此重責大任委託給大隊長希爾。榮幸被選中參加遠征的飛行員有中隊長威廉斯上尉、史都華上尉、海德里克中尉、奧尼中尉（Richard O. Olney）、貝爾中尉（Dale E. Bell）、卡伯特中尉以及曼貝克上尉（Lee P. Manbeck）。由於 74 與 75 中隊都尚未換裝野馬機，這八人代表的不只是 76 中隊，而是整支 23 大隊投入遠征臺灣的行動。野馬機飛行員起初沒有被告知要轟炸哪裡，卻還是十分踴躍的報名參加，不過因為名額有限的關係，史都華上尉甚至動用分遣隊隊長的身份勸退一位 P-51 飛行員讓出名額給自己。至於另外八架 P-38G，同樣是由被陳納德親自指派為 449 中隊新任中隊長的麥米倫中校（George B. McMillian）指揮。

　　麥米倫與希爾同為志願隊出身，他雖沒有如希爾一樣參加 CATF，但返美後

還是重回美國陸軍航空部隊。他先被指派到太平洋戰場向各飛行中隊分享自己與「隼」對抗的經驗，然後又到佛羅里達伊格林基地（Eglin Field）擔任 P-39、P-40、P-51 以及 P-38 等戰機的試飛員，累積了 1,221 小時的飛行時數。麥米倫深信自己對中華民國的責任尚未結束，於是接受了陳納德邀請到零陵擔任 449 中隊的中隊長，為此甚至不惜與女友分手。很快麥米倫就以平時謙遜，戰時勇猛的表現贏得 449 中隊眾飛行員的愛戴，外加其與希爾從志願隊時代就培養出的默契，指揮 P-38 遠征新竹的任務當然非他莫屬。

不過麥米倫的性格實在過於謙遜，所以他還是推薦擁有更多 P-38 飛行時數的前任中隊長，現任作戰官帕默上尉擔任領隊，參加遠征的有繆恩上尉（Ryan Moon）、杜威爾斯中尉（Kendal B. Dowis）、舒茲中尉（Robert B. Schultz）、約斯頓中尉（Alfred Yorston Jr.）、奧佩斯維格中尉（John T. Opsvig）以及首次投入實戰的羅斯少尉（Walter L. Rose）。八架野馬機和八架閃電機於 24 日下午分別從桂林與零陵轉移到遂川，希爾在文森特保密為第一優先的指示下，沒有馬上將空襲新竹的消息告訴大家。

象徵勝利的「聖安東尼奧」

無論是野馬式、閃電式還是米契爾式的機組人員，都被告知起床號會在 11 月 25 日早上 4 點響起，大家必須提早上床就寢。所有人不免對自己要空襲何處感到好奇，不過從希爾下令發放救生衣這點來看，心裡也知道此次任務非同小可。等到感恩節一大早，希爾終於在任務簡報中公佈目標是遠在 667 公里外的新竹，大家的熱血都沸騰了起來。

根據 21 照相偵察中隊的情報，日軍在大屯山上設有雷達一座，所以此次跨海遠征必須要維持不到 100 英尺的低空飛行，等進入臺灣空域以後才拉高到 1,000 英尺。當時日軍所裝備的電探一號一型雷達，難以偵測到 2,625 英尺以下低空飛行的飛機，美機維持在 100 英尺貼海飛行，自然是沒有被發現的可能。30 架飛

機根據希爾指示於上午 9 點 30 分升空，然而曼貝克的 P-51A 卻發生冷卻系統故障無法排除只好放棄任務，因此實際參與任務的只有七架野馬。另外值得一提的是，《時代》雜誌記者白修德（Theodore H. White），也坐在威爾斯上校（Joseph B. Wells）駕駛的 B-25J 長機的機鼻內，以相機全程記錄這趟新竹遠征。

希爾考量到遂川周邊可能有日本間諜在活動，在率領 29 架飛機起飛後刻意往北方繞了一圈，故意誤導日軍以為他們又要到湖南支援常德守軍。等飛到地面上沒人能觀察到的高度以後，希爾命令編隊向東直奔臺灣海峽，立即把飛行高度降低到 100 英尺實施貼海飛行。帕默上尉指揮的 P-38 八架飛在編隊最前方，希爾的七架 P-51 殿後保護 B-25 的安全。他們從南寮海岸線進入北臺灣空域，隨即希爾命令大家把飛行高度拉高到 1,000 英尺，朝新竹機場的方向殺去。

此刻有一批九六陸攻正準備進場降落，帕默見機不可失，立即飛過去就是一陣掃射，其中一架九六陸攻立即著火並向下墜落。隨後繆恩、杜威爾斯、舒茲以及羅斯如獵鷹般攻擊其他空中目標，麥米倫帶著奧佩斯維格一起掃射地面上的九六陸攻。緊接著第 11 中隊的八架和中美混合團的六架 B-25 在七架 P-51 護航下進場，對著跑道投下破片殺傷彈，炸得日軍完全反應不過來，九六陸攻中彈爆炸和起火燃燒的畫面盡收白修德眼底。等 B-25 投彈完畢，拉高機頭準備返航時，就輪到野馬機大開殺戒了。

正當 P-51 準備清理門戶時，希爾看到兩架新竹海軍航空隊的零戰正在爬升，試圖追擊 B-25。他的 P-51 翻了一個觔斗過去，將眼前的第一架零戰擊落，貝爾尾隨其後打掉第二架。威廉斯中隊長率領奧尼、海德里克、史都華與卡伯特掃射停在地面上的九六陸攻。

籌備七個月的新竹空襲在短短三分鐘就大功告成，29 架參加行動的美中軍機沒有一架受損，只有卡伯特駕駛的 P-51 在爬升時與一棵大樹迎面撞上，僅機翼受到輕傷。希爾透過無線電向人在桂林的文森特傳遞了「聖安東尼奧」（San Antonio）的暗號，既是其德州老家的地名，也是空襲新竹任務順利成功之意。陸軍第 3 飛行團雖緊急派遣「屠龍」與「隼」趕來迎戰，但是美中聯軍早已平安

返回遂川。根據當天中午 F-5A 偵察機從新竹上空拍回的照片，總共有 42 架日機在地面上被摧毀，另外據報還有 15 架於空中被擊落。日軍方面則確認在空中被擊墜的為零戰與九六陸攻各兩架，地面上被殲滅的九六陸攻為 13 架，戰死 20 人，受傷 25 人。無論哪方的戰報為真，都無法改變新竹海軍航空隊遭到重創的事實。

山雨欲來風滿樓

感恩節空戰的勝利，掩蓋了許多 1943 年底不利於 23 大隊的殘酷事實。首先是 16 中隊正式結束了與 23 大隊的合作關係，從湖南衡陽轉調雲南呈貢。當 P-51 與 P-38 一同掩護 B-25 空襲新竹的同時，P-40 仍前仆後繼支援常德守軍。抵達衡陽不到兩個星期的 75 中隊飛行員懷特少尉（Everett O. White），就在掃射洞庭湖時遭到擊落。國軍冒險將懷特搶救出來，但他因為迫降時額頭撞到瞄準器而身負重傷，被迫退出戰場。

文森特認為遠征新竹的榮耀無可取代，他在日記裡表示：「希爾率領 14 架 B-25、八架 P-38 與七架 P-51 宛如秋風掃落葉，在日本人的機場上空擊落了他們 14 架飛機，又摧毀了地面上 50 到 60 架的轟炸機。我們一架飛機也沒丟！中美混合團派出八架 B-25 參加了任務，他們表現出色，我想他們將會是最棒的一支團隊。確實我們是冒了些風險，讓弟兄們低空貼海飛行進場，結果他們百分之百地完成了任務，今天是一個令人無法忘懷的感恩節。」文森特在日記中特別表揚了中美混合團，不難看出他派國軍參加這趟任務是有意而為之。

筆者至今沒能找到直接的證據，證明人在開羅的陳納德有下令文森特空襲新竹，讓出席三強首腦會議的蔣中正有資本提出臺灣與澎湖回歸中華民國的要求。如果空襲新竹真的與開羅會議有關，恐怕史迪威在當中發揮的角色還高過陳納德，因為協助中華民國收復臺灣從一開始就被他排在反攻滇緬的計劃之後。至於 B-29 到中國，從陳納德身為中國戰區空軍參謀長的角度出發，B-29 理應由他指揮，看起來是在朝其第三階段空戰目標的方向前進。然而陳納德第三階段的目標

是從空中擊敗日本，並非支援國軍收復臺灣，開羅會議上的發展與他所設想的完全不一樣，此次的勝利者毫無疑問是史迪威。

無論如何，文森特發起的這場空襲有力地向羅斯福、馬歇爾、阿諾德以及邱吉爾，傳遞了第 14 航空軍有能力從中國大陸起飛轟炸臺灣的訊息。更進一步，這也可能讓這些大頭對未來國軍收復臺灣見到一絲曙光。筆者以為，《開羅宣言》將臺灣與澎湖歸還給中華民國的內容納入當中，使得重慶政府終於在爭奪中華民族主義的話語權上取得了南京國民政府所無法取得的制高點。

不過蔣中正在開羅贏得的勝利還是有限，首先從中國戰場起飛的戰略轟炸機不轟炸日本改炸臺灣，意即中國戰場不會在盟軍反攻日本的過程中扮演重要角色，只是附屬於太平洋戰場下的一個次要戰場。其次是邱吉爾雖然沒有與羅斯福在開羅會議上就歐洲反攻路線達成共識，但是以打倒希特勒為優先的大方向沒有改變。在這樣的情況下，蔣中正雖然與羅斯福達成了由史迪威率領中國駐印軍和中國遠征軍反攻滇緬的共識，卻沒能獲得邱吉爾以皇家海軍對孟加拉發動兩棲登陸作戰的書面保證。

此外出席開羅會議的史迪威，為了讓蔣中正與陳納德「加倍奉還」，向羅斯福指控委員長是他推動國軍現代化改革的障礙，不只抗日消極還將最精銳的胡宗南部隊用於監控延安，令一心拉攏史達林對付希特勒的總統對委員長印象大打折扣，為即將到來的中美外交危機埋下伏筆。

第 14 航空軍遠征新竹，雖沒有造成任何臺灣平民傷亡，卻也讓東京的大本營憂慮起了日本本土遭受空襲的可能，著手展開「摧毀在華美空軍基地及大陸縱貫鐵路打通作戰」的研究，準備一勞永逸拔掉文森特的前進指揮所。

第十一章

前景「似乎」一片看好

　　在夏季航空作戰中元氣大傷的 3 飛師，到了 12 月份以後戰力逐漸復原，尤其是新竹遭到空襲之後，大本營又從滿洲國增派第 12 飛行團主力增援中國戰場，令 23 大隊又要重新面對日軍全新的空中壓力。

　　12 月 1 日，希爾率領 76 中隊的 10 架 P-51A 掩護 308 重轟炸機大隊空襲香港，卻在 B-24 完成了任務後遭到 85 戰隊的「鍾馗」攔截。雖然面對的是性能比 P-40N 更強的野馬機，「鍾馗」仍擊落了 76 中隊威廉斯中隊長和卡伯特兩人駕駛的 P-51A。日軍本身只有一架「鍾馗」遭擊傷，迫降於鄰近香港的廣東省寶安。兩位被擊落的飛行員，都曾追隨希爾參與遠征新竹的任務。二度被擊落的威廉斯中隊長，再次得到國軍游擊隊的救助，但在鐵路線東邊跳傘的卡伯特處境較為複雜，因為他降落之處為中共武裝東江縱隊的活躍地帶。所以除了日軍與和平建國軍外，共產黨也在到處搜索卡伯特的身影。此刻蘇聯已宣佈解散共產國際，讓中共得以與日本彼此互不侵犯的蘇聯「脫鉤」，積極救助在淪陷區遇難的美國飛行員。不過陳納德深知共產黨沒有放棄推翻中央政府的野心，對來自延安的好意始終保持警惕。

　　來自美國南方的陳納德認為共產主義違反個人自由，完全不符合美國的立國精神，抗戰初期與蘇聯飛行員交流的經驗更是讓他對此深信不疑。波蘭空戰英雄烏班諾維的到來，也讓陳納德對蘇聯在歐戰爆發之初與納粹聯手瓜分東北歐的歷史有所體悟，深知所謂「統一戰線」只是共產黨人的陰謀詭計不可信賴。更何況

美軍與共軍沒有直接聯繫通道，被中共營救的飛行員都要先被送往延安待上很長一段時間才能回到大後方，所以大家接獲的指示還是以求助重慶系統的游擊隊為優先目標。

卡伯特非常幸運，戴笠將軍領導的軍統局敵後人員即時與他聯繫上，最後在日軍、和平建國軍以及東江縱隊的三面追擊下護送卡伯特回大後方。這次陳納德與他的「飛虎」小將拒絕了中共的幫助，然而隨著空襲新竹這類的遠征任務越來越多，23大隊飛入中共根據地空域的機會也就越來越大。最終就如同美軍在歐洲戰場難以迴避與蘇軍合作一樣，陳納德無論多厭惡共產主義，多支持蔣委員長統一中國，終究還是得面對：他的飛行員需要共軍協助營救的事實。

12月2日，3飛師為了報復新竹空襲，命令16戰隊的九九雙輕16架在25戰隊「隼」的掩護下轟炸遂川。威廉斯遭擊落後，史都華上尉迅速接替他出任76中隊的新任中隊長。他率領P-40K及P-40N編隊從遂川起飛攔截，不料在追擊返航的九九雙輕途中，85戰隊的「鍾馗」機群出現，殺得史都華編隊措手不及，中尉飛官布洛克（Elmore P. Bullock）與諾夫斯格（Max Noftsger）遭擊落，他們都在國軍控制區跳傘逃生，很快就獲救回到基地。

諾夫斯格聲稱自己在被擊落前，有打掉一架「鍾馗」，克拉瑪中尉（Vernon J. Kramer）也聲稱擊落一架敵機。根據85戰隊的記錄，當天只損失了由西川保軍曹駕駛的「鍾馗」一架。此次3飛師獲得了一次難得的勝利，也讓眾多美軍飛行員對「鍾馗」產生了心理陰影，尤其是剛回到中國，從來沒面對過「鍾馗」的希爾更是如此。「鍾馗」回歸戰場，固然令文森特與希爾兩人頭痛不已，但是常德會戰的情況更是讓蔣委員長和陳納德焦頭爛額。

希爾確實為「鍾馗」的現身感到心煩意亂，不過他獨特的個人魅力仍為23大隊的飛行員所深深折服，願意追隨他戰鬥到底。常德會戰期間到隊的飛行少尉羅培茲（Donald S. Lopez）表示，他剛到桂林報到時向大隊長希爾敬禮，結果希爾沒有如其他長官般回禮，而是握著羅培茲的手誠懇地歡迎他到來。

羅培茲還注意到希爾的辦公室裡，除了一個用來裝花生，一個用來裝花生殼

的桶子外，完全看不到任何的文件。隨興的德州牛仔作風，馬上就讓羅培茲感覺到希爾與他在《上帝是我的副駕駛》中讀到的敘述一模一樣，是個不帶官僚氣息的空戰英雄，並為自己被分發到希爾曾擔任中隊長的 75 中隊感到驕傲。

74 軍將士的「守護天使」

完成了對臺灣的主權宣誓後，蔣中正希望陳納德能將所有的航空力量投入到支援余程萬的任務上。蔣委員長在 1943 年 12 月 2 日的事略稿本中指出：「悉我第 57 師全體官兵保衛常德奮勇殲敵，已引起全世界各友邦最大之敬意。今已嚴令我中美全部空軍力量以後專來掩護我常德之守軍。」

在開羅會議上遭「邊緣化」，自知無法如願取得每月 10,000 噸駝峰物資的陳納德告訴蔣中正，若想維持盟軍在中國的所有航空戰力接下來半年的運作，他需要在 1943 年 12 月和 1944 年 1 月各獲取 4,761 噸的駝峰物資以協助常德的 57 師擊退日軍。等常德危機解除後，從 1944 年 2 月到 5 月仍需維持 4,721 噸的空中補給，只要稍微減少就會導致盟國在華航空力量崩潰。

考量到還有兩個中隊的 B-25 與更多中美混合團的中隊將納編，他提議提高 1943 年 12 月到 1944 年 1 月的駝峰噸量至 5,311 噸和 5,917 噸、2 月份 6,294 噸、3 月份 6,470 噸、4 月份 6,747 噸以及 5 月份的 7,024 噸，才有足夠的物資維繫中國戰場的空中攻勢。更多的飛機與部隊進入中國，意味的是後勤補給壓力的增加，運作起來比起過去指揮 CATF 的情況只會更複雜。為了支援常德守軍，衡陽的 75 中隊光在 12 月 2 日出擊五次，遂川的 76 中隊出擊六次，除了炸射前線日軍外，還將彈藥與米糧裝在 P-40 的副油箱內，空投給 57 師的國軍弟兄。

羅培茲記得他剛到衡陽的時候，由於彈藥短缺，75 中隊的任務集中在對國軍的空投補給上。有天他看到 P-40 被裝上竹製的副油箱，理察森中隊長告訴羅培茲裡面裝的都是米袋，要他們飛往常德上空投給國軍將士。那天他們以時速不到 200 公里的速度低空飛行，將米糧順利投往常德的街道。從羅培茲等飛行員的

角度來看，時速 200 公里是很慢的飛行速度，但米袋投下去還是難免被摔壞，但只要能餵飽國軍就算達成任務了。

　　當時人在城內，指揮 82 公厘迫擊砲遠程支援 57 師步兵作戰的迫擊砲營 1 連 1 排 1 班上士班長劉乃衡老先生，還記得每當 P-40 出現在常德天空的時候，弟兄都會激動萬分。這不只是因為「小鬼子」要遭殃了，同時還代表國軍的下一頓飯有著落了。常德最終還是在 12 月 3 日失守。劉乃衡在步兵掩護下突圍出城，並順利為李天霞將軍的第 100 軍接應出來。8,000 名守軍當中隨余程萬師長突圍而出的官兵只有 83 人，使劉乃衡成為歷史的幸運兒，也讓羅培茲等美軍飛行員事後得知城內其實還有 300 餘名國軍在抵抗的時候感到非常欣慰。

支援國軍奪回常德

　　然而剛成為全球四強領袖的蔣中正，不打算接受日軍佔領常德的事實，下令第 6 戰區司令長官孫連仲將軍與第 74 軍軍長王耀武將軍奪回這座湖南糧倉。於是文森特把 74 中隊調到衡陽，集中三個中隊的 P-40 支援歐震師長率 51 師反攻常德。

　　與 11 月的情況大不相同，這次 P-40 要擔心的還有空中的威脅。12 月 4 日，支援常德的 74 中隊 P-40 機群遭到 85 戰隊六架二式單戰突襲，領隊考辛斯上尉（Wallace J. Cousins）遭擊傷，但他仍憑藉優越的技術把飛機飛到第 9 戰區司令部所在地長沙迫降。下午的空襲又有 P-40 飛行員遭「鍾馗」擊落，這次是 74 中隊的中隊長貝爾，他一度被列為失蹤，實則已經為游擊隊營救送到長沙國軍醫院。不過因為摔斷手臂的關係，貝爾注定無法繼續中隊長的職務。另一方面，日軍也有一架二式單戰未能返航，事後證實 85 戰隊 1 中隊長洞口光大尉戰死。同一天，75 中隊的中隊長理察森親自出馬，率領烏班諾維飛往常德空投子彈給 51 師國軍將士。人在 P-40 駕駛艙裡的烏班諾維少校為常德的慘況深感震驚，他從空中評估這場會戰造成的平民死傷數字為 30 萬人。

12 月 5 日，常德又爆發激烈空戰，這次 75 中隊面對的是 25 戰隊的「隼」。或許因為過於專注打擊地面目標，譚納少尉（Vern A. Tanner）遭清野英治曹長駕駛的「隼」擊中他的液壓系統而迫降，所幸他一落地就在國軍幫助下平安脫險。一時間，彷彿常德的制空權又回到了 3 飛師手裡。可「鍾馗」與「隼」的逆襲，絲毫沒能遏阻 23 大隊的勇士們到前線支援 74 軍，而 3 飛師也無法為第 11 軍提供幾近不間斷的空中支援。

日軍第 116 師團在拿下常德後，就出於對美機的懼怕，始終不敢將司令部設於常德市內。在第一線與 74 軍對抗的 116 師團 133 聯隊，更將國軍頑強抵抗的原因歸功於「空軍之支援尤其是由於空中補給軍需物資所致。」沒把師團司令部設在城內是正確的決定，因為在 12 月 7 日，也就是珍珠港事件兩週年紀念日，23 大隊對常德實施報復性轟炸。先是 74 中隊的四架 P-40 在新任中隊長隆迪上尉（G. Eugene Lundy）指派下對常德掃射一陣。接下來是 12 架來自 75 中隊的 P-40 對常德實施大編隊炸射，目標就是 116 師團的司令部，雖然美軍情報掌握不足，但仍給日軍帶來極大的心理震撼。

擊退了國軍卻無法有效佔領常德，外加第 14 航空軍對新竹的遠征，都迫使日軍決定放棄對常德的長期佔領，集中兵力掃除美軍在桂林與衡陽的前進基地，一勞永逸解除本土遭空襲的問題。12 月 8 日，51 師攻入常德，迫使 116 師團退卻，第 6 戰區隨即下令國軍部隊進入追擊狀態。3 飛師為了掩護日軍撤退，於 12 月 10 日凌晨 3 點恢復對衡陽的空中夜襲。這次除了有 90 戰隊的九九雙輕外，還有常德會戰期間投入對地攻擊任務，隸屬 44 戰隊的九九式襲擊機，由 85 戰隊的九架「鍾馗」護航。

P-40 緊急從衡陽機場的跑道上起飛，結果混亂中兩架 74 中隊的戰機在跑道上相撞損毀，兩名飛行員都安然無恙。賈蒙中尉（Altheus B. Jarmon）駕駛的 P-40，則在滑行時為炸彈碎片擊中，迫使他跳機放棄任務，躲到防空壕裡避難。結果一顆炸彈不偏不倚落入賈蒙躲入的防空壕，瞬間奪走了他的性命。

烏班諾維顯神威

剛來到中國不久的 74 中隊庫克少尉（Charles E. Cook Jr.），駕駛 P-40N 成功起飛，立即遭到三架「鍾馗」從後方攻擊，座艙罩被打掉，只能逃往零陵避難。與夏季航空戰時的情況完全顛倒，這次輪到 23 大隊在空戰中的表現狼狽不堪。

奧森中尉進駐衡陽機場後發現，由於 P-40 沒有夜戰設備，戰地服務團主任黃仁霖將軍只能將他們的宿舍安排離跑道遠一點。不過當二式單戰集中火力打擊 74 中隊的同時，75 中隊的劉易士中尉還是親帶四架 P-40 升空，守株待兔攔截返航中的九九雙輕與九九襲編隊。

劉易士傳承了艾利森與巴姆勒兩位前輩 1942 年 7 月 29 日夜間攔截九九雙輕的精神，率先以對頭攻擊擊落了一架敵機，與羅培茲少尉同時抵達中國的格雷少尉（Jesse B. Gray），還有外號為「閃電」的塞古拉少尉（Wiltz P. "Flash" Segura）也各自聲稱取得了戰果一架。隨即 85 戰隊的「鍾馗」趕到現場，將波尚中尉（Robert Beauchamp）駕駛的 P-40K 擊落，結束了這場空戰，波尚中尉因飛行高度太低，跳傘失敗不幸摔死。

此次夜襲給 74 和 75 中隊帶來慘重傷亡，76 中隊因早已撤回桂林，所以 P-51A 的戰力沒有遭到任何損失。3 飛師的記錄顯示，12 月 10 日夜襲衡陽的轟炸機群當中有兩架九九雙輕與一架百式司偵沒有返航，共折損了三架飛機。

即便是三架飛機的損失，看在連續 10 天來不斷取得勝利的下山琢磨眼中仍是難以接受的，於是他在 11 日下午又派遣 90 戰隊七架與 16 戰隊四架九九雙輕攻擊零陵。人在衡陽的 75 中隊中隊長理察森率領九架 75 中隊和 74 中隊的 P-40 升空，飛往遂川支援當地的分遣隊。不過他轉念一想，就算九架 P-40 飛到遂川，九九雙輕編隊早就飛走了，不如「超前部署」飛到日軍用來空襲遂川的前進據點南昌，能取得更多戰果。結果他們沒有等到九九雙輕，倒是等到了迎接九九雙輕編隊返航的 85 戰隊「鍾馗」機群。一場惡戰於焉爆發，參加這次行動的烏班諾維終於等來了他一展身手的天賜良機。

　　烏班諾維是位不折不扣的王牌飛行員，曾駕駛颶風式戰機在 1940 年 9 月 30 日創下一天之內擊落兩架德國空軍 Bf 109 戰鬥機的紀錄，這次面對「鍾馗」的來襲，他同樣不慌不亂。雖然 P-40 的靈活性不如颶風式，滿腔怒火的烏班諾維當場將兩架「鍾馗」搡入地面。事後 23 大隊聲稱在 1943 年 12 月 11 日當天擊落七架九九雙輕，外加烏班諾維的這兩架「鍾馗」。不過根據日軍記錄，當天 90 戰隊和 16 戰隊都沒有任何損失，只有 85 戰隊被證實損失了兩架二式單戰，外加一架在地面遭擊毀。

　　遭烏班諾維擊殺的兩名飛行員為羽出榮男伍長與板上義雄軍曹，都來自 85 中隊的第 1 中隊。誇大戰果的不是只有 23 大隊，3 飛師也聲稱從 12 月 10 日到 11 日炸毀 P-40 或 P-51 共 16 架、P-38 一架、B-25 兩架以及燒毀 P-40 或 P-51 四架、B-25 三架，然後還在空戰中擊落 11 架升空迎戰的 P-40 或 P-51。其實他們真正摧毀的僅 P-40 三架以及 B-25、B-24 轟炸機各一架，自身折損的九九雙輕、百式司偵與「鍾馗」反而還比較多。

23 大隊反敗為勝

　　兩架「鍾馗」的折損，似乎讓下山琢磨發現衡陽基地多掌握在 23 大隊的手中一天，3 飛師就不要想摧毀遂川。12 月 12 日，16 戰隊甘粕三郎中佐，親自率領 16 戰隊和 90 戰隊 11 架飛機攻擊衡陽。這次擔任護航的，為 25 戰隊的「隼」。

　　衡陽的警報當天接連響了兩次，前一次被證實是虛報的，日機編隊要等第二聲響起時才來，於是 74 中隊的中隊長隆迪上尉率九架 P-40 升空迎戰，他馬上就接觸到 11 架來襲的九九雙輕並發起攻擊。甘粕三郎戰隊長的座機，成為隆迪中隊長攻擊的重點目標，日軍戰史記載：「戰隊長機被擊中，隨著震耳欲聾之炸裂聲，機身震動，右方發動機破損，所幸尚可繼續飛行。從右後方突進而來之一架 P-40 受我戰鬥機攻擊冒著白煙脫離戰場。」這段來自《關內陸軍航空作戰：陸軍航空作戰（二）》的記載非常寫實，因為隆迪中隊長駕駛的 P-40 當天確實遭

到 25 戰隊的一架「隼」擊落，而且在跳傘的過程中，一式戰還不斷地向在空中掙扎的隆迪中隊長掃射，結果他居然奇蹟似地毫髮無傷降落到地面。逃脫了山本五十六大將與中薗盛孝中將命運的甘粕三郎戰隊長，只能算是當天空戰中第二幸運的人，九九雙輕的厄運並沒有到此結束。

75 中隊的理察森中隊長率領了 12 架 P-40 趕到現場，持續追殺返航中的九九雙輕編隊。兩架隸屬 90 戰隊的九九雙輕墜毀，其餘九架回到白螺磯的前進基地時都佈滿彈孔。根據日軍記錄，16 戰隊的六架當中只剩兩架，90 戰隊五架只剩一架可繼續執行任務，遭到毀滅性的重創。

接下來輪到 25 戰隊與 75 中隊的交鋒，這也是羅培茲少尉首次參加的空戰。羅培茲在安寧中尉（James A. Anning）的 C 分隊裡擔任二號機。當時 A 分隊與 B 分隊在理察森率領下集中打擊九九雙輕，C 分隊則專注於對「隼」實施反攔截。他們從 15,000 英尺高空目睹到下方的一式戰編隊，安寧中尉立刻率領四架 P-40 俯衝下去攻擊，沒想到落入 25 戰隊的「松鼠籠」陷阱，整個分隊被四面八方來襲的「隼」衝散，才剛到 75 中隊幾天的裴迪少尉（John Beaty）當場遭擊落身亡。

等到羅培茲下降到 8,000 英尺，脫離「松鼠籠」後，他看到安寧中尉的 P-40 遭到一架「隼」追殺，於是立即前往救援。結果「隼」也被羅培茲開火的 P-40 給吸引了過去，兩架飛機隨即展開精彩的正面對頭攻擊，快速向對方的方向飛去，誰也不停火，誰也不相讓。誰都不想當懦夫的結果，就是「隼」與 P-40 的左翼撞到了一起。然而 P-40 的設計就是比一式戰還要堅固，所以失去左翼的「隼」摔了下去，羅培茲的 P-40 仍好端端地停留在空中，他就這樣莫名其妙的取得了自己的第一個戰果。

等回到基地後，安寧與羅培茲還知道同分隊的瓊斯少尉（Richard F. Jones）座機遭擊傷，被迫降落於湘桂鐵路北側，獲得國軍第 9 戰區部隊協助，搭乘火車回到衡陽空軍基地。當天羅培茲駕駛參戰的是艾斯沃斯中尉（Leonard Aylesworth）的 P-40，他對羅培茲撞壞自己的飛機難免有所抱怨，不過這架 P-40 換了新的機翼後又馬上重新投入戰鬥，彰顯了美國驚人的生產力。另外 74 中隊的瓊斯上尉

（Lynn F. Jones）效仿 75 中隊前一天採用的戰術，率領另外 12 架 P-40 戰機超前部署到南昌攔截返航的「隼」。

文森特轉守為攻

瓊斯上尉在 12 月 12 日聲稱擊落了一架「隼」，為他個人累積的第五架戰果。不過無論他的主張正確與否，3 飛師都確認當天損失了兩架「隼」與兩架九九雙輕，23 大隊迎來了 1943 年 12 月以來的第一場輝煌勝利，讓下山琢磨暫時不敢再對文森特的前進基地輕舉妄動。

自夏季航空作戰以來，尤其是烏班諾維在南昌的表現來看，「鍾馗」並非是不可擊敗的威脅，但很明顯 P-40 比起早期型的 P-51 應付起二式單戰而言更得心應手。P-51 在速度和靈活性方面與「鍾馗」不相上下，但是「鍾馗」的爬升速度能迅速甩掉 P-51A。鍾馗兩挺機槍在機頭，兩挺在機翼，P-51 則是四挺都在機翼，這雖然增加了 P-51A 射擊時的方便性，不過在高 G 力環境下卻很容易卡彈。為此希爾向陳納德報告，表示他不確定野馬到底能否戰勝「鍾馗」，沒想到陳納德給他的回答居然是：「在天空打不過，那就在地上把它們摧毀唄。」於是文森特被賦予了全新的任務，那就是空襲廣州，在「鍾馗」起飛前就把他們摧毀於地面。

先是 12 月 13 日，理察森中隊長率領 75 中隊和 51 大隊 26 中隊共 16 架 P-40 襲擊了日軍位於岳陽的白螺磯機場，炸射了停在地面上的數架轟炸機。15 日，輪到 74 中隊的印第安勇士維托維奇上尉與馬瑞森中尉（Richard A. Mauritson），率領八架 P-40 繼續掃射白螺磯機場上，那六架在 12 月 12 日衡陽空戰中被打殘的九九雙輕。文森特不以此為滿足，他的目標是 85 戰隊的「鍾馗」。不過因為 B-24 燃料不夠了，他只能將空襲廣州的任務暫緩幾天。

12 月 1 日空襲香港時遭擊落的威廉斯，於 12 月 17 日返回桂林向 76 中隊報到，此時他中隊長的職務已經由史都華接手了。事實上就算沒有史都華接手，威廉斯這個中隊長也是當不下去的，甚至連一般飛行員都當不成了。

根據美國陸軍航空部隊的政策，所有從日軍或者德軍佔領區歸來的飛行員都不再被允許重返前線，尤其像威廉斯這樣有連續兩次被擊落記錄的飛行員。阿諾德顯然是受到「杜立德空襲」後，為救助美軍飛行員 25 萬中國軍民慘遭日軍屠戮的影響，才宣佈了這項新政策。阿諾德這樣做，是考量到那些在佔領區被擊落的飛行員，若重返前線飛行而又再度被擊落，並且不幸為敵軍俘虜的話，他們有相當大的機率會在嚴刑拷打下出賣前一次被擊落時營救過自己的民眾，給這些親近同盟國的老百姓帶去殺身之禍。若營救美軍飛行員的老百姓不斷遭到自己營救過的飛行員出賣而慘遭殺害，未來就不會再有佔領區的平民與美軍合作，進而對整個戰局帶來負面影響。

威廉斯之所以遭擊落過一次後仍被允許參戰，除陳納德慰留他擔任 76 中隊的中隊長外，主要原因還是他第一次被擊落時是在國軍控制區跳傘的，當地民眾沒有被日軍報復的問題。而接下來文森特針對廣州的空襲，距離威廉斯第二次被擊落的地區實在太近，若他三度遭擊落又被俘虜，第二次被擊落時向他伸出援手的老百姓與游擊隊勢必要倒大楣。所以等到 308 重轟炸機大隊做好了出征廣州的準備，且 76 中隊奉命以 P-51A 戰機為 B-24 護航，威廉斯還是被要求留在桂林坐冷板凳。他不只不再被允許駕機參戰，就連留在中國的日子也所剩不多了。

雙方機場都擺出了「空城計」

到了 12 月 20 日，伴隨著日軍第 104 步兵聯隊突圍成功，常德終於回到了11 月 2 日開戰前的態勢。3 飛師下山琢磨師團長根據百式司偵傳回的情報，決定選在 23 日對遂川發起攻擊。這次攻擊以殲滅 23 大隊為目標，派出的通通都是戰鬥機，包括 85 戰隊的「鍾馗」與 25 戰隊的「隼」。由於 33 戰隊已轉戰東南亞，下山琢磨還從第 12 飛行團調來了 11 戰隊的「隼」，共計動員戰鬥機 45 架。然而當日機大編隊抵達遂川上空時，他們卻發現自己撲了一場空，因為機場上一架美機都沒有。日機編隊研判 23 大隊發現了自己的意圖，及時將 P-40 和 P-51 撤

離了遂川機場，只能失望飛回廣州。

雖然陳納德與文森特在情報的掌握上一直勝過下山琢磨，但這次 P-51 和 P-40 都離開了遂川並不是為了逃避與日機的戰鬥。恰恰相反的是，文森特這天動員了 308 重轟炸機大隊多達 29 架的 B-24 轟炸機，在 76 中隊的七架 P-51 還有 74 中隊六架、中美混合團 3 大隊 32 中隊 18 架 P-40 掩護下向天河機場進擊。

當天 308 重轟炸機大隊判讀情報有誤，誤炸了文森特認為沒有飛機駐防的白雲機場。可事實上，無論白雲還是天河機場都沒有飛機，B-24 要打擊的目標正在空中等著他們。原來 45 架攻擊遂川的「隼」與「鍾馗」，在返回廣州途中得知美機來襲的消息，乾脆不要降落，結果雙方就這樣陰錯陽差於空中遭遇，一場史詩級的空戰隨即爆發。

駕駛 P-51A 的克拉瑪中尉與駕駛 P-40 的馬瑞森中尉各聲稱擊落了一架日機。不過，根據目前已知的日方史料，實際上僅能確定當天被擊落的日機僅 85 戰隊的「鍾馗」一架遭到擊落，25 戰隊雖有「隼」遭擊傷，卻僥倖未被擊落。不確定到底是為 P-51 還是 P-40 所擊落，但至少還是有達到削弱 85 戰隊實力的目的。雖然 B-24 誤擊了飛機較少的白雲機場，但日方仍確認有一架一式戰在地面上被焚毀，另外一架遭擊傷。85、25 以及 11 戰隊聲稱擊落美機 13 架，其中有 11 架 P-40、一架 P-51 和一架 B-24。實際上當天無論是 23 大隊還是 308 重轟炸機大隊都沒有戰損，僅中美混合團 3 大隊黃繼志中尉與黃勝餘中尉駕駛的 P-40 遭擊落，兩人都不幸陣亡。

值得一提的是，黃繼志曾與陳炳靖、蔣景福、王德敏等三名空軍官校 12 期畢業生一起被分發到 75 中隊。他的犧牲，代表參加 75 中隊的國軍飛行員到了 1943 年 12 月底不是陣亡就是被俘，已全面退出了第一線飛行部隊。另外黃繼志陣亡時效力的是第 3 戰鬥機大隊 32 中隊，並非 23 大隊 75 中隊，意味著伴隨中美混合團的成立，陳納德不再以 23 大隊作為讓國軍飛行員適應美式指揮與作戰架構的中途站，而是將這個任務交給中美混合團，好讓 23 大隊專注於戰鬥。到了 1943 年 12 月，23 大隊已無國軍飛行員。同樣是在 12 月 23 日這一天，陳納

德下令以經度 108 為界，將 51 大隊、22 轟炸機中隊以及 491 轟炸機中隊編為第 69 混合聯隊，專門負責支援西部戰場上國軍對滇緬的反攻。23 大隊和第 11 轟炸機中隊等位於經度 108 以東的單位，則合組為第 68 混合聯隊，繼續在文森特帶領下以桂林為基地拱衛東部戰場。

天河上空再踢鐵板

到了這個時候，在第 14 航空軍的編制下，就有了三個同時指揮戰鬥機中隊和轟炸機中隊的混合聯隊，分別為第 68 混合聯隊、第 69 混合聯隊以及中美混合團。此編制明確劃分了 51 大隊和 23 大隊的作戰範圍，讓 23 大隊不再需要負責保護駝峰航線與支援中國遠征軍反攻滇緬的任務，全力與 3 飛師周旋。不過陳納德還是動用了特權，把已經轉隸 51 大隊，裝備 P-38 的 449 中隊留在零陵與 23 大隊並肩作戰，維持東部戰場四個中隊的戰鬥編制。

成為聯隊長後，文森特手下指揮的單位其實與他當第 14 航空軍前進指揮所指揮官的時候沒啥兩樣。12 月 24 日，他利用手中的 B-24 轟炸機，再發動了一次對廣州的空襲。這次空襲共動員 18 架 B-24 以及包括 76 中隊的三架 P-51 以及 76 中隊三架、74 中隊九架還有中美混合團 3 大隊 28 中隊的六架 P-40 在內的戰鬥機。與 12 月 23 日的空襲一樣，這也是文森特讓國軍 P-40 飛行員參加聯合空襲行動的又一次嘗試。

另外值得注意的一點，雖然中美混合團與第 68 混合聯隊表面上看起來是平行的單位，可實際上中美混合團此刻的戰力尚未完備，所以無論第 1 轟炸機大隊第 2 中隊、第 3 戰鬥機大隊第 28 和 32 中隊的指揮權實際上都掌握在前進指揮所指揮官文森特手裡。這讓他可以在安排 32 中隊參加完 23 日的空襲後，再派 28 中隊參加 24 日的任務，確保兩中隊的國軍 P-40 飛行員都累積到足夠的參戰經驗，同時使中華民國空軍和 23 大隊的關係更為密切，成為名符其實的兄弟部隊。在 12 月 24 日這場 68 混合聯隊成軍的第一次作戰中，B-24 還是令文森特失望了，

炸彈通通投到日軍在廣州的一條臨時機場跑道上。倒是 23 大隊和 3 大隊的 P-40 機群，在天河機場上空與將近 50 架的「隼」爆發激烈空戰。這場空戰讓成立剛滿一天的第 68 混合聯隊嚐到了苦果，B-24 遭 25 戰隊的「隼」擊落一架。74 中隊與 76 中隊各有一架 P-40 為「隼」打成重傷，於返回桂林的途中迫降。

來自 74 中隊的巴特勒中尉（Virgil A. Butler）與 76 中隊的札瓦科斯少尉（Harry G. Zavakos）兩人都在國軍第 4 戰區司令長官張發奎將軍的控制區內迫降，他們只要出示寫有「來華助戰洋人（美國），軍民一體救護」的血幅就能在第一時間內獲救。如此一來既能保住生命，也能重返崗位繼續戰鬥。

至於日軍方面，戰後防衛廳編纂之官方戰史《中国方面陸軍航空作戦》並未明確指出 24 日的空戰是否有所損失；但根據現存於防衛省防衛研究所戰史資料中心的 85 戰隊付（相當國軍之「隊附」）古村治良日記記載，當天日軍至少有 85 戰隊的安田滿生中尉在廣東東南四公里的客村上空「自爆戰死」。 若對照盟軍方面的宣稱紀錄，安田很有可能是遭中美混合團 3 大隊 28 中隊飛行員、日後成為中華民國空軍雷虎特技小組第一代領隊的周石麟准尉所擊落！ 除了周石麟的戰功之外，28 中隊作戰官的斯崔克蘭上尉（Eugene L. Strickland）回憶，當天國軍飛行員鄭松亭上尉表現積極，不斷駕駛 P-40 向前驅趕試圖掃射 B-24 的「隼」。國軍飛行員只要接受充足的訓練與裝備，一樣能展現出積極作戰的爆發力，讓對天河機場的空襲行動不至於淪為毫無意義。

接連兩天的空襲讓文森特對 308 重轟炸機大隊的表現失望透頂，決定暫停一切對廣州的空襲行動。不過 12 月 24 日這天也並非都沒有好消息，那就是從日軍、和平建國軍以及中共東江縱隊追捕中逃出的卡伯特中尉回到了桂林，讓 12 月 1 日當天丟掉兩架野馬機與兩名飛行員的希爾心安了不少。

與死神擦身而過

12 月 25 日聖誕節，23 大隊選在昆明第 6 招待所舉辦派對歡慶卡伯特與威廉

斯平安脫險，同時也為即將離開的兩人送行。原來不只是威廉斯，同樣從敵後歸來的卡伯特也不能再駕機參戰，受到軍統局救助的他如果再度遭到擊落又不幸被俘，必將危及戴笠從廣州到港九地區地下網的安全。

不能再參戰的兩人先被送往印度喀拉蚩，擔任三個月的飛行教官，向中美混合團的 P-40 飛行員傳授自己在華作戰經驗後再回到美國。另外 23 大隊還選在昆明第 3 招待所，為大隊部還有 74 中隊的弟兄舉辦聖誕晚會。衡陽的佳節氣氛同樣溫馨，第 9 戰區司令長官薛岳將軍向 75 中隊發送聖誕禮物，並對美國飛行員在常德會戰期間到前線支援國軍的勇氣表達高度敬佩之意。湖南省政府也動員全省各界代表寫信到衡陽，給國軍將士的「守護天使」們加油打氣。奧森中尉收到了一位中學生的信，內容除了讚揚 P-40 飛行員掃蕩洞庭湖的表現外，還自稱「你的小朋友」（Your Little Friend），令他感到格外窩心。

聖誕節過後，弟兄們還是要回歸現實，接受文森特的指派重返戰場。76 中隊的 P-51 和 P-41 機群，在 12 月 26 日回防遂川，此一情報立即為 3 飛師所掌握。下山琢磨選在 12 月 27 日，動員 25 與 11 戰隊的 30 架「隼」掩護 90 戰隊的六架九九雙輕攻擊遂川。當日機 36 架於下午 2 點 30 分襲來的時候，文森特人正在遂川基地視察。史都華上尉率領 P-51A 與 P-40K 戰機各七架升空迎戰，還來不及疏散的文森特，六架九九雙輕已飛臨遂川上空。文森特在日記裡回憶道，當時他什麼都做不了，只能在地上躺平接受命運的安排。結果九九雙輕投下的炸彈沒有擊中文森特，倒是擊中他眼前的警戒室，伴隨著爆炸而來的熊熊大火造成了文森特輕微燒傷，卻沒能取他性命。這次史都華率領了遂川基地裡所有的野馬機起飛，唯獨布洛克的野馬機因為座艙罩故障無法出擊，只能與 B-25 轟炸機一架留在機堡。不幸的是機堡為炸彈所命中，裡面的 B-25 轟炸機立刻燒了起來，眼看布洛克的野馬機也將難逃損毀的命運。

史都華之所以將基地裡所有能飛的野馬都帶上藍天，並非考量 P-51 在空戰中的表現比 P-40 還優秀，而是野馬機的數量太少。76 中隊的官兵從上到下，都被灌輸了要不顧一切保存野馬機的想法。地勤人員亞拉諾上士（Robert S.

Yarano）眼見布洛克的 P-51 要被燒毀，不顧一切跳出防空壕，衝向機堡啟動 P-51 的發動機。亞拉諾不是機工長，並沒有受過駕駛 P-51 滑行的訓練，於是他呼叫機場裡的國軍衛兵與勞工幫助他將野馬機推出逐漸被大火吞噬的機堡。飛機的主人布洛克即時趕了回來，跳進駕駛艙將 P-51A 滑行到了安全的地方。兩分鐘後 B-25 跟著機堡周邊的燃料桶一起爆炸，布洛克與亞拉諾都因為他們英勇保全野馬機的表現獲得士兵勛章（Soldier's Medal）表揚。

空中的較量上，雖然 76 中隊沒有如其所宣稱般打下 12 架敵機，但日軍方面確認損失了三架屬 25 戰隊與一架 11 戰隊的「隼」。其中 25 戰隊戰死的飛行員為尾崎中和大尉、丸山美代治軍曹及竹下英明伍長。

大難不死必有後福

所謂大難不死必有後福，這句話完全可以用來形容 12 月 27 日當天的文森特。不只是他本人逃過一死，當天的空襲也沒給遂川基地帶來任何人員傷亡。

史都華的手下確保了那架即將被引爆的 P-51，他們所擊殺的尾崎中和不只是 25 戰隊第 2 中隊的中隊長，還是日本陸軍航空隊內專門獵殺 B-24 轟炸機的所謂「擊墜王」，所聲稱的累積戰果高達 19 架，其中包括 308 重轟炸機大隊 12 月 24 日攻擊天河機場時損失的 B-24。76 中隊成功為文森特復仇雪恥，只有薛佛少尉（Robert L. Schaeffer）駕駛的 P-40 在當天被擊傷後迫降在一座小沙洲上。他不只毫髮無傷，還在告知當地民眾自己美國飛行員的身份後，受到熱情的歡迎。給薛佛少尉留下最深刻印象的，是當他遇見的孩童得知他是美國飛行員後，不是向他立正敬禮，就是露出開心與興奮的笑容。最後在略懂英語的江西中學老師細心照顧下，薛佛第二天就回到遂川機場報到。薛佛對當地民眾的熱情雖有些不習慣，但他的這段經歷完全是二戰期間中美軍民合作的縮影。

文森特在 12 月 28 日飛往昆明，由陳納德正式委任為第 68 混合聯隊的上校聯隊長，同時指揮 23 大隊、第 11 轟炸機中隊、中美混合團第 1 轟炸機大隊第 2

中隊、第 3 戰鬥機大隊的 28 和 32 中隊。原本是畢塞爾將軍人馬的文森特，不只雪了天河空戰失敗的恥辱，還獲得陳納德信任當上了第 14 航空軍的聯隊長，隨時有晉身為陸軍准將的可能性。1914 年 11 月 29 日出生的他，當時才剛滿 29 歲不久，如果真晉升為准將，他將成為美國陸軍史上第二年輕的將領。不過對文森特而言，升官從來就不是所謂福報，只是更多壓力的開始。

29 日，76 中隊派出四架 P-51A 掩護 B-25 掃蕩蕪湖的日軍船團，由波納中尉（Stephen Bonner）擔任領航。結果第四架由博伊蘭中尉（Bruce G. Boylan）駕駛的 P-51A，在起飛時發生事故，衝入一排停在跑道邊的 P-40 戰鬥機裡面並引發大爆炸。由於遂川機場只是一個簡陋的前進基地，缺乏足夠的消防設備，大夥根本無法對身陷火海的博伊蘭施救。

現場大家唯一能做的，就是盡可能將博伊蘭座機旁的 P-40 戰機推離事故現場，能救一架是一架，以防止 76 中隊的 P-40 機隊全數報銷。最終仍有兩架 P-40 與博伊蘭的 P-51 一起付之一炬，另外還有兩架 P-40 被燒傷。12 月 30 日，下山琢磨命令第 11 戰隊戰隊長森下清次郎少佐派出八架「隼」掃射遂川機場。這次 76 中隊派出六架 P-40 與兩架 P-51 起飛攔截這批一式戰，三天前遭擊落的薛佛逮到了報仇機會，聲稱打下了一架「隼」。巴特勒、海德里克以及坦伯頓也各自回報自己取得了一架的戰果，不過第 11 戰隊只確認在 12 月 30 日當天折損了一式戰一架。那麼到底是誰擊落這架「隼」呢？答案或許不是上面提到的任何一位飛行員，而是機工長史賓塞上士（George C. Spencer）。當時人在跑道南端的史賓塞，以一挺白朗寧 M2 防空機槍向一架低空飛過機場的「隼」接連發射了 150 發子彈。他沒能親眼目睹自己攻擊的目標中彈，但那架一式戰還是在眾目睽睽之下墜毀於跑道的西北邊。

迎接 1944 年的來臨

與 12 月 27 日遂川遭空襲時，奮不顧身保護 P-51A 戰鬥機的亞拉諾上士一樣，

史賓塞擊落敵機的壯舉為在機場旁邊躲避空襲的 76 中隊機械士所目擊，事後他獲頒銀星勳章表揚。亞拉諾與史賓塞兩位地勤的事蹟表明，23 大隊的英雄從來就不限於飛行員。不過 12 月 30 日的空襲，還是給第 14 航空軍帶來了相當程度上的損害，地面上有 F-5A 與 B-25 各一架遭摧毀，另外還有 C-47 運輸機及 B-25 各一架毀損。3 飛師以一式戰一架，換取第 14 航空軍兩架飛機損失，勉強算是這場空戰的勝利者。

接連一個月的空戰打下來，3 飛師早已與第 68 混合聯隊一樣資源耗盡，雙方都必須暫停發起新的空襲行動。由於 P-51A 本身的缺陷，外加剛接收野馬機的 76 中隊飛行員對新飛機性能又不夠了解，無論是「鍾馗」還是「隼」都在 1943 年 12 月的空戰中佔了不少便宜，似乎足以洗刷 3 飛師 11 月份毫無表現的恥辱。

不過從 1943 年 12 月 1 日到 12 月 30 日，仔細計算 23 大隊與 3 飛師交戰的損失比，實際上也不過是 15 比 15，頂多算是打成平手。即使不把 51 大隊還有中美混合團 3 大隊等其他單位的戰果算進去，仍舊無法改變第 14 航空軍已經掌握中國戰場制空權的事實。3 飛師在 1943 年 7 月到 10 月夏季航空作戰期間的損失，亦不可能因為 12 月份的迴光返照而有所彌補。

比起 1942 年 7 月 4 日 CATF 時代的狀況，如今的第 14 航空軍不僅擁有 P-38 和 P-51 等新型戰機，還有了 B-24 轟炸機這款可對日軍後方實施遠程打擊的戰略武器，戰力規模已經大大的提升。攻擊範圍更是從原本的武漢、廣州、香港延伸到當時還是大日本帝國管轄地的臺灣。伴隨著中美混合團的成立，中華民國空軍重建的腳步也逐漸上了軌道，國軍飛行員在美軍飛行員的帶領與鼓勵下，以前所未有的積極態度迎戰日本陸軍航空隊，這之中自然少不了 23 大隊的國軍飛行員所扮演的角色。

國際局勢都在朝有利於同盟國的方向發展，讓蔣中正深信日本將在 1944 年為美國所擊敗，接下來國軍最優先的任務是肅清不服從中央號令的中國共產黨。蔣委員長認為：「我聯盟國之勝利基礎已經確立，而且最後擊滅軸心與倭寇之期亦可如所料當不出明年之內。自此我國受倭之危險雖未能完全祛除，然已減少大

半。今後之問題全在對內之共匪如何肅清，國家統一基業如何鞏固。」文森特對戰局的看法與蔣中正一樣樂觀，他在 1943 年 12 月 31 日的日記裡強調：「1943年終於結束了，發生了好多事情，我得到了一個聯隊，回了一趟老家，期間多生了一個兒子，整個 1943 年待我還算不薄。為此我向上蒼表達感激之意，希望我們能在 1944 年迎接勝利的到來，讓我早日與家人團聚。」

然而，無論是蔣中正還是文森特，都對抗戰前途過於樂觀，縱然美軍對太平洋戰場的反攻已隨著塔拉瓦戰役的勝利拉開序幕，日軍在中國戰場上還是保有100 萬人的兵力，隨時可發起一場重慶所無法招架的大規模地面攻勢。這場地面攻勢，也將永遠改變蔣中正與史迪威，以及陳納德與文森特之間的關係。

第十二章

暴風雨前的寧靜

貌似獲得戰場主動權的盟軍，殊不知日軍正在醞釀一場致命性的攻勢。論規模，中國戰場不管在物力、人力，都不能與羅斯福看重的歐洲戰場相比。CBI 戰區的物資都隨著地中海戰事的減弱，才獲得一些顯著的改變。其中最新型的火箭彈以及 P-51B 更是及時雨。

進入 1944 年 1 月的第一個星期，美日雙方都因為 1943 年 12 月打了一整個月激烈的空戰而筋疲力盡，外加氣候不佳的緣故，因此沒有任何空戰在這個時間點發生。直到 1 月 6 日，才由 75 中隊執行了 23 大隊在 1944 年的首次任務，掃蕩洞庭湖的日軍船隻。三天後，75 中隊又從衡陽出發，持續掃射九江周邊的內河航道。他們射擊了六艘蒸汽船與無數小舢舨，造成 30 到 40 人死亡。

10 日上午，76 中隊中隊長史都華上尉親率 P-51 八架對江西省建昌的鐵路橋梁施以炸射，這是野馬機在中國戰場首度執行的俯衝轟炸任務，但是成效甚微，只有兩枚炸彈擊中橋梁南側的軌道，卻沒能爆破鐵軌。剛好此刻一輛列車駛來，立即成為野馬機追逐炸射的目標。他們先是擊毀了火車頭，再掃射從車廂逃竄出來的日軍，導致 100 多人死亡。下午，八架 76 和 74 中隊的 P-40 從遂川起飛，在 74 中隊的馬瑞森中尉指揮下，掩護三架 B-25 炸射九江。期間 P-40 遭到 25 戰隊的「隼」攔截，雙方爆發了 1944 年以來的第一場空戰。

來自 74 中隊的李喬治中尉（George W. Lee），當場將一架「隼」擊落。根據日方記載，斃命的飛行員為久保久伍長。雖然在 P-40 的層層保護下，25 戰隊

沒能靠近 B-25，但第 11 轟炸機中隊還是有一架 B-25 遭日軍砲艇上的防空機砲打下。面對 23 大隊的肆虐，下山琢磨師團長再也不忍了，命令 16 戰隊從 10 日晚上開始對遂川施展疲勞轟炸。

　　根據下山師團長的命令，12 架九九雙輕以兩架為一個編隊，於 10 日晚間到 11 月早晨不斷飛入遂川機場的上空投下炸彈，干擾 76 中隊飛行員的休眠。到了 1 月 11 日早上 10 點 40 分，又有三架九九雙輕在 15 架 25 戰隊的「隼」掩護下來襲遂川。這次史都華率領四架 P-51 與八架 P-40 起飛，捕捉到日機編隊後，立即集中火力攻擊三架九九雙輕。史都華先帶著四架野馬向位於編隊正中央的長內謙治大尉指揮的編隊長機猛烈開火，接著再由來自伯納中尉（Stephen J. Bonner）率領的 P-40 四架接力攻擊，當場擊落兩架九九雙輕。

　　根據日方作戰記錄，當天確實有兩架九九雙輕遭 76 中隊擊落，長內謙治駕駛的長機勉強飛回南昌迫降。只是這架九九雙輕落地後隨即爆炸，讓 16 戰隊 11 日上午派出的三架轟炸機形同全軍覆沒。接連兩次贏得空戰勝利，自然令 23 大隊士氣為之提升，不過一份 1944 年 1 月 13 日由陳納德發給文森特的電報，卻提前預告對地支援任務將成為本年度作戰的「新常態」。

　　陳納德指出文森特發起的空中攻勢已經擾亂了日軍的內河航道，迫使日軍在鄭州集結大軍，準備打通平漢鐵路以開通全新的陸上交通線。重慶方面雖然表示完全有能力應付日軍的地面攻勢，但陳納德仍要求文森特必要時為國軍提供空中支援。此為陳納德掌握到關於日軍即將發起大規模地面攻勢的第一份情報，但文森特絲毫沒有為此感到緊張，還在 14 日給陳納德的回電中為自己擾亂日軍內河航道的成就表達興喜之意，並強調只要氣候允許，就會派 P-38 北上支援國軍戰鬥。緊接著陳納德又在 15 日致電文森特，鼓勵他持續空襲日本在中國的內河與海上運輸線。

「滅鼠警報系統」

令陳納德與文森特所意想不到的，是重慶雖掌握到日軍在鄭州集結的情報，卻沒能分析出這場地面攻勢規模將大到國軍無法因應的程度。不過 1 月 18 日發生的一起事故，讓大夥暫時將日軍的地面威脅擱置到了一旁。原來前往印度接收新機的維托維奇上尉，在這天率領五架 P-40N 返回昆明時迷航，只有兩名倖存者成功跳傘逃生。隨這位印第安勇士一起在駝峰航線上撞山陣亡的還有史密斯中尉（Lawrence W. Smith）與沃瑟少尉（Walter C. Washer）。

當時人已經離開 74 中隊，轉往中美混合團 3 大隊 28 中隊效力的程敦榮晚年回憶道：「當我們聽到這不幸的消息時，都悲痛地流了淚。」74 中隊沒有太多時間為維托維奇感傷，隨即在 1 月 23 日奉文森特之命派出 12 架 P-40 出擊香港，與中美混合團 3 大隊的 16 架 P-40 聯手掩護九架 B-25 空襲啟德機場。P-40 機群與 25 戰隊的「隼」，還有從海口瓊山機場派往啟德的第 254 航空隊零戰爆發了一場混戰，但是雙方都沒有任何損失記錄。

空戰次數的大規模下降，對中國戰場上的飛行員而言未必是好事，雖然遠離了戰鬥的危險，無聊的日子卻讓官兵們開始重視起自己在異國他鄉的生活品質。難吃的食物與惡劣的氣候，很難不讓大家患上憂鬱症，所幸這些飛行員都是平均年齡 21 歲的年輕小夥子（就連 22 歲到 23 歲的人到這裡都嫌老），熱情奔放，創意無限的他們自然會找苦中作樂的方式來排解自己的無聊。

衡陽機場供 75 中隊飛官起居的第一招待所是由戰地服務團徵用女校改建而成，居住環境甚至比第 68 混合聯隊司令部所在地桂林還要豪華，卻因為無人管理而鼠滿為患。有天晚上睡覺，睡眼惺忪的羅培茲看到大腿上有一隻和小貓一樣大的老鼠，嚇得他花容失色，趕緊把頭埋到被子裡如少女般又踢又叫才將眼前的鼠輩趕走。這讓羅培茲下定決心，要以攔截九九雙輕以及對抗「隼」的精神來對抗衡陽宿舍裡的鼠輩。起初有人試圖以槍滅鼠，結果驚動了理察森中隊長，嚴格禁止他們在宿舍裡使用槍械。於是異想天開的他們，居然模仿起警報網研發出了

「滅鼠警報系統」。

　　只要有人看到老鼠，就會如防空警報般的驚聲尖叫呼喊「友機」到來，然後尋找並堵住老鼠洞，切斷「敵機」的後路。接著由三到四名年輕飛官組成的滅鼠隊就會趕到現場，先用手電筒或者電燈鎖定老鼠，再以鞋子、撲克牌或者鏟子等武器予以獵殺。這些頑皮的大男孩抓老鼠的時候，還不忘把他們過去升空攔截日機的經驗放到滅鼠行動裡，以「引擎聲」來形容老鼠的叫聲，再以「戰鬥機」或者「偵察機」來區分老鼠的大小。

　　不過 75 中隊對抗老鼠的戰力顯然不如他們對抗 3 飛師的能力。畢竟老鼠的智商也不是蓋的，有次一隻老鼠被弟兄們逼到抽屜裡面，羅培茲與負責引擎保養的隆恩（Dick Long）拿好鏟子準備等奧斯華少尉（Eddie Oswald）打開抽屜就把老鼠打死。可沒想到抽屜一打開，老鼠就往奧斯華身上跳了過去，然後羅培茲與隆恩的鏟子不偏不倚的往奧斯華的胸口上打去。雖然老鼠還是被成功殲滅，奧斯華身體也沒大礙，但還是為自己的幼稚行為挨了一記鏟子。最後在大家被要求把食物放到鐵櫃裡以後，老鼠問題終於得到緩解，衛生習慣才是導致鼠輩如此猖獗的原因。

日擴編在華航空力量

　　1944 年 2 月 3 日，陳納德親自造訪桂林基地，並在文森特陪同下於 4 日視察遂川、南雄以及贛州等前進機場。陳納德來訪的目的，是因為蔣中正與羅斯福在開羅會議上達成了 B-29 來華的共識。陳納德與蔣中正、文森特同樣樂觀地認為，日本將在 1944 年被擊敗，認為遂川機場是最適合「超級空中堡壘」轟炸機用來轟炸日本本土的基地。那裡已有長跑道一條，其他跑道也還在施工，餐廳裡還可播放好萊塢電影，逐漸由原本連消防設施都沒有的簡陋前進基地向正式的機場轉型之中。

　　陳納德與文森特掌握到日軍在南昌集結兵力的情報，判斷第 11 軍將對遂川

發動新一波的地面攻勢，於是命令 449 中隊的 P-38 由零陵轉移到遂川，與 23 大隊聯手打擊南昌周邊的日軍目標。為了強化對地打擊能力，來自美國本土的布拉克上尉（William Black）與布朗中尉（Paul Brown）帶了一款全新的武器系統來到桂林——可掛在 P-40 及 P-51 機翼下方的 M8 火箭彈。一座靶場很快就在桂林郊外興建，給首支裝備 4.5 英寸火箭彈的 74 中隊飛行員用來提升他們打擊地面目標的精準度。

76 中隊史都華中隊長在 2 月 7 日率先出擊，率領八架 P-40 和八架 P-51 二度炸射建昌鐵橋。這次攻擊由 P-40 投彈，P-51 在高空掩護，只有一顆炸彈擊中橋梁南端並引發爆炸。接著 P-51 與 P-40 調換位置，P-51 掃射江西吉安的地面目標。

此時，瓜達康納爾與阿留申群島戰役的勝利，外加義大利的投降都讓更多太平洋與地中海戰區的飛行員被派來中國傳授他們的經驗給第 14 航空軍。跟隨史都華出擊建昌與吉安的喬治上尉（Kenneth E. George），先前就參加過阿留申戰役，開的是 P-39，被派來中國駕駛野馬，沒想到卻在掃射完吉安的日軍，準備將機身拉高脫離戰場時，野馬機的冷卻系統卻發生故障，迫使他脫離編隊並迫降於一座山丘上。他獲得游擊隊救助並被送交陸軍第 183 師，才沒有讓第 14 航空軍損失一名有豐富寒帶作戰經驗的空戰英雄。

美國飛行員被擊落，只要能在跳傘或者迫降的過程中生還，獲救率是 90%。可還是有 29% 的人在跳傘或迫降的過程中死亡，就算僥倖不死的仍有 5% 為日軍或者和平建國軍俘虜的機率。

2 月 10 日，76 中隊出動 P-51 與 449 中隊的 P-38 聯手攻擊九江，曾經參與新竹空襲的曼貝克少校遭擊落。76 中隊的費里斯中尉（Henry R. Farris）回報有看到曼貝克跳傘，但後來行蹤不明，再也沒有人知道其下落為何，極有可能在遭到日軍或者和平建國軍俘虜後被殺害。

同一天晚間，3 飛師又對遂川發起夜襲，這次 16 戰隊派出兩架九九雙輕來干擾 76 中隊弟兄的睡眠，不過史都華中隊長仍決定發揮艾利森與巴姆勒兩位前輩反夜襲的精神，帶領作戰官克拉瑪中尉起飛攔截這兩架不速之客。史都華保持

在 3,000 英尺，克拉瑪保持在 2,000 英尺飛行，靠著月光與河流的反光指引方向。很快的，就有一架九九雙輕的蹤影為克拉瑪所捕捉。

隨即克拉瑪對位於其下方的敵機發起掃射，還一度被自己發射出去的火光打到短暫失明，不過他很快就恢復視力並持續開火。九九雙輕的機尾槍手也向克拉瑪發起還擊，但 P-40 的靈活性終究強過九九雙輕，最終還是打下了眼前的敵機。

同樣是在 2 月 10 日，日本陸軍中央正式批准將 3 飛師升格為第 5 航空軍，並且開始以每個月補充 50 架飛機的速度提升在華陸軍航空兵力。這是繼鄭州以及南昌增兵之後，第三個日軍即將在中國發動大規模攻勢的徵兆，目的是將可用於支援「摧毀在華美空軍基地及大陸縱貫鐵路打通作戰」的飛行單位，從原本的 18 個中隊增加到 35 個中隊。然而陸軍出身的總理大臣東條英機大將卻主張，「消滅敵空軍基地」應為日軍發起這場「一號作戰」的唯一目標，以地面攻勢挽回空中的劣勢。

顯然陳納德與文森特真的打痛了支那派遣軍。

中共的善意背後的盤算

1944 年 2 月 11 日，74 中隊的梅隆少校（Barry E. Melloan）帶領六架 P-40，與中美混合團 3 大隊 32 中隊的 14 架 P-40 一起掩護六架 B-25 空襲啟德機場。與 1 月 23 日的情況不同，這次輪到 85 戰隊的「鍾馗」與海軍第 254 航空隊的零戰一同迎戰來襲的 P-40。率領 14 架二式單戰參戰的不是別人，正是時任 85 戰隊第 2 中隊長，後來成為 85 戰隊頭號王牌飛行員的若松幸禧大尉。

若松大尉效仿「飛虎隊」，對 P-40 編隊接連實施三次「打了就跑」的俯衝攻擊戰術，結果第一次機槍卡彈，第二次勉強擊中了 P-40，到第三次卻因為其他 P-40 的干擾而失敗。梅隆少校與 32 中隊的美籍中隊長透納少校（William L. Turner）都無心戀戰，目睹 B-25 投下炸彈後便往內陸方向飛去。大家都知道一旦在香港被擊落，不是被日軍俘虜折磨至死就是被游擊隊送回後方不再被允許參

戰。就算飛機遭到擊傷，也一定是先往國軍控制的區域飛去，然後等到狀況實在不行了才跳傘或者迫降。

　　然而 254 航空隊卻埋伏在 P-40 返回內陸的航線上，74 中隊的李喬治中尉憑藉優異的飛行技術，居然硬是將兩架零戰給打了下去。根據日本海軍記錄，當日確實有兩架零戰於華南遭到擊落，另外 85 戰隊也有一架二式單戰中彈，迫降啟德機場重損。李喬治中尉與貝特斯中尉（Oren R. Bates）的 P-40 都被打成重傷，最後是成功飛到第 7 戰區上空跳傘，順利獲得國軍營救。

　　然而，3 大隊 32 中隊的美軍飛行員克爾中尉（Donald W. Kerr）與國軍飛行員楊應求少尉，他們兩人都被零戰截斷後路，趕回香港上空為若松幸禧大尉及其他「鍾馗」聯手獵殺。楊應求硬是將受傷的 P-40 飛到國軍控制的博羅縣，卻不幸在跳傘的過程中負傷身亡。克爾則在香港跳傘後獲得東江縱隊港九大隊營救，成為最早與中共武裝接觸的美國飛行員，也讓陳納德難以繼續迴避第 14 航空軍和中國共產黨合作的問題。毛澤東明白扶持中華民國成為世界四強的美國是中央政府背後的最大靠山，只要能爭取美國將對中國的外交承認由重慶轉移到延安，中共不只能快速突破胡宗南部隊的軍事封鎖，還能提早迎接紅色革命的勝利。

　　以同時代的巴爾幹戰場為例，效忠南斯拉夫王室的塞爾維亞游擊隊「切特尼克」（Chetniks）領袖米哈伊洛維奇上校（Draža Mihailović），就因為被英國評估抗敵消極而在德黑蘭會議後慘遭邱吉爾拋棄。邱吉爾以打擊納粹為優先考量，將外交承認和軍事援助對象從與英國意識形態相近的「切特尼克」，轉移到共產黨人狄托（Josip Tito）領導的南斯拉夫人民解放軍。毛澤東為了將狄托的經驗移植到中國戰場，積極向英美證明中共的抗日效率比中央政府還要高，自然必須善待落難的美軍飛行員。

　　陳納德對毛澤東想仿效狄托，取蔣中正中國戰區最高統帥地位而代之的野心再清楚不過了，因此試圖與中國共產黨保持距離。可克爾中尉獲救後，不只得到東江縱隊司令員曾生熱情接見，還透過與中國共產黨關係良好的英軍服務團經由惠州火速送返桂林，使重視子弟兵生命的陳納德無法忽視在敵後活動的中共游擊

隊。他與文森特都明白，未來會有更多第 14 航空軍，尤其是 23 大隊的飛行員需要共軍營救，雙方合作實已避免不了，但前提是必須在不影響重慶威信的情況下進行。

雖有斬獲，比起歐洲規模始終有差

2 月 12 日，下山琢磨命令第 12 飛行團發起空中攻勢，動員 90 戰隊的九九雙輕八架，在 11 戰隊 14 架「隼」與 85 戰隊 14 架「鍾馗」掩護下向遂川襲來。76 中隊的史都華中隊長得知日機大編隊來犯，下令 10 架 P-51 與 P-40，還有 449 中隊的 14 架 P-38 起飛攔截。史都華的機隊保持在 20,000 英尺高空，於贛州到遂川空域捕捉到 11 與 90 戰隊的機隊，他立即實施俯衝攻擊，當場就打下一架「隼」。這是史都華在中國宣稱擊落的第九個戰果，使他此刻成為 76 中隊官方記錄中成績最高的王牌飛行員。

不過螳螂捕蟬，黃雀在後，85 戰隊第 2 中隊的中隊長若松幸禧大尉佔據了比 76 中隊更高的高度優勢，實施了一次成功的俯衝攻擊，成功將一架 P-51 野馬機打下去，飛行員巴特勒中尉（William A. Butler）當場死亡。不過整體而言，2 月 12 日遂川空戰的主角無疑是 449 中隊的閃電式戰鬥機，P-38 飛行員聲稱擊落了六架敵機。雖然第 11 與 85 戰隊各確認有一架「隼」和「鍾馗」在空戰中遭到「自爆擊落」，但另外還有多達五架二式單戰在空戰後「未歸還」（相當美軍的「作戰失蹤」），而且這還不包括返航時油盡迫降黃埔、飛機重損的 85 戰隊長齋藤藤吾少佐，以及輕傷迫降啟德機場的濱井伍長；甚至若松本人的座機油箱亦中彈受損，僥倖返航生還。

這六架「自爆」及失蹤的「鍾馗」中，至少有五名飛行員判定為戰死，分別為紺井青彌中尉、高橋賢賀治曹長、菊川忠司軍曹、早坂川治哉軍曹以及木村桂歸一軍曹駕駛，他們很大機率成為了 P-38 的戰果。不需要等文森特攻擊地面上的「鍾馗」，449 中隊就已經在空中擊敗了它們。不過擊敗「鍾馗」的終究是

P-38 而非 P-51，1943 年 12 月 1 日兩架野馬機在香港上空被擊落的恥辱尚未洗刷。449 中隊毫無疑問是當天空戰的勝利者，但是仍有一架 P-38 遭到擊落，飛行員麥斯塔森中尉（Arthur W. Masterson）在國軍幫助下於兩天後返回基地。

隨後第 5 航空軍為了準備即將爆發的「一號作戰」，決定暫緩對遂川機場的空中攻勢。正當中國的天空陷入沉寂之時，歐洲戰場上的第 8 航空軍在司令杜立德少將領導下，從 2 月 20 日到 2 月 25 日一連五天發起名為「大行動」（Big Week）的大規模空襲行動，並得到第 9、第 15 航空軍還有皇家空軍全力支持。「大行動」表面上針對第三帝國的飛機工廠，實際上是吸引 Bf 109 與 Fw 190 等德國空軍主力戰機升空，再以 P-51 將他們一舉殲滅。

率領歐洲戰場第一支野馬機大隊，即第 345 戰鬥機大隊投入「大行動」的不是別人，正是 23 大隊希爾大隊長過去在美籍志願大隊第 2 中隊的老戰友霍華德上校（James H. Howard）。中文名為「侯華惠」的霍華德上校 1914 年出生於廣州，對中華民國抱有強烈的認同感，還以中文「頂好」（Ding Hao）給自己的 P-51B 座駕命名。霍華德天性勇敢，此刻已經因為在 1944 年 1 月 11 日一場空襲德國奧舍斯萊本（Oschersleben）的任務中，單機驅趕 30 架試圖攔截 B-17 轟炸機編隊的德國戰鬥機，成為歐洲戰場上唯一獲頒「榮譽勳章」表揚的戰鬥機飛行員。

霍華德指出，第 8 航空軍在「大行動」第一天就出動了 1,000 架的 B-17 與 B-24 戰略轟炸機，對萊比錫（Leipzig）九個目標實施炸射。其中光是副大隊長比克爾中校（George Bickell），就率領 54 架 P-51B 為第 8 航空軍第 1 轟炸師的 417 架 B-17 護航，以同時期 23 大隊的情況來看，整體戰鬥機加起來數量都還不到 53 架。美國在歐洲與中國戰場的航空投資比例，從這裡充分彰顯出差異。

擊落零戰不再是觸不可及

正當第 8 航空軍在摧毀德國空軍有生力量的同時，23 大隊又重啟了對地炸射的任務。尤其是日軍地面部隊集結的江西省九江與南昌地區，更是 23 大隊與

449 中隊的重點打擊目標。75 中隊的 P-40 與 449 中隊的 P-38，在 2 月 24 日掃蕩九江時遭遇到 25 戰隊的「隼」機群，爆發了一場極為難得的空戰。駕駛 P-40 的福爾瑪中尉（James F. Folmar），非常幸運地將一架「隼」給打了下去，此記錄事後為 25 戰隊的戰報所確認，陣亡的飛行員是齋藤富司准尉。

到了 3 月，桂林的 74 中隊對 M8 火箭彈在靶場上的運用已十分熟悉，決定將之運用到戰場上。4 日，74 中隊派出八架裝載 M8 火箭彈的 P-40 戰機，飛往海南島瓊山機場執行新武器的測試。與 P-40 一起執行低空炸射任務的，還有六架來自第 11 轟炸機中隊的 B-25 轟炸機。擔任高空掩護的是 16 架 3 大隊的 P-40，飛行員都來自剛完訓的第 7 與第 8 中隊，此為他們編入中美混合團後首次投入的實戰任務。

瓊山機場為海軍第 254 航空隊的大本營，雖然駐紮大量的零戰，但 74 中隊的任務並非擊落它們，而是對地面上的目標測試 M8 的威力與精準度。參加當天任務的惠勒中尉（John W. Wheeler）回憶，M8 火箭彈被裝於 M10 三管火箭莢艙內，每架 P-40 翼下各配一座 M10 火箭莢艙，總計可對地面目標發射六枚火箭彈。空襲完全殺得 254 航空隊措手不及，由梅隆少校指揮的 74 中隊八架 P-40 合計摧毀地面上的零戰四架，以他們發射 48 枚火箭的比例來看其實是偏低的。

惠勒中尉指出，火箭彈若擊中目標爆炸力確實驚人，但準確度非常之低，而且火箭的重量嚴重影響 P-40 飛行的靈活性。不過轟擊 254 航空隊的最大意義，還是在於讓中華民國空軍有了一次報仇雪恥的機會。

原來在「飛虎隊」來華助戰之前，以波利卡波夫（Polikarpov）I-15 及 I-16 等蘇聯製驅逐機為主力的中國空軍，於 1940 年 9 月 13 日的壁山空戰中遭到首次出戰的零戰徹底打垮。在沒有一架零戰機損失的情況下，空軍陣亡 10 人、受傷八人，飛機全毀 13 架，受損 11 架。中華民國空軍就此元氣大傷，直到美援飛機伴隨著太平洋戰爭爆發而來才恢復戰力，只是日本海軍航空隊在此之前已全數調離中國，國軍飛行員面對以一式戰為主力的日本陸軍航空隊，談不上真正意義的復仇。要等到日本海軍從保護中國沿海運輸線的角度出發，於 1943 年 10 月 1 日

在海南島組成 254 航空隊以後，才讓國軍飛行員有了雪恥的機會。

此次空襲三大隊在瓊山機場上空擊落兩架，地面摧毀 10 架零戰，時任第 7 中隊中隊長的徐吉驤上尉也掃射摧毀了機坪上的零戰一架，他本人正是壁山空戰的親身經歷者。從徐吉驤的經歷來看，此次空襲海南島的最成功之處或許不是測試火箭彈，而是讓國軍飛行員相信零戰是可以被打敗的。

新換裝野馬首建戰功

參加過阿留申戰役，不久前才在吉安上空遭到擊落，並及時獲得國軍救助的喬治上尉，於 3 月 10 日又帶領麥奎爾上尉（Eugene J. McGuire）與伯班克中尉（Ed Burbank）炸射福州，途中遭到一陣強風干擾航線。等到喬治反應過來的時候，他們已經飛到與臺灣只有海峽之隔的廈門。他們先是對廈門外海的一座島嶼一陣掃射，再飛往廈門機場上空盤旋了一圈，確認沒有敵機可打後才離去。

在飛返遂川途中，喬治發現他的副油箱無法拋棄，導致他必須不斷拉高機鼻，以免野馬機被副油箱的重量拉到地面上進而墜毀。此一動作非常耗油，喬治無法飛回遂川，只能降落於廣東連縣的臨時機場。至於麥奎爾與伯班克的兩架野馬機，同樣因為燃料殆盡，降落於廣東南雄的一座臨時跑道。連縣與南雄都在余漢謀將軍的第 7 戰區勢力範圍之內，三人都立即得到國軍的援助，並在完成燃料的補充後平安回到遂川。此一事件彰顯的不只是國軍官兵對 23 大隊的鼎力支持，同時也讓在華美軍飛行員意識到 P-51A 是款問題多多的野馬。

23 大隊雖然比歐洲的第 345 戰鬥機大隊更早接收野馬，但接收的卻是美軍編號最初始版本的 P-51A，並非後者接收進階版的 P-51B。P-51A 雖然在低空表現性能優異，裝備的美製 V-1710 發動機卻不適合歐洲戰場的高空作戰，於是英美雙方合作以 P-51A 的機身為基礎，裝上勞斯萊斯研發的梅林（Merlin）V-1650 型發動機，從而具備在高空對抗 Bf 109 與 Fw 190 等德軍戰機的能力。P-51B 與 P-51A 一樣，僅裝備四挺 12.7 公厘機槍，炸彈的掛載量則從 A 型的 1,000 磅提升

到 2,000 磅，對地攻擊能力有顯著提升，非常適合 23 大隊即將面對的日軍地面攻勢。

海南空襲 10 天後的 1944 年 3 月 14 日，諾夫斯格中尉與桑德斯中尉（Irving Saunders）前往昆明接收了 23 大隊的頭兩架 P-51B，隨後將有更多的新式野馬機抵達，仍由對野馬機最有經驗的 76 中隊負責接裝。史都華見 76 中隊戰力獲得提升，迫不及待就在 3 月 28 日與 29 日一連兩天打擊在南昌集結的日本陸軍第 11 軍。

28 日的空襲以南昌的機場為目標，不過當天沒有遭遇到任何敵機攔截。隔日史都華再派 15 架 P-51 與 4 架 P-40 攻擊南昌的鐵路線，擾亂日軍的地面交通。從這個規模可以發現，76 中隊的野馬機數量已逐漸超過鯊魚機。他們從西北方進場攻擊了南昌車站，並在投完炸彈後往東北方集結，準備對鐵軌實施破壞。然而柯利斯中尉（Edwin M. Collis Jr.）為了取得對空戰果，刻意脫隊飛往南昌機場搜索目標。柯利斯沒找到任何敵機，只能對一群在日軍帶領下修築塔台的平民勞工施以掃射。

與此同時，其他戰鬥機在 15,000 英尺遭遇到七架 25 戰隊的「隼」攔截，P-51B 展現出了高空作戰的優異性，使「隼」難以接近 4 架負責投彈的 P-40。P-40 飛行員格林中尉（Jack E. Green）在返航途中，目睹斯托納姆中尉（Wendell C. Stoneham）駕駛的 P-51 遭一架「隼」追擊，於是他拉起機鼻對後方的一式戰施以掃射。日機飛行員看到格林殺來，也拉起機身迴避，結果反而導致「隼」的機腹遭到六挺 12.7 公厘機槍噴出的火力擊中，隨即墜入地面。

復仇的因子

格林的戰果，事後獲得 25 戰隊的確認，飛行員田中安三伍長遭擊殺。本來 76 中隊的飛行員以為第 5 航空軍必然會報一箭之仇，都在 3 月 30 日做好了迎戰的準備。結果 3 月的最後一天就這樣平靜的翻過一頁，就連下山琢磨最常發動的夜襲都沒有遇到了。除了遂川機場的位置在夜間實在難找以外，最關鍵的原

因是第 5 航空軍必須要為支那派遣軍即將發起的「一號作戰」做準備。也難怪 1944 年的頭三個月，大規模空戰在中國戰場上幾乎不見蹤影，羅培茲回憶他在 1 月只飛了一次任務，2 月與 3 月僅各飛了四趟。然而這一切都只是暴風雨前的寧靜，因為「一號作戰」的規模有別於以往，是自 1938 年武漢會戰結束以來，日軍在中國戰場發動的最大規模攻勢。在日軍參謀本部作戰部長真田穰一郎少將與作戰課長服部卓四郎大佐的規劃下，支那派遣軍共計投入 50 萬人、10 萬匹馬、15,000 輛車以及 1,500 門火砲參與。

　　然而此刻的重慶國民政府非但沒能掌握日軍的動向，還為了是否該在英國不願意投入兵力反攻東南亞的情況下貿然出兵滇緬，與羅斯福總統產生激烈衝突。蔣中正認定日本戰敗之日即將到來，希望趁蘇聯尚未介入亞洲戰事以前殲滅心腹大患中國共產黨，他還在給羅斯福的電報中指出中共沒有改變赤化中國的目標，如果放任不管將傷及中美兩國的共同利益。尤其隨著蘇軍在東線戰場上反守為攻，史達林又可以騰出手來介入亞洲事務，還派出飛機轟炸新疆的國軍，支援哈薩克族分離運動。

　　然而羅斯福不為所動，強烈要求蔣中正應以滇西反攻為重，配合英軍阻止日軍對印度英帕爾（Imphal）的攻勢。對於中蘇在外蒙古與新疆的衝突，羅斯福認為只是同盟國之間的一場「誤會」，呼籲雙方冰釋前嫌，團結努力持續對軸心國作戰。從這裡不難發現，開羅會議為蔣中正與羅斯福私人情誼的高峰期，兩人的關係到了此刻顯然不如太平洋戰爭開戰初期熱烈，急於籠絡蘇聯反攻納粹的美國總統也越來越不願意設身處地站在重慶國民政府主席的立場看問題了。

　　蔣中正想搭順風車，靠美國替他打贏日本的心態固然與羅斯福忽視亞洲被赤化的威脅一樣要不得，但最糟糕的是身為中緬印戰區美軍司令的史迪威刻意忽視來自陳納德的警告，因為他一心只想著要打回緬甸，一雪他 1942 年戰敗的恥辱，對於東部戰場的發展漠不關心。事實上史迪威如此反應的內心恐怕更加陰暗，根本就是希望坐視國軍在中國戰場上的失敗，好對造成自己在三叉戟會議上受盡屈辱的陳納德與蔣中正「加倍奉還」。與史迪威一樣，陳納德與蔣中正知道除少數

精銳之外，多數國軍部隊已經久未經戰，如果日軍重啟任何一場與武漢會戰同等級的大規模地面攻勢，國軍都將難以招架，哪怕第 14 航空軍掌握了制空權也沒有用。

　　然而史迪威的選擇不只是坐視不理，還利用日軍進攻英帕爾，印度局勢危在旦夕的時機，說服羅斯福逼迫委員長派出更多精銳部隊支援滇緬反攻。各種因素交織到一起，國軍在 1944 年的大慘敗似乎已不可免。史迪威坐視東部戰場局勢惡化，固然有負他身為駐華美軍最高負責人的職責，但陳納德與蔣中正也曾經給了羅斯福不負責任的承諾，恐怕和史迪威一樣難辭其咎。

第十三章

「一號作戰」重創國府威望

3 飛師的擴軍改編，諭示著態勢在盟軍各領袖忽視的角落正悄悄發展著。雖然羅斯福決定將遠程轟炸機派駐到中國，但是 B-29 的作戰控制權依然掌握在華府。日軍的「一號作戰」勢如破竹，名聲斐然的湯恩伯部隊卻在面對日軍的攻勢節節敗退，這在前線美軍的心中留下了負面印象，開始懷疑自己極力協助的重慶國民政府是否並非那麼一回事。

開羅會議除了確立臺灣與澎湖在戰後歸還中華民國之外，羅斯福總統還同意派遣 B-29 轟炸機來華，對日本本土實施戰略轟炸，藉此提高中國軍民的抗日士氣。以中國為基地對日本實施戰略轟炸，本來就是陳納德從空中擊敗日本計劃的第三階段，他對 B-29 的到來沒有不歡迎的理由。只是他對於 B-29 到位以後的指揮權被掌握在華府的參謀首長聯席會議手中，並由史迪威負責督導 B-29 在華作戰業務的安排非常感冒。

陳納德在 1944 年 1 月 11 日致信蔣委員長，指出如果想以 B-29 從中國發起對日本的空中攻勢，那麼 B-29 就必須要整合到中國戰區的指揮架構之內，才能得到警報網與第 14 航空軍其他作戰單位的配合。既然 B-29 派駐到中國戰場，且蔣委員長又是中國戰區最高統帥，B-29 的指揮權更應該掌握在蔣委員長手中，尤其中國戰區在美軍的參謀首長聯席會議沒有代表，唯有將「超遠程轟炸機」的指揮權掌握在手，才能捍衛中華民國的權益。陳納德又是蔣中正的戰區空軍參謀長，B-29 的指揮權交給蔣中正實際上就等同了交給陳納德。

　　陳納德還在給委員長的信中以常德會戰的勝利為例，強調他對國軍將士保護東部戰場機場安全的信心，並痛批美軍高層將 B-29 部署在成都的決定，指出這樣的部署嚴重低估了中華民國陸軍的實力，還將延長超遠程轟炸機飛往日本的航程，置 B-29 於遭遇更多日軍戰機攔截的風險之中。如果 B-29 是由陳納德來指揮，勢必會被部署到遂川、衡陽以及桂林等前進基地，在文森特指揮下投入對日本本州的空襲。

　　蔣中正似乎被陳納德說動了，透過史迪威向羅斯福爭取超遠程轟炸機的指揮權。然而羅斯福心意已決，B-29 的指揮權將由人在華府，身為參謀首長聯席會議成員的阿諾德將軍掌握。1944 年 4 月 10 日，參謀首長聯席會議正式批准了以中國為基地空襲日本的計劃，並將之命名為「馬特杭行動」（Operation Matterhorn）。同時參謀首長聯席會議還明確指出，「馬特杭行動」的執行單位為第 20 航空軍麾下的第 20 轟炸機司令部，而第 20 航空軍的指揮權則牢牢掌握在參謀首長聯席會的手中，確立了 B-29 不歸陳納德指揮的事實。

　　羅斯福在 1944 年 4 月 13 日給蔣中正的信中，強調 B-29 的指揮權應該統一由人在華府的阿諾德將軍負責，若每一個戰區的最高統帥都得到 B-29 的指揮權，勢必會將 B-29 優先用於轟炸日本本土的戰略目標模糊。不知是否是為了安慰蔣中正，羅斯福指出各戰區的最高統帥都有指揮自己戰區裡的部隊與 B-29 協同作戰的權力。既然 B-29 是進駐到中國戰場，那麼這樣的權力當然是屬於蔣中正的。然而羅斯福真正的言下之意，其實是蔣中正必須透過他的美籍參謀長史迪威來申請調度 B-29，而且陳納德還必須要抽出第 14 航空軍的飛機、人力與資源配合第 20 轟炸機司令部對日本的戰略轟炸。

　　比如參謀首長聯席會議決定將裝備 P-47D 雷霆式戰鬥機的第 33 戰鬥機大隊，從地中海戰區的第 12 航空軍調來編入第 14 航空軍的第 312 戰鬥機聯隊。然而根據參謀首長聯席會議的指示，312 聯隊只能被用來保護位於成都的超遠程轟炸機飛行基地，不能飛往前線支援第 14 航空軍的其他作戰任務，這樣的發展自然讓陳納德很難再對「馬特杭行動」有所期待。

形象惡化的蔣氏夫婦

另外一個更糟糕的情況，是關於蔣氏夫婦的負面報導在 1944 年後越來越常出現於西方媒體上，致使蔣中正逐漸失去了對日抗戰爆發之初或者太平洋戰爭爆發之初率領軍民抵抗日本侵略的領袖光環。尤其是在隨希爾遠征新竹的《時代》雜誌記者白修德關於河南大饑荒的報導公諸於世後，蔣氏夫婦在西方世界的形象更是分崩離析。在強調政府「做得好是應該，做不好是活該」的英語世界，人們不會去設想是哪些客觀上的困難導致重慶無法有效營救災民，更不會去思考河南饑荒的爆發是因為日軍發動侵略戰爭所導致。他們只知道重慶政府拿了大多數的美援，卻沒有好好運用來抵抗日本侵略或者改善人民的生活，而是被以蔣夫人為代表的貪官拿去中飽私囊了。

越來越多在華美國記者、外交官以及軍人受到這種負面報導的影響，開始產生援助重慶國民政府到底「值不值得」的疑問。假如重慶無法成為美國有效的抗日盟友，那麼華府是否還該繼續只與國民政府打交道？還是乾脆就學習英國在南斯拉夫的做法，直接扶持毛澤東成為中國的狄托。

至 1944 年 4 月初，東部戰場的氣候仍無好轉，23 大隊飛行員士氣持續低迷。75 中隊的醫官拉弗林上尉（Jones Laughlin）回憶，衡陽機場在 1944 年 4 月初被烏雲籠罩，飛機只有在 200 英尺低空飛行的時候才能看到地面的情況。也因為空中能見度低，信件只能依靠地面交通工具從後方運送到衡陽，所以一個月只能收到一次信。起初大家只是沒有奶精，但是到了後來卻連一天一杯咖啡的福利都沒了。為此許多人染上憂鬱症，拉弗林指出平均每天早上會有 20 人到 30 人請病假，不想到跑道上工作。

過去美籍志願大隊還有 CATF 的時代，飛行員的生活條件同樣不好，甚至可能更差，卻還是能透過不斷靠在空戰中取得勝利來維持士氣。1944 年當下，沒有空戰可打又物資缺乏的日子卻讓大家士氣低落。對國民政府的不滿情緒，也隨著白修德的報導還有駝峰航線上的各種小道消息傳入東部戰場前線基地而日益高

漲。當然像大隊長希爾等老鳥，因為在志願隊時代就來到中國，對國民政府在太平洋戰爭爆發前孤軍奮戰的真相有所了解，又深受陳納德影響而厭惡史迪威，因而能對蔣氏夫婦採取比較寬容的態度。

可是對羅培茲這些菜鳥飛行員而言，那不只是身處一個完全陌生的環境，而且物資還是要什麼沒什麼，很容易在文化衝擊的影響下看國民政府什麼都不順眼。羅培茲就從執行駝峰航線的飛行員口中聽到一個八卦，那就是蔣夫人擅自動用美軍 C-46 運輸機，將她從美國採購的鋼琴與豪華服飾運回國。當時每個月能運入的物資已十分有限，而每運送 1,000 噸的物資進入中國平均就要死三名飛行員，蔣夫人的做法令負責運送她的鋼琴與名牌大衣回去重慶的駝峰飛行員相當不悅。於是飛到一半，他們就藉故引擎出問題需要拋棄機上物資為由，打開 C-46 的艙門將鋼琴與名牌大衣都丟到喜馬拉雅山的山谷裡去。

大約是在 1944 年 4 月上旬，蔣宋美齡到衡陽發表演說，一如既往的對美國飛行員發言表達國民政府的感激之意。當時羅培茲坐在 P-40 的駕駛艙內保持警戒，以免日軍趁蔣夫人演講的時候飛來衡陽丟炸彈。他指出還好蔣夫人發言後沒有給大家時間問問題，否則羅培茲的好麻吉格雷少尉就要當面向她質問鋼琴的事情了。可見 23 大隊飛行員對蔣氏夫婦的印象，其實在「一號作戰」爆發前就已日趨惡劣。

「一號作戰」揭開序幕

1944 年 4 月 17 日，支那派遣軍按照計劃發起了「一號作戰」，該作戰分三個階段進行，目標是打通從滿洲國到法屬中南半島的陸上交通線。「第一階段」的目標是打通連結北平與武漢的平漢鐵路，以日軍北支那方面軍的第 12 軍為主力，將效忠湯恩伯將軍的第 31 集團軍驅逐出河南省，拔掉中原戰場上的最後一支中央軍嫡系部隊。打通平漢鐵路後，「一號作戰」的「第二階段」以攻取美軍在華中最大的飛行基地衡陽機場為主要目標。根據拉弗林醫官回憶，衡陽的第 1

招待所是東部戰場上最豪華的美軍飛行員宿舍，雖難免有蚊蟲與老鼠肆虐，卻是唯一有熱水可以洗澡的宿舍。拿下衡陽機場不只有免除華中日軍遭空襲的戰略考量，還能沉重打擊23大隊的士氣，這項任務由華中的第11軍負責。等拿下衡陽之後，廣東的日本第23軍再北上與南下的第11軍一起打通粵漢鐵路，再向桂林發起總攻勢，將第68混合聯隊徹底驅逐出東部戰場。

或許考量到449中隊屬於51大隊，文森特沒有如他3月14日寫給陳納德的信那般，把P-38派往北戰場支援第1戰區司令長官蔣鼎文將軍。23大隊持續留在長江以南，負責支援薛岳的第9戰區與孫連仲的第6戰區，長江以北的戰鬥由國府空軍負責。中美混合團3大隊雖屬第14航空軍，但名義上仍屬國府空軍，是最適合文森特派往北戰場支援第1戰區的部隊。

於是在行動代號「任務甲」（Mission A）的名義下，3大隊麾下的第7與第8中隊飛往四川省梁山，28中隊派往湖北省恩施，32中隊則進駐陝西省漢中，對向河南省發起進攻的日軍第12軍展開炸射。然而第1戰區從上到下，包括時任戰區副司令長官的湯恩伯都低估了日軍打通陸上交通線的決心，誤判日軍不過是想發起一場與常德會戰規模相當的有限作戰，沒有做出充足的準備。根據當時在89師第266團特務排服務的魏祖志回憶，他的老軍長石覺將軍起初研判北支那方面軍是要對中共太行軍區發起「治安強化運動」，甚至還對日軍與共軍之間的互打有些「樂觀其成」，可沒想到這次第12軍卻是以泰山壓頂之勢向31集團軍的陣地殺來。

湯恩伯與他指揮的31集團軍，曾經在抗戰爆發之初的南口戰役與台兒莊大捷中重創日軍，是連當時擔任北支那方面軍司令官的岡村寧次大將都極為敬佩的英雄部隊。只是太平洋戰爭爆發後，蔣中正將對日作戰的重心由中原轉向拱衛重慶大門的長江流域以及取得英美戰略物資的滇緬戰場，北方的戰事便沉寂了下來。中日雙方長期在北戰場呈現休戰的態勢，也讓湯恩伯將主要精力放在阻止中共太行軍區對河南省的滲透，長年不作戰的結果導致31集團軍紀律廢弛，再加上河南爆發大饑荒，更令中央軍得不到當地民眾的支持。

　　此外中原戰場還十分適合機械化部隊行動，日軍第 12 軍以第 3 戰車師團為先導部隊向鄭州與洛陽展開進攻，完全把 31 集團軍殺得人仰馬翻。不到一個月的時間，國軍在北戰場的防線全面崩盤，「一號作戰」第一階段「京漢作戰」打通平漢鐵路的戰略目標在 5 月 9 日順利達成。湯恩伯部隊潰敗的速度如此之快，就連時任中美混合團 3 大隊 32 中隊的副中隊長洪奇偉上尉都擔心日軍將一路向西推進到陝西，他說：「西安壽命如何？看陸軍部隊是否肯拚為定。」

共軍「搶」救到美國人

　　文森特此刻對國軍尚未失去信心，仍想盡一切方法緩解日軍攻勢給國民政府帶來的傷害，他期望能對第 11 軍的後方基地武漢來一次重磅打擊。不過受到氣候影響，文森特要等到 5 月 6 日才動員到第 11 中隊六架 B-25、中美混合團 1 大隊八架 B-25、449 中隊八架 P-38、76 中隊七架 P-51 以及 25 架來自 76 與 75 中隊的 P-40 共 54 架飛機空襲武漢，這可能是第 14 航空軍成立以來派出最大規模的攻擊編隊。同一天的歐洲戰場，第 8 與第 9 航空軍可動員 336 架重轟炸機和 185 架戰鬥機攻擊法國境內的德軍目標。

　　這趟任務由文森特親自飛往衡陽為 P-40 和 B-25 的飛行員做簡報，然後由希爾在遂川給 P-38 及 P-51 的飛行員做簡報，接著兩支編隊在衡陽上空會合後由希爾帶去空襲武漢，阻止橫山勇如期發動「一號作戰」的第二階段。P-51 與 P-38 維持在 20,000 英尺高度，負責掩護投炸彈的 B-25 轟炸機，七架野馬機全部都是剛從印度接收來的 P-51B，P-38 有部份也是較新款的 P-38J。如此浩浩蕩蕩的飛行編隊，行蹤自然是很難不為親日的中國人所發現，並立即報告了日軍。

　　25 戰隊的 24 架一式戰立即從白螺磯機場起飛，並於洞庭湖上空成功攔截到美機飛行編隊，此為 23 大隊自「一號作戰」爆發以來所遭遇到的第一場大規模空戰。希爾立即率領 P-51 和 P-38 俯衝下去保護 B-25 編隊的安全，並立即與「隼」在半空中扭打到了一起。初代的野馬與閃電式靈活度都不如一式戰，很快駕駛

P-38 的格雷格中尉、瓊斯少尉（William P. Jones）以及奧佩斯維格中尉都遭到擊落。瓊斯立即跳傘，結果因撞到一架迎面飛來的「隼」而喪命，參與過新竹任務的奧佩斯維格也難逃一死。倒是在北非戰場擊落過義大利戰機的格雷格，雖然膝蓋被擊傷並且在跳傘時拉傷了脊椎，但他還是倖存了下來。洞庭湖上空的戰鬥尚未結束，76 中隊的本尼達中尉（Glen Beneda），因為無法及時拋棄副油箱，慘遭三架一式戰圍攻而擊落。本尼達在跳傘後撞擊到他的 P-51B 座機垂尾，右腿負傷卻大難不死。這一次的空襲，美軍損失了四架戰機與兩名飛行員，卻沒能擊落哪怕是一架「隼」。

23 大隊在這場空戰中失去了第一架 P-51B，但希爾大隊長還是努力掩護 B-25 機群投下炸彈，然後毫無損失的返回基地。為此，文森特在日記裡讚揚轟炸機編隊表現傑出的同時，卻難掩對戰鬥機編隊的失望，雖然轟炸機丟下的炸彈給武漢日軍所帶來的傷害亦非常有限。不過比起令人失望的美軍還有無能的國軍，此刻盤據在湖北的新 4 軍第 5 師（共軍）搶了頭香，他們憑藉強大的群眾動員能力，搶在和平建國軍之前救起了受傷的格雷格與本尼達。護送本尼達的游擊隊不具備與日軍正面作戰的能力，只能在夜色掩護下帶著他往大梧山的根據地前進。

由於本尼達的右腿在跳傘的過程中受傷，因此游擊隊還做了一具擔架抬著他走。有天晚上，護送本尼達的小分隊疑似遭到和平建國軍攻擊，嚇得他忘了右腿受的傷，站起來跑到一片樹林裡躲藏起來。可沒過太久，小分隊的成員就尋獲了本尼達，他們不只沒人傷亡，還順利的將本尼達送到了大梧山。本尼達得到了師長李先念的接見，成為史上第一位獲得中共武裝救助的 23 大隊飛行員。

日機編隊三襲遂川

由於自「一號作戰」爆發以來，日軍第 5 航空軍就全力支援第 12 軍打通平漢鐵路，23 大隊在華中與華南的基地暫時沒有遭空襲的威脅。不過文森特 5 月 6 日派出的 54 機大編隊，仍讓下山琢磨認識到他所要面對的敵人不只是北戰場的

中美混合團與中國空軍，還有長江以南的第 68 混合聯隊。下山琢磨命令 16 戰隊的 16 架九九雙輕在 5 月 11 日對遂川發起久違的夜襲，目的是為了消耗美軍的精神、燃料與彈藥，讓即將於 12 日發起的另外一場空襲能更容易遂行。

恰巧這天希爾大隊長率領 76 中隊的 12 架 P-51 飛往梁山支援 3 大隊，遂川機場只能派出三架 P-40 及兩架野馬起飛攔截。柯利斯上尉率領的五機編隊在半空中與來襲的九九雙輕編隊遭遇，沒有戰鬥機護航的九九雙輕看到 P-51 與 P-40 出現就馬上拋棄炸彈掉頭撤退。不過急於取得戰果的柯利斯仍從日機編隊的後上方追了上去，將最後方的一架轟炸機打到起火燃燒並且墜入地面爆炸成為一團火球。日軍方面雖確認 12 日清晨損失了一架九九雙輕，但為了保留顏面仍強調該機是因為「意外事故」而墜毀。

12 日上午，下山琢磨按計劃對遂川機場發動了兩波規模比 11 日夜晚更大的空襲，動員的除了 25、16 以及 90 戰隊等「老面孔」外，還有從滿洲國調來白螺磯機場的 48 戰隊。由於第 11 戰隊被調回日本本土換裝四式戰鬥機「疾風」的關係，裝備一式戰的 48 戰隊被調來中國彌補第 5 航空軍開缺的戰力。5 月 12 日上午的首波空襲編隊有 25 戰隊的 35 架、48 戰隊的 18 架「隼」以及 90 戰隊的九九雙輕參與，從戰鬥機數量遠多於轟炸機來看就是以在空戰中消滅 76 中隊為首要目標。

幸運的是，當天還有中美混合團 5 大隊第 29 中隊的九架 P-40 參戰，讓 76 中隊不至於淪落到要以三架 P-40 和三架 P-51 對抗數量近 10 倍的日機編隊。六架九九雙輕飛到遂川機場上空，投完炸彈後就往北方脫離戰場，不過 P-40 與 P-51 也沒興趣搭理逃竄中的日本轟炸機，而是全神貫注面對 53 架的一式戰。考量到這也是 5 大隊編入中美混合團以來的第一場空戰，國軍飛行員的表現甚至還比 76 中隊更為積極主動。

雙方在半空中殺得難分難解，但率領 76 中隊參戰的伯納中尉卻收到遂川塔台的呼叫，表示機場遭到另外一批「隼」低空掃射。伯納隨即率領六架戰機趕回遂川機場上空，並立即與攻擊遂川機場的 48 戰隊打了起來。伯納的 P-51B 與其

中一架「隼」實施對頭攻擊，但是直到兩架飛機飛過彼此都沒有人被擊落。不過伯納的注意力，很快就被下方的另外一架「隼」所吸引，於是他馬上衝了上去並開火，那架一式戰當場被打掉了機翼後墜入地面。莫瑞上尉（Lester K. Murray）與吉布森中尉（Charles A. Gibson Jr.）也各自聲稱擊落了一架「隼」。根據 48 戰隊的戰報，當天沒有歸隊的一式戰只有兩架。不過 76 中隊的 P-40 也有一架遭到 48 戰隊擊落，飛行員桑德斯中尉（Irving Saunders）享有主場優勢，跳傘後立即獲得國軍救助，馬上就被送回遂川機場。可是第 5 航空軍這天對遂川的空中攻勢尚未結束，另外一場規模更大的空戰即將於下午爆發。

忙不過來的衡陽機場

下山琢磨懷抱著輸人不輸陣的決心，在 12 日下午動員了 58 架戰鬥機與轟炸機向遂川機場撲來，似乎要與文森特 5 月 6 日的 54 機大編隊拚出個輸贏。58 機大編隊由 25 戰隊的 31 架、48 戰隊的 15 架「隼」、16 戰隊以及 90 戰隊的各六架九九雙輕組成。這次 76 中隊只能派出三架 P-51B 與 5 大隊第 29 中隊的七架 P-40N 升空作戰，考量到敵人派的一式戰比上午更多，自己的飛機卻比上午更少，領隊莫瑞上尉決定改變戰術，集中所有的野馬機攻擊 12 架九九雙輕。莫瑞來中國前，曾投效前 75 中隊中隊長艾利森上校在印度成立的第 1 空中突擊大隊，駕駛 P-51A 戰鬥機支援英軍特種部隊「欽迪特」（Chindits）反攻緬甸，是位富有實戰經驗的老鳥。他勇敢的衝入九九雙輕編隊內展開一陣掃射，結果發動機冒出濃煙，於是馬上脫離戰場，回到地面降落。早上與他並肩作戰的吉布森，則在接近九九雙輕編隊前就被佔據數量優勢的「隼」給趕走。只有斯托納姆的 P-51B，成功甩開一式戰的攔截，衝入轟炸機編隊。

3 月 28 日空襲南昌的任務中，險些遭到 25 戰隊擊落，卻為格林駕駛 P-40 拯救的斯托納姆試圖對五架九九雙輕發動攻擊，五架敵機靠攏到了一起，集結龐大的防空火力向他還擊。斯托納姆靈機一動，先飛到了九九雙輕編隊下方，躲避

敵機防空火力的攻擊，然後選中編隊左邊的最後一架敵機再拉高機身展開猛烈射擊。這架九九雙輕左引擎當著斯托納姆的面起火燃燒，然後墜毀到地面。根據日軍戰史記載，5 月 12 日共有 90 戰隊的兩架九九雙輕遭擊落，另外有三架受傷，由中美兩國飛行員共同組成的第 5 戰鬥機大隊也有相當優異的表現。只是九九雙輕投下的炸彈，仍給遂川機場帶來了慘重的損失，包括 449 中隊停在機棚裡的三架 P-38 全毀，B-25 與 P-40 各有三架被擊傷。

5 月 13 日，希爾率領 76 中隊的野馬機群完成了對梁山的支援任務，他們在沿途炸射了邵陽與洞庭湖的日軍目標後返回遂川機場降落。接下來將近一個月的時間，遂川機場氣候轉壞，76 中隊只能暫停一切作戰任務。

衡陽機場做為日軍「一號作戰」第二階段的重點進攻目標，此時此刻也變得比以往更為忙碌，75 中隊的飛行員在新任中隊長，西點軍校畢業的羅弗伯洛少校（Philip C. Loofbourrow）帶領下不間斷飛往「湖區」掃蕩日軍的陸上與內河交通線。5 月 14 日，八架 P-40 掩護 B-25 轟炸位於湖北省監利縣境內的白螺磯機場，卻因為沒能在地上搜索到 25 戰隊或者 48 戰隊的一式戰，便轉而攻擊湖南省岳陽北部集結的日軍車隊。就在 B-25 向 50 輛日軍汽車發動攻擊時，P-40 與 25 戰隊的一式戰機群正面遭遇，雙方隨即來了一次短暫的交火。

根據 75 中隊的戰報，阿姆斯壯中尉（Francis H. Armstrong）聲稱擊落了一式戰一架，這對兩個多月來沒有取得空中戰果的 75 中隊而言無疑是注入了一劑強心針。不過實際上當天 25 戰隊只確認有一架一式戰在空戰中受損，而且還聲稱打下了兩架 P-40，真相顯而易見的是美日雙方的飛機在這天都平安回到了基地，除了那架受傷的一式戰之外，雙方沒有任何損失。北方戰局行將崩潰，75 中隊駐防的衡陽局勢迫在眉睫，陳納德只能低下頭透過委員長向史迪威將軍求救。

援助來得太晚又太少

日軍拿下鄭州、許昌並且打通平漢鐵路後，持續向象徵中原文化發源地的古

都洛陽推進。此刻河南省境內裝備最精良，兵力最完整，理應最有抵抗力的 31 集團軍早已被打得分崩離析。深受大饑荒之苦，對湯恩伯早已心懷不滿的民眾更是組織民兵配合日軍作戰，趁機從潰敗中的 31 集團軍官兵手中搜刮武器，失去民心實為國軍在中原會戰失敗的另一大原因。所幸此刻還有陸軍第 15 軍的陝西部隊，外加 14 軍 94 師的中央軍部隊在洛陽頑強抵抗日軍攻勢，中原戰場的局勢還有挽救之機。

陳納德明白中原戰局對維持國府聲望的重要性，透過蔣中正要求史迪威將已經進駐成都彭家場的 P-47D 戰機調往梁山機場，支援武庭麟軍長與張世光師長抵擋日軍第 12 軍的猛攻。史迪威在 5 月 14 日透過其副參謀長費里斯准將（Benjamin G. Ferris）回應蔣中正，指出第 33 大隊的目的是在陳納德指揮下保護成都 B-29 基地的安全，但可以在不妨礙第 20 轟炸機司令部後勤補給的情況下抽調部分 P-47D 北上支援洛陽守軍。

結果有七架 P-47D 被派往四川梁山，接替原本在梁山負責要地防空的 3 大隊 8 中隊，讓後者能夠轉往陝西省安康，投入為洛陽守軍提供密接空中支援任務。結果在歐洲戰場上以對地打擊聞名於世的 P-47，還是只能留在四川省負責防空作戰，對洛陽的戰局根本沒有任何幫助。

對此希爾大隊長表示，如果無法動用 B-29 轟炸機對武漢實施源頭打擊的話，無論派出多少飛機為國軍提供密接空中支援都是沒有用的。尤其 P-47 吃油量大，在他看來根本就不適合物資匱乏的中國戰場，就算把 33 大隊全體派往西安支持北戰場也只是壓垮第 14 航空軍的後勤體系。希爾與陳納德都認為，治標又治本的方法還是提高駝峰空運的噸量到每一個月 7,000 至 10,000 噸，然後讓陳納德集中指揮包括 B-29 在內所有在華航空武力抵擋「一號作戰」，至少能夠穩住國軍在長江以南的防線。

中原會戰的失敗沒有動搖陳納德與希爾對國軍的信心，他們認為那是因為日軍發動了武漢保衛戰以來規模最大的地面攻勢所導致，只要從開往滇緬的中央軍 30 個步兵師當中調回部份兵力就能守住衡陽。

　　費里斯將軍的回文狠狠打了陳納德與希爾一巴掌，不只中國遠征軍一個師都不能調回國內，而且在喀拉蚩受訓的中美混合團1大隊第3中隊也必須留在印度支援駐印軍打通中印公路。史迪威的態度，擺明了就是要以日軍「一號作戰」的勝利來證明國軍守不住機場的論點，期盼依賴「自我實現預言」的方法挽回他在三叉戟會議上失去的顏面。確實在開羅會議以前的史迪威是比陳納德多了一些戰略頭腦，並且派出中國駐印軍與遠征軍反攻滇緬也有助於英軍抵擋日軍對英帕爾的攻勢，畢竟印度大後方失守意味駝峰空運也將因此切斷。打通中印公路，尤其是奪回緬甸北部重鎮密支那，也可以在縮短駝峰航線航程的同時遏阻日機對美軍運輸機的騷擾，其實都有一定的戰略邏輯可言。

　　然而如果我們從史迪威對國軍在「一號作戰」中的失敗暗中竊喜，只為了對陳納德與蔣中正「加倍奉還」的心態來做評論，他就是徹頭徹尾的失職，甚至於用心險惡。美軍對國軍抵擋「一號作戰」的需求雖然並非毫無回應，但受制於歐洲還有滇緬戰場的需要，卻是來得實在是太晚又太少（Too Little and Too Late）。

「一號作戰」戰況持續惡化

　　14日當天，75中隊對岳陽北部的空襲，雖沒能阻止第11軍即將發起的「一號作戰」第二階段「湘桂作戰」，卻還是給日軍帶來一定程度的心理打擊。其中，第58師團第51旅團獨立步兵所屬的第94大隊行李中隊第4分隊輜重兵迫口力，戰後接受日本戰史學家永澤道雄訪問時，坦言當天他第一次領教到何謂「美機來襲」。八架P-40對著載運物資的馬匹就是一陣掃射，逼得大家抱頭鼠竄。受到驚嚇的馬匹載著行李物資衝入旁邊的一條小運河內，迫口力只能跟著其他的輜重兵衝入河裡將馬匹牽回來，等P-40飛走以後再重新恢復行軍。P-40的掃射確實拖延了迫口等人行軍的時間，但是除了「大家都濕透了」之外，他沒有提到日軍有多少人傷亡。這段回憶，其實非常準確的反應了23大隊在「一號作戰」期間執行對地打擊任務的狀況，那就是給日軍帶來的心理打擊可能超過實質成效。不

過對擅長於空戰的 75 中隊而言，這類對地打擊任務偶爾也能讓他們贏得意想不到的戰果。

5 月 17 日當天，75 中隊的 13 架 P-40 掩護七架 B-25 空襲湖南沙市，就在回程途中遭到 27 架 25 戰隊的「隼」追擊。一式戰一路尾隨 P-40 回到衡陽，一場激烈的空戰隨之爆發，格雷少尉先發制人，把一架「隼」打入地面。然後是阿姆斯壯中尉的 P-40 也趕到，將另外一架一式戰機擊落。與羅培茲、格雷同一時間到衡陽向 75 中隊報到的伊克少尉（Oswin H. Elker），也聲稱可能打下了敵機一架。根據 25 戰隊的記錄，5 月 17 日共有兩架一式戰被擊落，陣亡的飛行員為森田浩次中尉及田上福次伍長，還有兩架「隼」被打成重傷。這是 75 中隊兩個月下來真正取得的對空戰果。

同樣是在這一天，剛到任不久的格里菲斯少校（Charles E. Griffith）接替回國的史都華出任 76 中隊的中隊長。格里菲斯與喬治同為參加過阿留申戰役的老兵，本來 76 中隊的中隊長是要由喬治出任的，不過喬治還是因為接連兩次迫降敵後的經歷被勒令禁止到前線作戰，只能把中隊長的位置讓給格里菲斯了。同樣陣前換將的，還有桂林的 74 中隊，新任中隊長為 CATF 時代就加入，剛自美國休假歸來的克魯克山克少校。不過因為戰局尚未蔓延到長江以南的原因，文森特堅持 74 中隊留在後方扮演預備隊的角色，將對地打擊任務都交由 75 中隊執行。

回到戰況激烈的北戰場，武庭麟將軍指揮的第 15 軍與張世光將軍的第 94 師，硬是在洛陽戰場上支撐了兩個星期之久，實為日軍在「一號作戰」第一階段中遭遇到的最頑強抵抗。到了 5 月 24 日，四架 33 大隊的 P-47D 終於從西安起飛，與空軍第 4 大隊的四架 P-40N 掩護中美混合團的 B-25 一架飛往洛陽，向守軍空投彈藥。然而受到惡劣氣候影響，P-47D 與 B-25 都在途中折返，這場臨時被取消的任務也成了 33 大隊在洛陽保衛戰期間的參戰記錄。來自該大隊 59 中隊的中尉飛行員莫耶（Harry A. Moyer），晚年回憶他從西安起飛為 B-25 護航時，強調自己對任務細節一無所知，只記得與 P-47 一起執行護航任務的國軍 P-40 轟炸了地面目標，他強烈懷疑 4 大隊炸的是共軍而非日軍。雖然根據國軍的戰時記錄，P-40

當天炸射的實為日軍列車，但莫耶的態度卻反應出了美軍飛行員「一號作戰」期間對重慶的高度不信任感。

第 11 軍發動「湘桂作戰」

就在美軍高度懷疑國軍會違背羅斯福總統的意思，將包括 P-40 在內的美援武裝投入於內戰的情況下，獲得第 3 戰車師團九七式戰車支援的日軍第 110 師團攻陷洛陽。武庭麟軍長與張世光師長率部突圍成功，沒有淪為日軍的俘虜。「一號作戰」第一階段，即日軍稱呼的「京漢作戰」，國軍稱呼的中原會戰或者豫中會戰就到此結束。第 12 軍攻陷洛陽後，武漢的第 11 軍隨即發起「一號作戰」的第二階段——「湘桂作戰」。

「湘桂作戰」又分兩期執行，第一期是以拿下長沙與衡陽為主要目標，所以被國軍稱為長衡會戰。既然是以拿下衡陽為主要目標，那麼首當其衝的就是 75 中隊。面對橫山勇排山倒海的地面攻勢，羅弗伯洛從 5 月 26 日至 29 日，密集炸射洞庭湖周邊的日軍目標。先是由安寧上尉在 26 日率領四架 P-40 攻擊湖北荊門，結果卻遭到 48 戰隊的 13 架「隼」攔截，他們先是以「松鼠籠」戰術包圍史邁利中尉（Warren P. Smedley）的座機並將之擊落。當天由於荊門上空能見度低，安寧上尉沒有辦法向他伸出援手。

史邁利被擊落後下落不明，直到戰束後的 1946 年 1 月 23 日才為美軍正式宣告死亡。然而他並不是當天安寧失去的唯一一名飛行員，另外一位博德森中尉（Marvin E. Balderson）駕駛的 P-40N 同樣被打成重傷，不得不在第 9 戰區司令部所在地長沙迫降。他迫降時撞入一座國軍的碉堡，博德森因額頭撞擊到瞄準器而失去意識。昏迷的博德森被後送到醫院，但是當地的醫生沒有能力治療他，於是 75 中隊醫官拉弗林上尉自告奮勇，搭乘 C-47 運輸機冒險跳傘進入即將成為戰場的長沙營救戰友。令人難過的是，拉弗林抵達長沙時，等待他的卻是博德森中尉冰冷的屍體。這一天，讓 75 中隊失去兩名優秀的飛行員。

　　從這裡我們也不難發現，雖然 23 大隊多次擊敗來襲衡陽與遂川的日軍轟炸機編隊，讓第 5 航空軍不敢輕易對 68 聯隊的主要機場發動空襲，但是當他們飛往「湖區」執行對地打擊任務的時候，25 與 48 戰隊從白螺磯機場起飛的「隼」仍能對他們構成不小的威脅。

　　日本陸軍航空隊雖然失去了制空權，卻沒有被徹底打垮。為了擊潰重慶國民政府，第 44 戰隊更是投入了 25 架的九九襲瘋狂炸射第 9 戰區的地面部隊。所以 75 中隊不只要攻擊地面目標，還要掃除這些威脅國軍地面部隊的九九襲，他們同時還要面對「隼」的攔截與第 11 軍的防空火力。

　　羅弗伯洛中隊長坦言，日軍地面防空火力對 75 中隊造成的威脅甚至超過 25 戰隊還有 48 戰隊。從 26 日到 29 日三天任務下來，他失去了多達七架 P-40。即便損失慘重，75 中隊仍在 6 月 1 日一連出了七次任務，只為了協助國軍第 4 軍拱衛長沙。

　　其中一次出擊湖南平江縣，羅弗伯洛發現了一架九九襲並試圖攻擊之，結果卻因為 P-40N 的速度太快，一不小心就飛到九九襲的前方，把目標給跟丟了。回到基地降落後，從 5 大隊 26 中隊的美籍中隊長奧斯德爾少校（Bob Van Ausdall）口中得知，那架他攻擊的九九襲中彈後墜入地面的消息。此一戰果雖沒能得到日軍戰史的證實，但對提升 75 中隊的士氣確實大有幫助。

薛岳準備好了嗎？

　　如同湯恩伯，薛岳是一位舉世公認的抗日名將。三次長沙大捷的勝利不只讓他殲滅的日軍數量比湯恩伯還要多，在西方國家也有更高的知名度。尤其第三次長沙大捷時，正值英美盟軍在東南亞兵敗如山倒之際，適時的向國際社會彰顯了國軍的頑強，是蔣中正得以成為四強領袖的一個關鍵原因。

　　為了協調長沙與衡陽的防禦，第 68 混合聯隊的聯隊長文森特在 3 月 13 日親自前往抗戰時的湖南省省會耒陽拜訪他心目中的「長沙之虎」。選在耒陽辦公的

原因，表面上是薛岳兼任第 9 戰區司令長官與湖南省主席，實際上是為了讓人在耒陽的薛岳能在長沙淪陷後維持對第 9 戰區部隊的掌握，快速重整兵力因應新的挑戰。從這點來看，薛岳的準備確實是比湯恩伯還要充足，也讓 3 月份造訪耒陽的文森特感到非常滿意。文森特回到桂林後，於 3 月 17 日寫信給陳納德，表示薛岳對日軍即將發起的攻勢信心十足，只希望第 14 航空軍能盡快在第 9 戰區建立無線電聯絡站，以在必要時為他的部隊提供密接空中支援。這是「一號作戰」爆發前的情況，當時文森特對薛岳還深具信心。

到了「一號作戰」第一階段結束後的 6 月 1 日，文森特再度造訪耒陽與薛岳會面，薛岳對長沙的防衛仍舊信心十足，然而文森特對此卻有不同的看法。

他在 6 月 3 日給陳納德的信件中強調，「馬特杭計劃」是導致日軍發動「一號作戰」的根本原因，所以美軍高層有必要派出 B-29 協助國民政府渡過眼前的難關。他認為薛岳低估了日軍投入「一號作戰」第二階段的兵力，還想採用過時的「天爐戰法」對付日軍已不切實際。

文森特主張第 20 轟炸機司令部應抽調 B-29 支援第 14 航空軍空襲武漢，並且派出 P-47 護航，否則薛岳無法再創造第四次長沙大捷的奇蹟。文森特的評估完全正確，此次第 11 軍動員 36 萬 2,000 人、67,000 匹馬、火砲 1,200 餘門、戰車 130 輛以及 9,450 輛汽車發起對長沙、衡陽的進攻，實非薛岳過去曾面對過的龐大兵力。而且日軍這次還改變了進攻策略，不再一味執著於進攻長沙，而是集中兵力直撲嶽麓山上的第 9 戰區砲兵陣地、長官司令部以及第 4 軍指揮所。

還在以過去三次長沙保衛戰思維因應此次危機的薛岳，從一開始就非失敗不可了。

正當第 9 戰區嚴陣以待的同時，強渡怒江的中國遠征軍第 11 集團軍已於 6 月 4 日包圍雲南松山的日軍拉猛守備隊，做好強攻的準備。同一天，美軍第 5 軍團進軍羅馬。6 月 6 日，同盟國歐洲戰區最高統帥艾森豪將軍將同盟國共 35 萬 1,700 人的兵力動員起來發起「大君主行動」，配合蘇聯開闢反攻歐陸的第二戰場。與第三次長沙大捷的情況截然相反，此刻全世界的盟軍都進入反攻階段，只

有華夏大地上的國軍兵敗如山倒。

　　就在這最困難的時刻，文森特的功勳獲得美軍高層肯定，於 6 月 9 日晉升為美國陸軍准將。當下文森特正陪同陳納德巡視零陵、衡陽與遂川三座機場，對此一人事升遷一無所知。然而官階越大，責任越大，尤其南北戰爭以來最年輕將領的頭銜對文森特而言更是如泰山壓頂般不可承受的壓力。而升任將軍的文森特，此刻最難過的應該是自己還是沒有指揮 B-29 轟炸機協助薛岳固守長沙的權力。

第十四章

衡陽失守

　　衡陽保衛戰持續進行著，方先覺將軍的部隊在這裡堅持了 47 天之久，讓日本無法在原本規劃的一天之內完成作戰目標，並且讓日軍持續投入了前所未有的大部隊去執行這場保衛戰。最後，日軍雖然勝出，可是所付出的代價卻比敗仗的一方還要多，是抗戰史上相當罕見的懸殊。美軍持續在空中提供必要的支援，然而長時間的飛行作戰任務，對美國人來說已經超過了他們能負荷的程度。

　　「一號作戰」的「第二階段」已拉開序幕，36 萬日軍向湖南猛撲而來。由於薛岳前三次擊敗日軍的經驗太深入人心，長沙城內的情況起初還相對穩定。根據 5 月 26 日跳傘進入長沙的 75 中隊醫官拉弗林上尉回憶，當時就連城內的外國傳教士都沒有想要逃跑的跡象，似乎相信薛岳能再創造第四次奇蹟。不過 75 中隊的中隊長羅弗伯洛可不敢大意，要拉弗林隔日就離開長沙，因為他與文森特一樣預判即將有一場惡戰要爆發。

　　為此文森特下令 76、74 中隊進駐衡陽，與 75 中隊一起支援薛岳的嫡系部隊——張德能將軍的第 4 軍固守長沙。75 中隊光是在 6 月 1 日一天內就出擊了六次任務，6 月 2 日則隨 76 中隊還有中美混合團 5 大隊一同掃射了 75 艘船舨與 30 輛卡車，殺傷日軍 300 餘人。6 月 3 日的空襲，則造成 200 人與 10 匹馬傷亡。

　　打從 5 月底開始，由於第 68 混合聯隊與第 5 航空軍都以對地打擊為主要任務，美日雙方鮮有空戰的機會。不過，雙方編隊在空中巧遇，仍會不顧一切大打出手。6 月 6 日下午 5 點 50 分，17 架 76 中隊的 P-51 和 P-40 在掩護六架 B-25

轟炸元江上的日軍船隻時，與 48 戰隊的 10 架「隼」不期而遇，久違的空戰隨即爆發。

駕駛 P-51B 野馬機的李維中尉（Lester A. Reeves）以及佛羅倫斯少尉（Sammie V Florance）各聲稱擊落一架敵機，但 48 戰隊僅記錄損失了一式戰一架，飛行員岡野幸三郎伍長雖成功跳傘，卻在落地前死亡，很明顯是在降落的過程中遭到美機擊殺。從 1943 年 12 月 12 日，74 中隊的前中隊長隆迪跳傘時遭到「隼」射擊的經驗來看，此刻中國戰場的中美和日本飛行員都已殺紅了眼，完全不見英美與德國飛行員在西歐戰場上的騎士精神。頻繁密集的任務出擊率，也讓 75 與 76 中隊的彈藥庫到 6 月 10 日見底。文森特下令兩中隊撤往零陵整補，整座衡陽機場只剩下 74 中隊在孤軍奮戰。正當該中隊持續派遣 P-40 飛往「湖區」，試圖阻止日軍南下長沙的同時，77 架 B-29 轟炸機於 6 月 15 日從成都起飛，對北九州八幡的帝國鋼鐵廠實施空襲。

此為史上首次 B-29 對日本本土實施的戰略空襲行動，日軍即便動員 50 萬人發動「一號作戰」，也無法確保本土免於被炸的命運。比陳納德先一步考量到東部機場將為日軍攻陷的阿諾德，藉由這趟空襲確立了第 20 航空軍以印度阿薩姆邦為後方基地，成都為前進基地的戰鬥部署。不過 B-29 的航程一如陳納德所料，只能從成都飛到九州，沒有辦法轟炸更具戰略價值的本州。從中國起飛擊敗日本的戰略構想至此全面破產，參謀首長聯席會議將注意力轉移到了同一時期爆發的塞班島戰役上，希望未來 B-29 能以馬里亞納群島為基地對東京實施真正有意義的戰略轟炸。

九州、滿洲國與臺灣的重要程度不如本州，卻仍是日本「絕對國防圈」的重要組成部分。而在美軍陸戰隊第 5 兩棲軍攻下塞班島以前，成都仍舊是 B-29 唯一能用來轟炸日本「絕對國防圈」的跳板。既然是以中國為前進基地，且陳納德與蔣中正都被羅斯福總統要求全力配合第 20 轟炸機司令部的行動，就意味著第 14 航空軍必須將本來就有限的駝峰物資分享給 B-29 使用，導致 23 大隊必須在燃料不足的情況下支援薛岳守住長沙。

棄守衡陽機場

　　薛岳能接連取得三次長沙大捷的勝利，在於過去負責進攻長沙的日軍第 11 軍兵力相對有限，使國軍得以先撤退到粵漢鐵路側面，讓出一條主攻路線給日軍南下。隨即第 9 戰區主力部隊在嶽麓山砲兵陣地的配合下，於撈刀河及瀏陽河頑強抵抗遭到誘敵深入的第 11 軍。接下來，原先撤退到粵漢鐵路側面的國軍開始對日軍的後方補給線施以截擊。連續三次，第 11 軍都因為補給線為薛岳這套「天爐戰法」切斷，不得不放棄對長沙的進攻。可到了第四次長沙會戰，橫山勇硬是比岡村寧次與阿南惟幾兩位前任多了三倍的兵力，得以從兩個方向朝長沙撲來。一路如同過去三次長沙會戰沿著粵漢鐵路南下，另外一路則隨伺在旁殲滅驅趕試圖撤退到進攻路線側面的國軍部隊，讓薛岳從一開始就沒有發動「天爐戰法」的空間。

　　第四次長沙戰役於 6 月 14 日發起，74 中隊的梅隆少校就在 6 月 15 日炸射株洲的日軍目標時為地面火力擊落身亡，導致衡陽妥善的 P-40 只剩八架，能作戰的剩三架，迫使文森特在 6 月 16 日下令 74 中隊轉移到桂林。到了 6 月 17 日，隨著嶽麓山砲兵陣地與第 4 軍指揮所的防線被突破，第四次長沙會戰以國軍的失敗畫下句點。

　　失去長沙意味著衡陽丟失了粵漢鐵路北面的最後一道屏障，不過黃埔軍校第 3 期畢業的方先覺將軍，已率領中央軍嫡系部隊第 10 軍進駐衡陽，準備在此與日軍第 11 軍決一死戰。文森特對衡陽機場的防衛仍深具信心，持續派遣 75、76 中隊以及中美混合團 5 大隊的戰機飛往粵漢鐵路北段與「湖區」炸射第 11 軍的補給線。

　　76 中隊的野馬機，於 6 月 18 日下午與 5 大隊第 26 中隊的鯊魚機在長沙西北部上空又遇 48 戰隊的「隼」。一場惡鬥再度爆發，來自 76 中隊的莫瑞與格林各自聲稱擊落兩架，而 48 戰隊證實當天近藤哲也少尉遭擊落。然而空戰的勝利挽救不了衡陽的局勢，文森特從第 9 戰區主力部隊在往耒陽而非衡山撤退的情況

研判，薛岳無心支援方先覺死守衡陽。為了防止衡陽機場落入日軍手中，他在 6 月 20 日下達爆破機場設施的命令，以將重慶國民政府的「焦土抗戰」政策貫徹到底。

文森特向陳納德申請了六架運輸機協助疏散衡陽機場，並在當晚的日記中以「火線大撤退」（Fire and Fall Back）來稱呼對衡陽機場的棄守，之所以如此稱呼是在於每一座機場被棄守前都要先以大火焚毀。爆破衡陽機場的任務在 6 月 22 日由零陵機場起飛的 75 中隊執行，已晉升為中尉的羅培茲被分發到的就是他住過的那棟由女校改建、東部戰場上最為豪華卻鼠輩橫行的飛行員宿舍。

羅培茲駕駛著 P-40N，刻意瞄準自己臥室的方向開火，接著再投下炸彈。起初炸彈沒有爆炸，誤以為自己投下了一枚空包彈，不過那是因為使用了延遲引信的關係，炸彈才沒有馬上爆炸。後來一聲轟然巨響，衡陽機場的飛行員宿舍坍塌化為一片瓦礫，無限回憶此刻湧入羅培茲的腦中。他想起了那群與自己大戰好幾回合的老鼠，晚年還不忘記在回憶錄裡提醒如果鼠輩們沒有及時跳船，下場當必死無疑。衡陽機場的棄守只是拉開了「火線大撤退」的序幕，因為陳納德同一天也向文森特下達了從遂川、南雄以及贛州撤出人員，並做好爆破這些前進基地的指示。

誤入重慶內部矛盾的叢林

文森特在撤出衡陽之前，還下令將一批湯普森衝鋒槍與卡賓槍移交給負責機場保防工作的暫編第 54 師，盡可能強化守軍的抵抗力。75 與 76 中隊的 P-40 和 P-51 仍不間斷飛往前線炸射日軍，為方先覺爭取固守衡陽的時間。從 6 月 17 日到 6 月 25 日，他們共執行了 538 架次的任務，宣稱擊斃 1,640 名日軍與 780 批軍馬，並擊毀 377 艘內河船隻以及 391 輛汽車。然而蔣委員長對 23 大隊在長沙與衡陽保衛戰的表現，仍有所批評：「陳納德對我甚能聽命，但終不能如我國空軍之指揮有效也，此次長沙會戰美國空軍對我陸軍之掩護與協助無甚效用，而敵

國劣勢空軍反能對我長沙轟炸自如，使我守軍痲痺無法通訊，甚至失陷。」

　　這段時間，23 大隊聚焦於對地面目標的打擊，在燃料與彈藥短缺的情況下，已無多餘能力攔截空襲國軍的九九襲。然而軍事上的不足可能還只是蔣委員長批評 23 大隊的次要原因，主要原因恐怕還是陳納德對國民政府內部派系鬥爭的「狀況外」，因為從薛岳不願增兵衡陽這點來看，這位廣東籍將領對蔣中正顯然是產生了貳心。

　　事實上薛岳不只不願意支援方將軍守衡陽，還有意削弱方先覺用來守衡陽的兵力。第 10 軍雖是中央軍嫡系部隊，但分配到其麾下負責衡陽機場安全的暫編第 54 師卻是效忠薛岳的粵軍。據當時在暫編第 54 師第 1 團擔任上士班長的老兵歐重遙先生回憶，他的師長饒少偉與陳朝章早已收到薛岳的口頭命令，要他們伺機擺脫方先覺軍長的控制，開往耒陽歸建第 9 戰區。薛岳想藉日軍進攻中央軍的機會保存實力，使蔣委員長認為他有心造反，所以指責 23 大隊支援保衛長沙不利的同時，還嚴厲抨擊第 4 軍丟失嶽麓山砲兵陣地的責任，對張德能軍長則主張「非嚴懲不可」。身為薛岳愛將的張德能，最後也確實被召回重慶接受軍法審判，並以丟失陣地的罪名被處以極刑。而對中國派系鬥爭毫無敏感度的陳納德，似乎無法區分方先覺與薛岳兩人屬國軍不同系統的人馬，從抵擋日軍攻勢的角度出發力主支持薛岳，犯了蔣委員長的大忌。蔣中正明白陳納德沒有介入中國內政的野心，所以強調他「甚能聽命」，但「終不能如我國空軍之指揮有效」。

　　這句話的潛台詞，其實就是指 23 大隊乃至於中美混合團缺乏「哪一支國軍可以支持」與「哪一支國軍不可以支持」的政治判斷力，不像空軍第 4 大隊與第 11 大隊那般直接受航空委員會節制，對抗拒中央政府命令的地方軍不予支持。

　　6 月 23 日，試圖擺脫方先覺軍長指揮的暫編第 54 師從衡陽機場往衡陽外圍的五馬歸槽轉移，結果一抵達五馬歸槽就遭遇日軍第 68 師團的先頭部隊。隨即衡陽保衛戰爆發，暫編第 54 師失去了脫離戰場的機會，只能與第 190 師奮力抵抗向五馬歸槽襲來的日軍。事已至此，無論中央軍還是粵軍，衡陽戰場上一切的國軍都成了 23 大隊的援助對象。但是從文森特 6 月 24 日發給陳納德的電報來

看，23 大隊似乎不再有可不可以、應不應該援助薛岳的問題，因為薛岳對文森特已近乎「避不見面」。沒想到史迪威卻在此刻成了新的程咬金，對方先覺為蔣中正手下愛將的事實不知道是否刻意無視，居然以美國不得介入中國內爭為由限制 23 大隊對「薛岳部隊」提供援助，給陳納德與文森特帶來了巨大的麻煩。

23 大隊的「大合體」

長沙的失守，代表的不只是衡陽機場失去了最後的屏障，更代表陳納德引以為傲的警報網系統全盤崩潰。反觀，此刻下山琢磨把手下所有的飛機都投入到支援「一號作戰」的任務，讓零陵與桂林暫時不用擔心被空襲的危機。但 23 大隊因失去了警戒網，無法一如既往般掌握日機動向，一切的空中遭遇都只能仰賴運氣。

6 月 25 日，第 6 戰隊派出九九襲，在 25 戰隊的八架「隼」掩護下支援日軍第 68 師團向國軍在五馬歸槽陣地發起炸射。與此同時，74 中隊的克魯克山克中隊長率領 74 與 75 中隊的 12 架 P-40N 飛臨衡陽，準備以傘降人員殺傷彈攻擊湘江上的日軍船隻。兩支機隊在空中撞到了一起，當即開始相互掃射。克魯克山克聲稱他的編隊擊落了三架日機，其中兩架九九襲還是他本人取得的戰果。25 戰隊同樣宣稱打下了一架 P-40，但其本身與第 6 戰隊都沒有任何損失記錄。事實上對地攻擊才是當天美日的主要任務，P-40 與一式戰都不可能在空戰中卯足全力置對方於死地，所以雙方其實都沒有戰損。到 6 月 26 日，日軍第 68 師團突破國軍在五馬歸槽的防線，並持續與暫編第 54 師在衡陽機場激戰。

原本屬於康乃狄克州空中國民兵的第 118 戰術偵察機中隊，在這一天抵達桂林納入 23 大隊的指揮，使希爾手中增加一個中隊的 P-40 戰力。118 中隊的 P-40N 不只裝有六挺 12.7 公厘機槍，其後方還配備一台 52 磅重的照相機。他們在執行任務時，會先由一架 P-40 低空飛往目標區拍攝照片，接著再以 P-40 大編隊對目標區施以炸射，等空襲結束再以單機低空拍攝炸射後的照片，以更精確的掌握戰

果。希爾對 118 中隊的偵察能力並不感興趣，鑑於衡陽戰況吃緊，他要求中隊長麥克卡馬士少校（Edward O. McComas）立即與其他三個中隊一起投入戰鬥。當天上午先由 75 中隊派出八架 P-40 飛往長沙南部實施威力偵察，因為根據國軍情報顯示當地有大量日軍在活動。羅培茲表示，日軍為了避免遭受空襲，都不在大晴天或者大白天行軍。不過當天早上正好是陰天，於是日軍補給部隊又趁機向南移動。

約有 1,000 名左右的日軍以及滿載物資的馬車，在粵漢鐵路的正中央為八架冒雨飛來的 P-40 堵到，他們周邊都是山丘，根本無處可逃也無處可躲，而且連防空火力都沒有。P-40 先以人員殺傷彈攻擊日軍行軍隊伍的前後兩端，阻斷他們的退路，然後再以機槍對卡在中間的人馬實施無情的掃射。

羅培茲表示當天他們把 10,000 發子彈通通打光，留下滿坑滿谷人類與馬匹的屍體。但他們還嫌不夠，又呼叫了八架 P-40 回來炸射，羅培茲回憶他們當下都對如此多的馬匹遭到射殺感到難過，對那些死在自己槍口下的日軍卻沒有絲毫同情。當天下午，希爾大隊長為了支援在衡陽機場與第 68 師團激戰的暫編第 54 師將士，命令 23 大隊的四個中隊全體出擊，75 與 76 中隊從零陵起飛，74 和 118 中隊由桂林出發，炸射集結在衡陽南側的第 68 師團及第 116 師團陣地。這次遭到日軍密集的防空火力還擊，導致 74 中隊的克魯克山克中隊長以及 75 中隊的阿姆斯壯中尉兩人的 P-40 遭擊落。

「老爹」赫伯斯特接替 74 中隊

想不到空襲結束後，48 戰隊居然派出 18 架一式戰尾隨 75 中隊和 76 中隊回到零陵，隨之而來又是一場猛烈的空戰。在希爾大隊長的指示下，仍是 P-51 在高空埋伏，P-40 低空擔任誘餌機。羅培茲率先發現 18 架「隼」的行蹤，立即將此消息通報給分隊長卡爾頓中尉（William B. Carlton），告訴他一式戰出現在分隊的 5 點鐘方向。卡爾頓先是表示沒有看到，於是羅培茲再度告訴他日機的位置，

結果卡爾頓還是沒有看到，乾脆讓羅培茲來引導四架 P-40 作戰。

羅培茲當機立斷拋棄了副油箱，帶著四架 P-40 向右轉往一式戰編隊的方向飛去。鎖定其中一架「隼」後，羅培茲瘋狂開火，但這架「隼」的飛行員似乎也不是省油的燈，在羅培茲面前不斷翻滾，使他無法擊中自己。不過最後不知道是甚麼原因，這架「隼」又突然朝羅培茲的方向翻滾而來，他見機不可失就立刻開火。大概是飛行員遭到羅培茲當場擊殺的原因，一式戰突然失去動力並開始向下墜落。

羅培茲為了確保戰果，居然又追了過去對下墜中的一式戰不斷射擊，直到確認該架「隼」墜入地面化成一團火球為止。這天 48 戰隊共計損失一式戰兩架，不過其中一名飛行員二瓶正喜少尉成功跳傘生還，並在中國人幫助下返回了白螺磯機場。對照羅培茲的描述，被他擊落的應該是確定戰死的澤田政雄伍長。

無論對美日雙方而言，6 月 26 日都是損失慘重的一天。然而失去兩架 P-40，卻未能阻止日軍在當天攻取衡陽機場，現在不只警報網全盤崩潰，橫山勇還隨時可以分兵南下奪取零陵機場。為此文森特只能下令 75 和 76 中隊往桂林與柳州疏散，並忍不住在日記中抱怨如果中國軍人頑強抵抗的話，國軍早就已經反攻到了上海。文森特還在日記中痛批軍事委員會副參謀總長白崇禧將軍不知東部戰場情況危急，居然要在隔日隨同來華訪問的美國副總統華萊士一起視察桂林，而且還要到第 68 混合聯隊司令部與他會面。看到中美高層都如此狀況外，文森特決定利用這次華萊士與白崇禧到訪的機會告訴他們冷酷的真相。

華萊士副總統的考察團，規模遠比文森特想的還要浩大，成員除了白崇禧外還有第 4 戰區司令長官張發奎將軍、外交部長宋子文、美國駐華大使館參事范宣德（John C. Vincent）、史迪威將軍政治顧問戴維斯（John P. Davies Jr.）、駐桂林美軍參謀長林賽准將（Malcolm D. Lindsey）以及駐桂林美國領事凌華德（Arthur R. Ringwalt）。

文森特將軍告知狀況外的華萊士除非有奇蹟發生，否則東部所有的機場都將在 7 月 15 日以前落入日軍手中。或許文森特希望藉此呼籲華萊士施壓史迪威向

第68混合聯隊提供更多物資，讓白崇禧與張發奎鼓勵不同派系的國軍團結禦侮，堅守衡陽陣地。華萊士、張發奎與白崇禧能幫忙的確實有限，但防衛衡陽的第10軍將士很快會讓文森特看到他所期望的奇蹟。

同樣是在27日，桂林迎來了新的中隊長赫伯斯特上尉（John C. Herbst），他被希爾大隊長從76中隊調來接替被擊落的克魯克山克管理74中隊。當時已年滿34歲的赫伯斯特，因為年齡大過平均年齡僅21歲的其他飛行員，還有一個學齡中的兒子，因此被賦予了「老爹」（Pappy）的外號。

日軍進駐衡陽機場

「老爹」注定將帶領74中隊創造奇蹟，他是希爾回美國休假時發掘的人才。有天希爾在海灘上休息的時候，看到有飛行員駕駛著全新的P-51在做高難度飛行表演，那位飛行員正是年齡大希爾快六歲的赫伯斯特。赫伯斯特高超的飛行技術給希爾留下了深刻的印象，不過野馬機當時還是新飛機，所以赫伯斯特違反了軍規，導致希爾建議給他停飛30天做為懲戒。不過當希爾後來得知赫伯斯特被調來中國，準備向中美混合團的美籍團長摩斯准將（Winslow C. Morse）報到後，他立即飛到重慶白市驛機場向摩斯團長要人。他知道摩斯團長對撞球很在意，故意在摩斯團長面前以「八號球」稱呼赫伯斯特，結果順利爭取「老爹」被分發到23大隊。

赫伯斯特一到桂林，就迅速率領74中隊飛往衡陽炸射日軍陣地。已晉升為中尉的庫克回憶，他在27日單日就執行了兩趟任務，總計在空中待了九個小時。執行第二趟任務的時候，74中隊的七架P-40於洞庭湖上空遭遇48戰隊的15架「隼」，雙方再一次大打出手。庫克事後回報他可能打下了一架「隼」，48戰隊則宣稱擊落P-40一架。

實際上一如6月25日的遭遇，無論是美方還是日方27日都沒有飛機在洞庭湖被擊落。到了6月28日，經過了一番搶修之後，文森特下令破壞的衡陽機場

跑道重新填補了起來，讓日軍的第 44 戰隊的九八式直協偵察機得以進駐，為向衡陽城發起總進攻的第 68 師團和第 116 師團提供空中支援。結果國軍憑藉工事頑強擋下了日軍的攻勢，預備第 10 師葛先才師長麾下的砲兵第 28 團更以迫擊砲擊中第 68 師團第 115 大隊設置的前進指揮所，將人在指揮所內的師團長佐久間為人中將及其參謀原田貞三郎大佐打成重傷。

日軍指揮系統頓時陷入混亂，迫使 116 師團的師團長岩永汪中將必須同時指揮兩個師團作戰，無疑增加了日軍進攻衡陽的難度。到了此刻，暫編第 54 師第 1 團的陳朝章團長已暗中履行薛岳的命令，將團部以及第 1 營主力部隊從衡陽撤出，逃到耒陽歸建第 9 戰區，但愛國的上士班長歐重遙卻要把這場仗打到最後，跟著第 2 營與 190 師撤退到衡陽市內繼續堅守陣地。有歐重遙這般頑強的士兵，難怪方先覺能在衡陽創造奇蹟。

不過衡陽機場為日軍佔領的事實，也使 44 戰隊對國軍的空中威脅更為巨大。歐重遙表示，柳州與桂林機場本來就比日軍使用的白螺磯還要遠，日機只需要花上一個小時的時間就能為橫山勇提供空中支援，但美機卻要花上兩個小時才能抵達戰場。更何況從衡陽機場直接起飛的九八直協，恐怕就連從芷江起飛的 5 和 4 大隊都對它們無計可施。當然歐重遙也不忘表示，只要 P-40 出現在衡陽的上空，原本空襲他們的九九襲或者九八直協都會立刻飛走，湖南的制空權還是掌握在中美空軍手中。

儘管如此，面對日軍傾巢而出的防空火力，23 大隊還是在支援方先覺的過程中損失慘重。比如 6 月 29 日，就有希臘裔的 75 中隊飛行員福加羅普洛斯中尉（James C. Vurgaropulos）在空襲長沙時遭地面火力擊中，整架飛機失控撞入一棟建築後爆炸身亡。到了下午，74 中隊的艾斯頓中尉（Thomas H. Aston）在起飛時發動機突然停機，導致人機一起墜入地面，死於不明不白的意外。

打不完的日軍人海

同一天，還有 75 中隊的卡蘭中尉（Robert G. Koran）在炸射韶山的日軍陣地時，因為炸彈提早爆炸而喪命。外號「閃電」的塞古拉中尉，則因返航時發動機突然冒煙發生爆炸，不得不棄機跳傘。雖然他的腦袋在跳傘的過程中與 P-40 的垂尾發生碰撞，但塞古拉沒有失去意識，還於落地後立即獲得聽到爆炸聲趕來的國軍幫助，送上開往桂林的火車回到後方。

短短一天下來，23 大隊失去了四架 P-40 和三名飛行員。74 中隊在 29 日雖然有一名飛行員慘死，卻也贏得了一場勝利。當天庫克中尉與亞當斯中尉（Theodore R. Adams）各自率領四架 P-40N 支援衡陽，遭遇到 48 戰隊的一式戰14 架。庫克中尉遭到猛烈攻擊，機身上都被打出了好幾個彈孔。幸運的是一架76 中隊 P-51B 戰鬥機突然路過，如「螳螂捕蟬，黃雀在後」般的對攻擊 74 中隊的「隼」發動反攻擊，當場擊落了櫻井豐繁伍長駕駛的一式戰。脫離險境的庫克，看到天空中有人跳傘，原以為對方是日本人想飛去「賞他一個痛快」，但又顧慮到對方同樣可能是美軍飛行員而打消了念頭。

事後證明那位跳傘的飛行員就是櫻井豐繁伍長，他是被 76 中隊特雷卡廷中尉（Stanley J. Trecartn）駕駛的野馬擊落。雖然庫克聲稱沒有朝降落中的他開火，但事後日軍還是把他列入陣亡名單，可能還是遭到其他美軍飛行員殺害。

在美日激烈交戰的這一天，文森特被陳納德告知 P-38 將被調回雲南大後方。原來自從文森特下令疏散零陵與遂川機場以來，桂林的秧塘與二塘機場就因為同時容納 74、75、118，還有 449 中隊的飛機，而出現空間不足的問題。將 P-38 調往雲南呈貢機場，除了緩解桂林擁擠的空間外，還為了讓 449 中隊回歸 51 大隊編制，一起納入甘迺迪准將（John C. Kennedy）的第 69 混合聯隊，用於支援中國遠征軍反攻松山與騰衝。自此以後，23 大隊就維持四個中隊的編制直到戰爭結束為止。

此刻第 14 航空軍擁有 500 架飛機的編制，但是在其中 150 架飛機被編入第

69 混合聯隊，200 架飛機編入第 312 戰鬥機聯隊用於保衛成都 B-29 基地的情況下，文森特能調度支援衡陽守軍的飛機只有區區 150 架。同時間的歐洲戰場上，支援盟軍反攻西歐的第 8 航空軍有多達 8,000 架飛機，陳納德處境之艱難溢於言表，文森特的處境更是難上加難。

文森特在他 1944 年 6 月 30 日的日記中無奈感嘆道，縱然日軍有上百艘船艇與上百輛汽車遭到摧毀，甚至光是當天他就出動了多達 200 架次的飛機執行炸射任務，卻絲毫沒能遏止第 11 軍的推進。

何以第 68 混合聯隊與中美混合團給日軍帶來慘重傷亡，卻無法解衡陽守軍之危？空中武力沒能阻止日軍向衡陽推進的原因有很多，首先是日軍大多在夜間或者陰天行軍，在那個戰鬥機普遍不具備全天候作戰能力的時代大幅抵銷了戰機的作用。其次則是陳納德手中的飛機不只數量少，而且還分散部署，無法將火力集中於一個點上徹底施展。外加根據日兵迫口力的回憶，美機在執行對地炸射任務時還要提防來自空中的威脅，往往幾架「隼」出現就能把他們的注意力吸走，從而使地面日軍遭遇到的打擊相對有限。不過最真實的原因，恐怕還是在於中美軍機炸射的「日軍」，未必全部都是真的日軍或者日本人。

由於南京汪精衛政權在 1943 年 1 月 9 日對美英宣戰後，向日本首相東條英機做出抽調 2,000 萬壯丁支援日軍作戰的承諾，外加有大量來自滿洲國軍、華北治安軍以及和平救國軍的兵員投入到「一號作戰」，因此遭到美機射殺的「日軍」中其實有相當高比例為中國人。根據 6 月 30 日脫險的克魯克山克少校回憶，他在 26 日跳傘落地後，有兩名中國人試圖誘導他走向日軍陣地，逼使他從 74 中隊配發的求生袋（Jungle Kit）裡拿出大砍刀將其中一人砍殺，隨後才順利獲第 10 軍救助。試圖將山魯克山克少校帶往日軍陣地的兩人，不排除是經過東京陸軍中野學校訓練，化妝為中國人滲透到衡陽周邊活動的日軍間諜，但是在重慶兵敗如山倒的情況下，會有中國人出於投機心理主動向他們認為會勝利的第 11 軍靠攏也不奇怪。

事實上根據美方在戰後的調查，那些航行在內河航道上，遭到盟軍炸射的艚

舨、平底船以及蒸汽船，同樣多數是由汪精衛政權動員或者強徵的中國籍船員負責操作。從日軍的角度出發，「一號作戰」同樣是一場日本與中國攜手對抗美國的同盟作戰。

對於羅培茲等多數美國還有中國飛行員而言，解除心理壓力的唯一方法就是將他們掃射或轟炸的目標，通通想成是偷襲珍珠港或參與南京大屠殺的日本軍人。若美軍與國軍飛行員得知自己炸射了許多遭日軍非志願動員參戰的中國平民，很可能會精神崩潰。不過一次針對舢舨的炸射任務，卻讓調往中美混合團3大隊8中隊的前74中隊飛官毛昭品裝不下去了：「有一次，我從任務回航，沿長江飛往恩施，看見很多人力搖的民船，裝著一包包的東西，我不知道是什麼東西，想一定是日本人，我就下去打，打當然打要害的船頭，船頭底下是空的，前面一進水，船就直立起來，栽進水裡，任務完成回來。情報很快，宜昌對面就是我們自己的地方，報告說我們的飛機把自己人的船打了，一問之下沒有別人打船，就是我。」

大量中國人或志願或被迫投入「一號作戰」，導致敵我界線日益模糊，不少出擊前線的美中飛行員染上創傷壓力症候群。而在遭受到美機炸射之後，無論是志願還是非志願參加「一號作戰」的中國人，都產生了強烈的反美情緒。

也因為日軍動員了第68混合聯隊、中美混合團以及中國空軍都殺不完的人海來進攻衡陽，74中隊庫克中尉在7月1日的日記上表示，他在過去的72小時執行了累積25個小時的任務，疲勞程度超乎想像。

7月2日，橫山勇以「敵方空軍佔了優勢」為由，終止了對衡陽的第一次進攻。不過根據陳納德對文森特的指示，擊退日軍還只是23大隊的次要任務，首要任務是讓日軍付出高昂代價，所以對地打擊不能隨著日軍終止進攻衡陽而停下。先是為了紀念1944年的美國國慶日與23大隊形成戰力兩週年，75中隊的新任中隊長奎格利少校（Donald L. Quigley）命令丹尼爾斯中尉（Walter Daniels）在7月4日飛往衡陽上空偵察，確定機場跑道已經被盟軍飛機還有國軍砲兵炸得都是坑洞，44戰隊無法再派機就近支援第11軍對衡陽守軍進攻。接下來，他

又命令 12 架 P-40 掩護 12 架 B-25 空襲日軍在湖南醴陵的燃料倉庫。不過獨立紀念日這天任務執行得不理想，有三架 P-40 因機件故障提前返航，飛行員福赫特（James R. Focht）被迫在桂林北方棄機跳傘，非常狼狽。

九江上空的「王牌」

奎格利在接替調往大隊部服務的羅弗伯洛出任中隊長以前，曾效力於印度的第 80 戰鬥機大隊，為反攻緬甸的新 1 軍提供空中支援，是第 10 航空軍一位出色的 P-40 飛行員。顯然他覺得 75 中隊在國慶日施放的煙火不夠鮮豔，於是在 7 月 5 日又親率八架 P-40 戰鬥機，掩護 12 架 B-25 轟炸衡陽北部的日軍陣地。

八架 P-40 分成兩個分隊，每個分隊四架飛機，由奎格利與羅培茲各率一個分隊。值得注意的是其他六名飛行員中，只有山佛中尉（Joshua D. Sanford）是 75 中隊的固定班底，其餘五名飛行員都是 33 與 51 大隊臨時抽調而來。原來考量到 23 大隊執行任務密集度過高，陳納德建議文森特將體能狀況不佳的人員調回昆明休養，以維持部隊的基本士氣。為了補充第 68 混合聯隊的人員空缺，才讓駕駛 P-47 的 33 大隊飛行員到東部戰場來飛 P-40，他們遭遇到 25 戰隊的九架「隼」。

結果 51 大隊第 26 中隊的海恩斯中尉（Albert L. Haynes），在 7 月 5 日的空戰中慘遭「隼」擊落，羅培茲還親眼看到他跳傘逃生。然而這也是海恩斯最後一次現身在美國袍澤的面前，事後他被美軍列入失蹤名單，極有可能在落地後慘遭日軍或者反美的中國人殺害。羅培茲也險些遭到擊落，一架「隼」從後方擊毀了他 P-40 的尾舵及副翼，所幸 P-40 的裝甲厚重，才沒有傷及羅培茲。在這緊張的一刻，33 大隊第 58 中隊的海恩（Leo P. Heine）駕駛 P-40 趕到，開火驅離了一式戰，解除了羅培茲的危機。

雖然奎格利、羅培茲與海恩三人都聲稱擊落了敵機，但 25 戰隊在這次的遭遇戰中沒有損失。於同日中午出擊湖南新市的 74 中隊，再度與 25 戰隊遭遇，這

次同樣發生「螳螂捕蟬，黃雀在後」的畫面。庫克中尉在對日軍彈藥庫實施掃射時，遭到一式戰的攻擊。又一次，停留在庫克中尉上方的 P-40 俯衝下來趕走了「隼」。羅賓斯中尉（Harold V. Robbins Jr.）聲稱擊落了一式戰一架，而根據日軍的戰報，25 戰隊確實在 7 月 5 日被打掉了一架「隼」。

下午輪到 76 中隊的 P-51B 出擊湖南淥口，結果遭到 48 戰隊的四架一式戰奇襲，來自 51 大隊第 26 中隊的梅斯中尉（Lloyd E. Mace）遭到擊落，落地後迅速獲得支持重慶的民眾與國軍救助。當天還發生了一道奇景，四架 P-51B 於江西九江上空圍攻一架「隼」，卻使盡全力也無法將日機擊落。查遍美軍與日軍的相關記錄，都查不到該名飛行員的名字，但是他絕佳的飛行技術給這些野馬機飛行員留下深刻印象，稱呼他為「九江上空的王牌」。有相當長的一段時間，P-51 飛到九江時都非常擔心與這位「王牌」相會。

從 7 月 6 日起，下山琢磨集中 44 與 6 戰隊的九八直協與九九襲炸射衡陽守軍，為第二次對衡陽的進攻暖身。7 月 7 日是對日抗戰爆發七週年的紀念日，由 23 大隊的 76、118 中隊、51 大隊的 16 與 26 中隊飛行員駕駛的九架 P-51 和 P-40 自桂林起飛，掩護兩架 B-25 炸射安慶內河航道上的日軍船隻，結果與四架 25 戰隊的一式戰遭遇。

衡陽激戰再度爆發

四架「隼」很快就為佔據數量優勢的美機擊落，其中瓦茲中尉（Oran S. Watts）為 118 偵察中隊取得了進駐中國以來的首架空中戰果。25 戰隊安慶派遣隊四架戰機的損失，事後都得到日軍的確認，其中一名「隼」的飛行員還在迫降後身負重傷。同一天，日軍地面部隊還承受了更嚴重的損失。根據當時效力中支那方面軍化學兵附屬迫擊砲第 4 大隊第 2 中隊的堀啟回憶，他在湖南平江看到三架 P-40 戰鬥機以 27 枚傘降人員殺傷彈殲滅了數量多達 200 人的一支日軍山砲中隊。此次殺傷的是正港的日軍，為 23 大隊取得重要成果。

　　掃蕩運輸船隻是另外一種能有效支援衡陽守軍的手段，六架 75 中隊的 P-40 在 7 月 10 日掃蕩湘江，造成近 40 名日軍死亡，六艘平底船與數艘舢舨被毀。75 中隊先後以一架跟八架 P-40，對耒陽的日軍浮動橋梁及衡陽江面上的船隻施以兩次攻擊，聲稱取得擊沉兩艘平底船，擊傷 20 艘外加摧毀 45 條舢舨的戰果。7 月 11 日，第 11 軍對衡陽發起第二次總攻擊，不過 23 大隊受制於天氣，還是在當天叫停了所有反制日軍的行動。

　　14 日氣候好轉，75 中隊出擊長沙周邊河道上的日軍船隻，將其中七艘船打到起火燃燒，殺傷了 15 名日軍，並給其他 12 艘船隻造成不同程度的損害。日軍在 15 日攻入衡陽城內，與周慶祥的第 3 師與葛先才的預備第 10 師在江西會館交火。

　　此刻 23 大隊的燃料庫存見底，但陳納德承諾運來的補給直到 19 日都還沒有送到桂林，迫使文森特親自飛往昆明索要燃料。最後陳納德同意讓文森特親自帶著四架滿載燃料的 C-47 返回桂林，讓 23 大隊不至於陷入停飛的窘境，同時這四架 C-47 還能飛往衡陽向守軍空投武器、彈藥與糧食。20 日，接受軍事委員會指示北上解方先覺之圍的 62 軍與 79 軍已逼近衡陽，戰局看似有所逆轉，讓陳納德與文森特樂觀了起來。75 中隊奉命攻擊佔領耒陽的日軍第 13 師團，先掃射了 35 座營房，然後又飛到新市將 14 輛軍用卡車打到起火燃燒，擊斃擊傷日軍約 25 人。在 P-40 的支援下，62 軍一度攻入衡陽火車站西站，殺死包括第 116 師團第 120 聯隊的聯隊長和爾基隆大佐在內的百餘名日軍。

　　23 大隊的努力有目共睹，但是陳納德在 7 月 21 日發給文森特的電報中，將大後方美軍飛行員之間流傳的謠言告訴文森特，指出 23 大隊的飛行員遭指控為了避免被日軍防空火力攻擊，會連續三天攻擊一艘已經翻覆的小船，或者直接把炸彈投到平民的農舍裡。他要求文森特規勸飛行員謹言慎行，針對任務胡亂大放厥詞將以間諜罪論處。直到 24 日，文森特才在回覆陳納德的電報中指出，向農舍投炸彈的謠言來源已經找到，是他先前從 33 大隊抽調到桂林支援作戰的 P-47 飛行員。文森特強調如果飛官隊真的向農舍投炸彈的話，沒有理由會機身上佈滿

彈孔，他認為這純粹就是 312 戰鬥機聯隊的飛行員較少到前線參戰，「忌妒」第 68 混合聯隊的戰功所導致。

衡陽激烈的戰鬥，不只讓天天飛赴前線轟炸日軍的飛行員疲憊又士氣消沉，還讓分屬不同單位的美軍飛行員彼此之間產生嫌隙，衡陽保衛戰若無法在短時間內告終，將持續破壞第 14 航空軍的團結。

日軍攻勢再度受挫

戰鬥至 7 月 22 日，日軍以優勢兵力將攻入衡陽的 62 軍擊退，但是發起太平洋戰爭的首相東條英機，卻在這天因為美軍攻下塞班島以及衡陽久攻不破而被迫下台，由小磯國昭接任其職務。空軍 4 大隊以 P-40 飛往衡陽上空投下「日本東條內閣垮台」的傳單，再度激勵第 10 軍士氣。23 日，74 中隊的穆利諾中尉（Richard H. Mullineaux），在炸射衡陽日軍副標時飛行高度過低，撞入地面死亡。他的壯烈犧牲，讓質疑 23 大隊作戰消極的雜音逐漸消失。

24 日，八架 118 偵察中隊的 P-40 在瓊斯三世少校（Ira B. Jones III）與葛林中尉（George H. Greene）帶領下，掩護 12 架 B-25 炸射衡陽日軍陣地。九架 48 戰隊的「隼」突然現身，雙方隨即展開空中纏鬥。葛林捕捉到了一架一式戰並向其開火，他親眼目睹到「隼」的座艙與機身被子彈擊中。頓時，他聽到座機遭子彈擊中的聲響，懷疑有其他的「隼」在射擊自己。於是葛林立即脫離戰鬥，卻發現自己其實是遭瓊斯分隊長的僚機史都曼中尉（Richard E. Stutzman）誤擊。

這一天的空戰美日雙方都沒有戰損，當然這意味的是葛林與史都曼也沒有真的把對方當敵機擊落，對 118 偵察中隊實屬幸運。到了 7 月 27 日，遭遇慘重傷亡的橫山勇二度停止了對衡陽的攻勢，打算等 13、40、58 師團及獨立步兵第 5 旅團都到位後再發起第三波進攻。

隨著日軍與國軍的戰線不斷拉近，提供空中支援時發生誤擊的機率也相對提高不少。蔣委員長在 27 日的事略稿本中，提及文森特向第 10 軍空投的彈藥

被 C-47 誤投到衡陽西北方新橋的日軍陣地，還特別強調類似的失誤已不是第一次發生。提及 23 大隊與中美混合團 5 大隊對日軍的炸射，蔣委員長則嚴厲批判道：「其轟炸目標亦往往不察我軍與重要城鎮而任意投彈，致使我軍民遭受無謂犧牲。」為此蔣中正也感嘆道，此為本身無力而借外力的結果，應引為戒懼。國軍英勇抗敵，美軍也給力支持，可衡陽卻還是陷入膠著狀態，既然美國飛行員都會彼此放話攻擊，中美兩軍的誤解與裂痕自然只會更大。無論蔣中正、陳納德、文森特還是方先覺都知道，此刻中美雙方唯有團結才能克服難關。

同日，118 偵察中隊的 12 架 P-40，在岳陽上空與 25 戰隊的 15 架與 48 戰隊的四架「隼」交鋒，中尉飛行員戴維斯（Henry F. Davis）聲稱擊落一架一式戰，不過日軍方面沒有證實。但 48 戰隊四架參戰的「隼」疑似被打成重傷，在返回白螺磯機場迫降時還撞入停在地面上的一式戰並造成損害。28 日，八架 75 中隊的 P-40，在空襲岳陽時，與 25 戰隊的 16 架還有 48 戰隊的三架一式戰接戰。一番纏鬥下來，中隊長奎格利少校聲稱擊落了一架「鍾馗」，飛行員佛瑪中尉（James F. Folmar）聲稱可能擊落了一架「隼」。當天 48 戰隊確實折損了「隼」一架，但飛行員跳傘後生還。

從日軍對長沙發起攻勢的 5 月 26 日起到 8 月 1 日止，第 68 混合聯隊共執行了 5,289 架次的任務，其中 4,000 架次由戰鬥機執行。23 大隊在缺乏燃料的情況下，只能被文森特當轟炸機使用了。

橫山勇的最後一擊

在這長達兩個月半的時間裡，23 大隊與中美混合團 5 大隊的戰鬥機以及轟炸機共計投下 1,164 枚炸彈，擊發 100 萬發子彈，直接造成日軍 13,000 人死傷，1,000 艘小船沉沒，500 輛卡車以及 14 座橋梁的損毀，另外還擊落 114 架敵機。「擊落 114 架日機」這個數字確實有灌水之嫌，但是從文森特手下的 150 架飛機當中只有 46 架戰損的情況來看，他與方先覺都成功締造了奇蹟。

　　橫山勇沒有給兩位將軍太多喘息的時間，於 8 月 3 日下令 44、6 以及 16 戰隊對衡陽施以鋪天蓋地的空襲。這天文森特同樣也出動了 23 架 308 重轟炸機大隊的 B-24 轟炸岳陽的日軍鐵路線，並派出 75 中隊的 P-40 九架護航。掩護投下炸彈後，P-40 立刻與 48 戰隊的九架「隼」打了起來。這場空戰 75 中隊宣稱擊傷一式戰五架，但沒有任何日機證實遭到擊落。4 日，11 軍對衡陽的第三次總攻擊正式開始，更多的九九襲被派往衡陽市中心猛烈轟炸第 10 軍陣地，恰好此刻奎格利中隊長親自率領 11 架 P-40 抵達戰場上空。

　　奎格利發現八架 44 戰隊的九九襲飛來，立即下令 75 中隊展開攻擊，他馬上就將其中一架日機打到地面，而此戰果獲得 44 戰隊的確認。為有效支援第 11 軍的第三波攻勢，44 戰隊和第 6 戰隊的襲擊機與直協機以平均每天兩趟的頻率飛到衡陽投炸彈，自然更加容易成為 23 大隊飛行員的移動標靶。值得一提的是，當天隨奎格利出任務的羅培茲的子彈已經在掃射船隻時用完了，根據規定他是可以返航的。不過為了確保奎格利能擊落九九襲，羅培茲駕駛著沒子彈的 P-40 留在現場盤旋，嚇唬試圖靠近中隊長的「隼」。羅培茲英勇守護奎格利中隊長的表現，讓他事後獲得美軍高層表揚。

　　8 月 5 日，奎格利再率 P-40 編隊返回衡陽戰場，這次他看到第 6 戰隊的九九襲在掃射國軍陣地，於是便立即俯衝下去驅趕，並將其中一架予以擊落。同一天在新市上空，九架 75 中隊的 P-40N 又與 25 戰隊，還有 48 戰隊的 15 架「隼」來了一場較量。

　　75 中隊在 5 日聲稱取得擊落兩架、可能擊落兩架以及擊傷一架「隼」的戰果。不過根據日軍戰報，當日被擊落戰死的飛行只有 25 戰隊的但本橋啓大尉一人。6 日，駕駛 P-51B 參戰的 76 中隊飛行員霍爾柯姆少尉（Lewis M. Holcomb）在對衡陽日軍陣地進行俯衝攻擊時遭擊落，成為衡陽保衛戰期間最後一位獻出生命的 23 大隊飛行員。

　　從霍爾柯姆被擊落的案例，也可以看出 P-51B 雖然在速度、航程以及高空性能等表現上都強過 P-40，但是散熱器位於機身後下方的設計卻讓野馬機極度不適

合投入對地打擊任務。前 75 中隊的中隊長羅弗伯洛回憶，日軍只要從 P-51 後方站起來用步槍瞄準散熱器就有可能將之擊落，不像散熱器設於機頭兩旁的 P-40，日軍站起來首先要面對的是六挺 12.7 公厘機槍的無情掃射。

8 日，輪到羅培茲的好友「閃電」塞古拉二度於衡陽上空為日軍防空火力擊落，不過他還是福星高照般的在當晚與第 10 軍將士相遇，第二天就乘吉普車返回桂林。不過因為那次「閃電」是駕駛羅培茲的座機出任務被擊落的，事後羅培茲為此難過了很久。

方先覺雖敗猶榮

塞古拉是 23 大隊在衡陽保衛戰期間最後一位遭擊落的飛行員，因為固守中央銀行的方先覺將軍終於接受了橫山勇的提議，向第 10 軍將士下達停火令。原本橫山勇認為只要動用兩個師團花一天就能拿下的衡陽，結果方先覺硬是從 6 月 22 日堅持到了 8 月 8 日，逼迫他花了 47 天並投入五個師團又一個旅團共 14 萬人的兵力才達成目標。日軍第 11 軍付出了淒慘的代價，共有 48,000 人戰死，而國軍第 10 軍僅死亡官兵 4,700 人。日軍陣亡人數為國軍的 10 倍，在整個對日戰爭史上實屬罕見。

方先覺雖敗猶榮，得到了日軍的敬佩，就連策劃「一號作戰」的參謀服部卓四郎都強調不可輕侮第 10 軍將士的鬥志。來自德克薩斯州且立場支持蔣中正的大隊長希爾，則以德州歷史上有名的「阿拉莫戰役」來形容國軍將士困守孤城的頑強意志。就連對蔣家夫婦徹底鄙視的羅培茲也強調，如果每位國軍將領都能展現出方先覺在衡陽的勇氣，就不會有「一號作戰」時的敗仗。雖然他在回憶這段歷史的時候，可能不知道第 10 軍其實是衡陽戰場上唯一聽令於委員長的部隊。

從各方面來看，這場保衛戰沒有白打。首先，如果沒有方先覺在衡陽堅守47 天，再搭配滇緬戰場上取得的勝利，重慶國民政府就算沒有直接垮台，恐怕戰勝國四強的位置也難以確保，包括臺灣與澎湖歸還中華民國等開羅會議上取得

的成就，是否會跳票都在未定之天。

　　第 10 軍長達 47 天的頑強抵抗，導致支那派遣軍的王牌精銳部隊第 11 軍元氣大傷，為負責桂林防禦工作的白崇禧與張發奎多爭取了足足三個月的時間將部隊撤出，以維持國軍在華南的有生戰力。

　　對日軍第 5 航空軍還有文森特的第 68 混合聯隊而言，衡陽空戰規模之大都是過往美日駐華航空部隊前所未有的體驗。根據服部卓四郎的記載，25 與 48 戰隊的飛行員在進攻衡陽期間的出勤紀錄平均為每個月 120 小時。下山琢磨共計投入 217 架飛機支援第 11 軍攻取長沙與衡陽，但中美航空部隊的出色表現，硬是讓服部卓四郎誤判文森特手中的飛機是日軍的五倍之多。實際上文森特能調度的飛機，從來不超過 150 架。

　　憑藉著 150 架 P-40、P-51 以及 B-25，文森特成功癱瘓了長江水道 20% 的運輸能力，是衡陽守軍能堅守陣地 47 天的一大關鍵原因。與過去志願隊時代到 CATF 時代最大的不同之處，是 23 大隊在衡陽會戰無論是空戰還是對地作戰的空間都不再集中於一個「點」，也不像過去支援石牌要塞與常德守軍的時候那樣集中於某條「線」，此次作戰範圍是覆蓋了從湖南省中南部延伸到湖北省中南部的整個「面」上。

　　從四面八方如潮水般湧來的日軍，導致 23 大隊的飛行員密集執行任務，與日軍飛行員一樣產生過勞問題，迫使陳納德必須從後方支援滇緬的 51 大隊還有守護 B-29 基地的 33 大隊抽調飛行員組成分遣隊到東部戰場支援文森特。然而，來自不同大隊的飛行員聚在一起作戰，很快就因為本位主義問題發生嚴重的摩擦，致使文森特向陳納德提出「虛級化」大隊部的建議，確保各中隊飛行員被派往其他聯隊作戰時，能在同一個聯隊長指揮下與其他中隊的飛行員更加緊密合作，發展出有別於以往的全新作戰概念。

第十五章

內憂紛擾影響整體戰區表現

　　1944 年，相較於歐洲戰場的順利，中國戰場卻節節敗退。過去一段時間掌握了制空權的美軍，現在卻因為基地的流失而退卻。日本雖然沒有贏得空戰，卻逼迫中美空軍也放棄了自己的戰果。華府質疑蔣中正的聲浪日益高漲，中共更因此趁虛而入，擴軍、擴大影響力。面對各種的內憂，美軍飛行員依然不懈，持續與日軍作戰。為了減緩華府與重慶之間的張力，史迪威最後終究還是被撤換了。

　　正當 23 大隊馬不停蹄的飛往衡陽前線，為方先覺提供密接空中支援的同時，中國政局卻越來越往不利於重慶國民政府的方向發展，連帶也為中美關係帶來變數。1944 年 6 月 4 日，在白螺磯上空被擊落的 76 中隊本尼達與 449 中隊格雷格獲救後，於新 4 軍第 5 師大梧山根據地重新團聚。

　　兩位美國飛行員在第 5 師司令員李先念安排下，參觀了由日軍逃兵與戰俘組成的日本人民解放聯盟華中支部。根據波蘭記者愛卜斯坦（Israel Epstein）報導，本尼達與格雷格對於中共能將日本戰俘施以思想改造感到震驚，因為狂熱追求武士道精神的日軍，不要提在「一號作戰」中兵敗如山倒的國軍了，就連美軍都很難在戰場上捕捉到。中國共產黨成功用「愛」感化了日本戰俘，當他們被本尼達問及恨不恨美國的時候，他們的答案是只有少數軍國主義者痛恨美國，多數日本群眾是反戰的。倒是兩位美國人被反問恨不恨日本的時候，卻毫不掩飾的回答：「恨」，反而使自己在反戰的日本軍人面前無地自容。本尼達與格雷格還獲邀上台發言，期許美國、日本以及中國人民攜手合作戰勝軍國主義。彷彿從這群新 4

軍的身上，他們學習到了真正戰勝日本帝國的方法。

　　8 日，李先念將一封要交給陳納德的信與一把武士刀交給本尼達與格雷格後，命令 100 名新 4 軍將他們移交給鄰近的國軍 69 軍。然而西北軍將領米文和指揮的 69 軍，與新 4 軍時有摩擦，又奉蔣中正之命封鎖大梧山根據地，所以當他們看到大批共軍出沒的第一反應是升高警戒，根本沒想到對方是來移交美軍飛行員的。

　　本尼達與格雷格兩人從 12 日起，卡在了國共兩軍對峙的三不管地帶，直到 17 日有一位商人經過，共軍才以支付 13,000 元法幣為代價，讓他帶著兩名飛行員一起跨越火線進入國軍防區，然後再由米文和派暫編 28 師一路護送到老河口機場。他們一到老河口機場，就碰到一架準備要起飛到宜昌日軍陣地執行偵察任務，再轉往四川梁山降落的 B-25 轟炸機。於是兩人二話不說就搭上了飛機，最終返回了大後方。

　　返回昆明後，無論是格雷格還是本尼達都按照美國陸軍航空部隊的規定不能再起飛參戰，不過本尼達還是將李先念託他轉交的信與武士刀親手交給了陳納德。接二連三有飛行員經由共軍護送從敵後歸來，讓反共情緒強烈的陳納德難以繼續忽視共產黨送來的橄欖枝，他決定主動致信八路軍總司令朱德表達感謝之意。陳納德通過信件，尋求建立第 14 航空軍與共軍的合作關係，但是這樣的合作關係必須以獲得蔣委員長同意為優先條件。

　　雖然在長江以南作戰的 23 大隊是以新 4 軍為主要合作對象，甚至拯救本尼達的就是新 4 軍的第 5 師，但是陳納德在信中還是迴避提及「新 4 軍」，就算是感謝李先念的部分也用「游擊隊」帶過。這是因為新 4 軍的番號在 1941 年 1 月「新 4 軍事件」爆發後就已經為中央政府所取消，所以陳納德必須省略掉「新 4 軍」的番號，來向蔣委員長表明他與中共的合作不會傷及重慶做為中國唯一合法政府的代表性。

李濟深藉機謀反

　　「一號作戰」不只導致國軍潰敗，共軍還利用北支那方面軍全力向湯恩伯發起進攻的機會大肆擴張，導致越來越多美國駐華外交官與軍人主張，是時候逼迫蔣中正與毛澤東聯手抗日了。華萊士副總統更是在 1944 年 6 月 23 日拜會蔣委員長的時候，以 B-29 空襲九州、滿洲國以及臺灣的戰略目標會飛越中共根據地，在必要時會需要共軍協助營救飛行員為由，要求中央政府允許美軍派遣觀察組前往延安與中共建立有限的軍事合作關係。

　　國軍戰況失利的現實，外加共軍營救本尼達的事實，都讓蔣中正沒有理由拒絕華萊士的建議。7 月 22 日，由包瑞德上校（David D. Barrett）率領的美軍觀察組抵達延安，揭開了美國與中共軍事接觸的序幕。以包瑞德為代表的美國軍人，多數就蒐集華北氣象、軍事情報以及營救美軍飛行員等專業議題與共軍展開協商。當中唯一的文職外交官，美國駐華大使二等秘書謝偉思（John S. Service）開始嚴詞批評國民政府，提倡美國推動同時承認重慶與延安的「兩個中國」政策。

　　謝偉思主張美國應該對國共兩軍的抗日效率進行審慎評估後，將軍事援助集中投注於積極抗日的那一方，並效法英國在南斯拉夫的政策拋棄消極抗日的一方。從謝偉思的角度來看，中共從來沒有與日軍妥協的案例，但重慶與南京的兩個國民政府卻時常「同聲一氣」，所以到底是重慶還是延安該獲得美國的外交承認與軍事支持，謝偉思心中早有答案。

　　在南斯拉夫，英國皇家空軍已經在其麾下成立專門為狄托提供空中支援的巴爾幹航空軍（Balkan Air Force），甚至開始培訓南斯拉夫人民軍的飛行員。若將此模式照搬到中國，不只 23 大隊要專門為共軍提供空中支援，且中美混合團的中國飛行員也都該以共產黨員為主了。顯見不是所有在中國的美國人，在提出與中共合作的主張時都如陳納德般有所分寸。史迪威本身稱不上親共，但在把反攻緬甸視為第一優先的情況下，反對抽調遠征軍的兵力緩解「一號作戰」之危。他反倒認為從包圍延安的胡宗南第 34 集團軍抽調兵力更加合情合理，從而與蔣中

正同時打兩面戰爭的考量發生衝突。

　　不過趁「一號作戰」之亂起兵反蔣的也不只有中共，時任軍事參議院院長的李濟深將軍為廣西出身的粵軍元老，也是第 9 戰區司令長官薛岳將軍和第 4 戰區司令長官張發奎將軍的老長官。在抗戰爆發前就多次起兵反蔣卻以失敗告終，李濟深判斷自己東山再起的時機即將到來，暗中拉攏西南各地方實力派支持他與重慶中央分庭抗禮。

　　史迪威聽聞國民政府內部有人謀反的消息，雖然根據美國支持蔣中正的政策，要求桂林的林賽將軍與李濟深保持距離，卻還是難掩心中的興奮之情，在日記中寫下「犯罪萬歲」。對於一心想支配中國軍事力量的史迪威而言，李濟深的謀反無疑將迫使蔣中正出於爭取美國支持的心態下讓出國軍的指揮權。也因為李濟深對薛岳、余漢謀以及張發奎都有一定程度的影響力，蔣中正在衡陽保衛戰期間反對陳納德援助薛岳自然與此有關。更重要的是，駐桂林美國領事凌華德還散佈蔣中正與日軍勾結，準備一起鎮壓李濟深與薛岳的謠言，更加讓蔣委員長懷疑美國有意支持李濟深取代自己，導致中美關係陷入太平洋戰爭爆發以來的最低點。

重啟「空中游擊戰」

　　縱然此刻華府與重慶看似形同陌路，23 大隊的飛行小將還是勇往直前飛到第一線，給予國軍弟兄強而有力的支持。衡陽固然是已經失守，但文森特注意到橫山勇的進攻目標是以粵漢鐵路和湘桂鐵路沿線的機場為主，而位於江西省境內遠離這兩條鐵路的贛州與遂川機場尚屬安全範圍，可持續做為 P-40 騷擾日軍「一號作戰」的空中游擊基地。所以在 8 月 3 日當天，74 中隊赫伯斯特中隊長在中隊情報官凱斯克少尉（Luther C. Kissick）、第 68 混合聯隊作戰官赫斯特中校（John K. Hester）陪同下，前往贛州拜會縣長蔣經國，期望獲得經國先生的配合來發動這場空中游擊戰。

　　身為蔣委員長的長子，蔣經國毫不猶豫應允了赫伯斯特的要求，允許 74 中隊派遣 P-40 進駐贛州。在那個蔣中正都摸不清楚美國盟友是否還支持自己的危機時刻，赫伯斯特的到訪代表文森特還尊重委員長身為中國領袖的權威，經國先生豈有不歡迎的道理。從此 74 中隊的外號，從創隊之初的「學校中隊」變更為「游擊中隊」（Guerilla Squadron）。

　　赫伯斯特將一半的 P-40 留在桂林，配合大隊持續掃射從洞庭湖到湘桂鐵路上的日軍目標。另外一半的 P-40 則進駐贛州，將打擊範圍擴展到福建省甚至於浙江省，使日軍難以判斷他的 P-40 是從哪一個基地起飛，彷彿一切又回歸到 CATF 打空中游擊戰的時代。而 74 中隊地位的提升，除了赫伯斯特中隊長的努力外，還與 75 中隊失去了一位有能力的中隊長有關。

　　奎格利少校在 8 月 10 日率領 P-40 機群攻擊湘江時不幸遭日軍防空機槍擊落，大難不死的他在跳傘落地 10 分鐘後為日軍所捕獲。他在 11 日晚間被送上了一艘開往湘江北岸的小船，途中目睹到數以千計的日軍在黑夜掩護下，搭乘中國船隻南下增援「湘桂作戰」的壯觀畫面。當下奎格利想到的不是有沒有人能救他脫離險境，而是懊惱 P-40 不具備夜間作戰能力，否則就能將眼前的日軍人海一網打盡，甚至為此葬送自己也在所不惜。事後奎格利在日軍戰俘營裡待到二戰結束後才重獲自由，而他的擊落卻幾乎徹底葬送掉 75 中隊成軍以來不怕死的傳統。

　　原來接替他擔任中隊長的豪斯少校（Arthur T. House Jr.），雖然是在新幾內亞戰場上駕駛 P-40 參戰的老手，卻是一個不喜歡讓自己還有手下飛行員身陷險境的怕事之人。所以 75 中隊雖然是衡陽保衛戰期間 23 大隊出勤次數最高的飛行中隊（平均一個月出擊 89 次），可是從豪斯 8 月 15 日上任以來到 9 月 1 日為止，他們只執行了兩次掃蕩與兩次俯衝轟炸任務。8 月 17 日又有福爾瑪中尉（James E. Folmar）執行對地炸射任務時遭擊落身亡，讓作風已經夠保守的豪斯更加不願意指派任務給 75 中隊。於是就只剩下 74、76 以及 118 偵察中隊的弟兄們大展身手。

　　「游擊中隊」在 8 月 16 日攻擊了蕪湖與安慶，接著到了 21 日又以福建建甌為跳板掃蕩浙江金華的日軍機場。118 偵察中隊在 8 月 28 日與中美混合團 5 大

隊一起出擊湖北岳陽，結果同 25、48 戰隊的「隼」及 22 戰隊的四式戰爆發遭遇戰，成為 23 大隊首支和「疾風」交手的中隊。

P-40 與「疾風」的較量

22 戰隊做為首支裝備「疾風」的試驗部隊，本來是要被派到菲律賓迎戰美軍反攻，卻在第 5 航空軍參謀長橋本秀信少將的建議下被優先派來到武漢。所以 8 月 28 日的岳陽空戰，其實也是四式戰的第一次實戰紀錄，可見日本陸軍航空隊期望從中國開始贏回空中的戰爭。不過 22 戰隊的首局運氣就不佳，在首場空中遭遇就碰到中美混合團 5 大隊第 26 中隊王牌飛行員考爾曼中尉（Philip E. Colman），先是其中一架「疾風」在半空中被打到起火燃燒，飛行員雖跳傘成功卻落入長江慘遭滅頂，稱得上是出師未捷身先死。盟軍這天也好不到哪裡去，駕駛 P-40N 掃射安徽蕪湖的 74 中隊班乃德中尉（Gordon F. Bennett），不幸遭地面防空火力擊落。班乃德落地後為日軍俘虜，與 75 中隊奎格利中隊長一樣在戰俘營待到戰爭結束為止。

8 月 30 日，22 戰隊的 10 架「疾風」又在岳陽上空與 76 中隊的 P-51B 六架爆發空戰，這次輪到四式戰憑藉數量優勢打下野馬機一架，並擊殺了飛行員。

這架由麥克萊倫中尉（William D. McLennan）駕駛的野馬，成為首架遭「疾風」擊落的美軍戰鬥機。外號為「大東亞決戰機」的「疾風」，不只有遠勝於「隼」與「鍾馗」的速度與靈活性，根據 22 戰隊的實戰報告，「疾風」的極速與 P-51B/D 大致相當，而且爬升性能還略佔優勢，再搭配機鼻上的兩挺 12.7 公厘與機翼上的兩門 20 公厘機砲，火力比起野馬機只有過之而無不及。另外「疾風」還可掛載兩枚 550 磅的炸彈，具有「隼」及「鍾馗」所缺乏的對地攻擊能力。從各方面來看，「疾風」都是日本陸軍航空隊史上性能最全面的戰鬥機。被盟軍認為是以德國 Bf 109 戰鬥機為基礎研發的三式戰鬥機「飛燕」，雖然同樣可以掛炸彈，但速度與爬升性能還是遠遠被「疾風」甩在後頭。

　　9月1日，一架四式戰在湖南新市上空失蹤，沒能返航的飛行員為若井政治軍曹。日方沒有記載若井政治軍曹失蹤的原因，但同一天在湖南新市上空，駕駛P-40N 的 74 中隊米爾克斯中尉（Robert L. Milks）卻聲稱擊傷了「鍾馗」一架。由於當時日軍尚未公佈「疾風」的消息，米爾克斯攻擊的極有可能就是若井政治軍曹的「疾風」。

　　米爾克斯擊落的「疾風」並非「游擊中隊」取得的唯一戰果，當天五架從漢中起飛的 P-40N 炸射南昌機場及九江的日軍內河航道，並與七架 48 戰隊的「隼」遭遇。雙方經過激烈的交鋒後，克里斯曼中尉（James E. Chrisman）擊落了「隼」一架。此一戰果事後獲得 48 戰隊確認，戰死的飛行員為中田正夫軍曹。

　　近三個月的空戰打下來，無論 25 還是 48 戰隊都損失慘重，其中 48 戰隊只剩下 13 架飛機可用。為了防止武漢防空陷入空虛，影響到第 11 軍的後勤補給，第 5 航空軍不得不從安徽安慶機場臨時調派第 9 戰隊的「鍾馗」進駐白螺磯機場。74 中隊在 9 月 1 日一連擊落兩架敵機，P-40 不愧是一款老當益壯的機種，無論是對空還是對地作戰表現都不輸給早期型野馬。然而在 85 戰隊都開始裝備「疾風」的情況下，持續以 P-40N 力抗第 5 航空軍並不切實際。陳納德與文森特要讓 23 大隊全面換裝野馬的需求，終於得到阿諾德將軍的回應。

鯊魚機退居二線

　　縱然在衡陽保衛戰期間痛打了第 5 航空軍一頓，但過去三個月來 23 大隊無論是人員還是飛機都經歷了嚴重的消耗。6 月份剛開打的時候，23 大隊還能動員 81% 的戰力，但是到了 8 月初就被消耗到只剩 68%。在 8 月的戰鬥中損失高達 30 架的 P-40，等到 9 月來臨時僅 48 架還能升空作戰，難怪文森特又開始透過陳納德向阿諾德尋求新機補充。

　　確實美軍在衡陽保衛戰期間承受的損失旗鼓相當，但美國的生產力卻遠非日本所能相提並論。純就產量來比較，二戰期間中島飛機公司生產了 5,919 架「隼」

與 1,227 架「鍾馗」。可 P-40 和 P-51 的產量卻高達 13,738 架和 14,501 架，光憑這點日本就沒有戰勝美國的可能。也因為野馬機在歐洲戰場上表現傑出，P-51 產量大幅提升，使文森特為 75 和 74 中隊換裝新機的願望有了實現的可能。

75 中隊從 9 月起開始接收 P-51C。B 型是在北美加州印格塢廠（Inglewood）生產，C 型則來自德州達拉斯廠，性能上兩者幾乎沒有差異。

1943 年 10 月以來，僅 76 中隊裝備野馬機的情況，到此刻終於畫下句點。提到 P-51C 與 P-40N 的差別，75 中隊飛行員羅培茲表示兩者座艙設計幾乎一樣，只有在升空後才感受得到兩款戰機性能上的差異。他表示 P-51C 只要 10 分鐘就可以爬升到 10,000 英尺高空，而 P-40N 卻需要 20 分鐘。提到自己首次駕駛 P-51C 時做出的許多高難度動作，羅培茲回憶如果換 P-40 來做恐怕早已失速。另外一項野馬機的優點，據羅培茲所述，P-40 的燃料是從兩側機翼開始燒起，導致機身在飛行時容易不平衡。P-51 是先從機腹開始消耗燃料，就沒有飛行時機身不平衡的問題。但無論是 P-51B 還是 P-51C，因為機翼設計薄弱的關係，在做高 G 動作的時候很容易發生機槍卡彈問題。另外野馬機座艙狹小，視野反而沒有 P-40 來得遼闊。

9 月 3 日，駕駛 P-51B 單機出擊浙江金華的赫伯斯特中隊長聲稱擊落九九襲一架，此戰果無法查證，若屬實的話，那將是 74 中隊首架以野馬機取得的對空戰果。可 P-51 大規模裝備，卻沒有辦法馬上扭轉地面上國軍的潰敗局勢。畑俊六將軍拿下衡陽後，便著手推動「一號作戰」的第三階段，即國軍所稱呼的桂柳會戰。

衡陽保衛戰的教訓，讓畑俊六與橫山勇深知桂林與柳州兩處飛行基地的威脅性。為了集中兵力打下兩地，畑俊六在武漢成立了第 6 方面軍以統籌指揮向南推進的 11 軍、防衛武漢的 34 軍，以及準備從廣州北上支援打通粵漢鐵路的 23 軍，並指派在中原戰場上擊潰湯恩伯部隊的北支那方面軍司令官岡村寧次大將擔任司令官。不過，23 軍司令官田中久一中將，在得知 11 軍的進攻路線由原本的粵漢鐵路轉到了連結衡陽與桂林的湘桂鐵路後，同樣調整了攻擊方向，沿著西江北上

向桂林與柳州撲來。不料第9戰區司令長官薛岳，卻對桂柳的防禦工作漠不關心，反而將主力部隊集中於廣西全縣，坐視日軍在9月7日拿下已經被文森特放棄的零陵機場。

桂林機場的火線大撤退

擔任首任第6方面軍司令官的岡村寧次大將，雖然此刻在地面戰場上佔盡優勢，卻很快與他過去擔任北支那方面軍司令官時有著全然不同的體會。趕往武漢上任的他，不能從北平直接飛往武漢，而必須繞道南京，沿著一路上有防空火力護衛的長江航線進入武漢空域。

曾以第11軍司令官身份於1938年率軍攻取武漢的岡村寧次，對於盟軍掌握華中制空權的現況感嘆道：「以前敵機極為罕見，在漢口、九江之間往來內地之大型運輸艦長達30到40隻，如今連10噸左右的小船均被敵美空軍炸光。」提及日本陸軍航空隊，他坦言：「飛行隊青年軍官因頻頻出征，常常有去而不回者，在偕行社食堂每天照料他們的少女，睹此情景，露出淒涼神態，毫無青年朝氣。」

最後提到中美空軍給日軍地面部隊造成的傷害，岡村寧次更是痛心疾首道：「在空戰方面敵人一旦居於優勢，我空路交通暫時受阻，只能於早晚進行短暫飛行。此種情況，本年4月在河南作戰時我已有所體驗。但目前制空權竟已全被敵人掌握，對敵機的猖獗活動竟幾乎束手無策，我方空路交通處境極為艱難。」

為了防止岡村寧次如同中薗盛孝般遭「斬首」，日軍甚至不敢出動專機送他到漢口，而是以三架百式司偵運送他與隨從人員，並派遣六架戰機護航，處境相當狼狽。

9月9日，眼見白崇禧、薛岳還有張發奎的部隊絲毫沒有團結起來保障桂林的決心，百般無奈的文森特只能下令將第68混合聯隊部以及23大隊部從桂林撤出。格里菲斯帶領76中隊轉往廣西丹竹機場，與撤退到柳州的118偵察中隊持續掩護第11轟炸機中隊的B-25為張發奎提供空中支援，豪斯中隊長則率領75

中隊飛往湖南芷江，與中美混合團 5 大隊合作炸射洞庭湖的日軍，並伺機將矛頭對準武漢的第 6 方面軍司令部。

赫伯斯特奉文森特之命將 74 中隊所有的 P-40 和 P-51 都集中到贛州，針對華南日軍全面開展空中游擊戰。威爾森（Tom R. Wilson）9 月 14 日率領 76 中隊的 11 架 P-51B 襲擊廣東三水的日軍 23 軍陣地，接著再飛往白雲機場投彈，然後如願以償的與 85 戰隊八架「鍾馗」接觸。

一輪空戰打下來，威爾森與安德森（Richard L. Anderson）各聲稱擊落「鍾馗」一架，但 85 戰隊失去二式單戰一架。正當美日雙方於白雲機場上空激烈纏鬥的同時，史迪威在陳納德陪同下對桂林做最後一次檢閱。兩人和文森特、張發奎召開了一場軍事會議後，下達了將秧塘、二塘以及李家村機場爆破的命令。

20 架從昆明調來的 C-46 運輸機隨即動了起來，開始撤出桂林基地的物資與人員。全基地官兵不分階級，攜手合作將基地裡的發電機、輪胎與帆布包等物資一件又一件送入 C-46 的機艙，甚至兩座用來輾平碎石跑道的石輾子，都被美軍設法用卡車運了出來。到了 15 日一大早，秧塘機場只剩下一架 C-47 運輸機和文森特的 B-25 專機「銀色拖鞋」（Silver Slipper），他與希爾大隊長是最後撤走的兩人。

對於兩位從 CATF 時代，甚至於志願隊時代就追隨陳納德的 23 大隊元老級飛行員而言，桂林有太多難忘的美好回憶。不過為了防止三座現代化機場落入日軍手中，他們只能忍痛將蔣委員長「焦土抗戰」的政策貫徹到底。

丹寧的教誨

隨著紅色信號彈劃破夜空，爆破小組先從李家村與二塘兩座衛星機場開始引爆，接著才輪到面積最大的秧塘機場。被潑上燃料的建築物燒了起來，被埋入 500 磅或 1,000 磅炸藥的跑道也隨之爆炸，跟著文森特與希爾兩人的作戰回憶一起化為烏有。然後文森特駕駛著他的愛機「銀色拖鞋」，載著坐在他副駕駛座的

希爾大隊長、後座的戰地記者白修德，從留給他們的最後一條臨時跑道上起飛，跟在 C-47 運輸機後方飛離秧塘機場，宣告 23 大隊在桂林的日子正式結束。

失去桂林對文森特而言，等同於把他手中的正規軍打落了游擊隊的原形，心中必然是無限感嘆。不過 CATF 時代的經驗，卻讓他知道游擊隊還是有游擊隊的打法，並不打算就此坐以待斃。而率先做出改變的，是在豪斯帶領下，把絕大多數時間與燃料用於訓練，不再輕易出擊的 75 中隊。75 中隊出現改變的原因，並不是因為豪斯突然變得有擔當了起來，也不是因為他被文森特或者希爾給撤換掉，而是受到中美混合團 5 大隊美國籍的副大隊長丹寧中校（John A. Dunning）以身作則的影響。

衡陽保衛戰期間不同大隊飛行員之間產生的摩擦，導致文森特做出推動各大隊部虛級化，把各飛行中隊指揮權直接交給所在基地聯隊的決定。75 中隊進駐的芷江基地雖然沒有任何聯隊部，卻是第 5 戰鬥機大隊大隊部的所在地，而 5 大隊在級別上又高過 75 中隊，因此後者在芷江期間的指揮權自然就改由 5 大隊接管。

在身先士卒的丹寧中校影響下，75 中隊逐漸找回過往積極參戰的風氣。9 月 19 日，九架 P-40N 在湖南新市上空大戰六架 22 戰隊的「疾風」，布朗中尉（Joseph Brown Jr.）聲稱擊傷了「隼」一架。與 74 中隊飛行員米爾克斯 9 月 1 日取得的戰績一樣，可布朗聲稱的戰果卻有些保守了，他不是「擊傷」一架「隼」，而是「擊落」了川口繁春曹長駕駛的「疾風」。

接著 75 中隊在 21 日與 5 大隊一起出擊新市，先由大隊的 16 架 P-40 低空攻擊，75 中隊的 12 架 P-40 高空掩護，然後再反過來兩隊替換低空攻擊與高空掩護的角色。結果輪到 75 中隊低空炸射時，25 戰隊的「隼」就突然殺了出來。

75 中隊皮特森中尉（Robert S. Peterson）兩枚炸彈剛投下去，一架「隼」就迎面向他開火，皮特森將計就計以對頭攻擊擊落眼前的敵機。隨即皮特森又以仰角攻擊，將另外一架「隼」給打了下去。帕勒姆中尉（Forrest F. Parham）在追擊前方的一式戰編隊時，因為速度太快險些與其中一架「隼」相撞，不過他仍聲稱

取得擊落敵機一架的戰果。從成都第 81 戰鬥機大隊交換到 75 中隊的格里斯沃爾德中尉（William T. Griswold），則對一架脫離編隊後向下墜落，又試圖爬升重新歸隊的「隼」發動俯衝攻擊，成功將其擊毀。

　　根據日軍的記錄，當天 25 戰隊在新市上空交戰的 12 架一式戰之中有兩架沒有返航，其中一架可能是被皮特森擊落，另外一架戰果應為帕姆勒或格里斯沃爾德所取得。不過考慮到當天 5 大隊也聲稱擊落六架敵機，所以這兩架「隼」也可能是後者的戰果。隔日 75 中隊 12 架 P-40N 對地面目標實施炸射時，遭到 48 戰隊佔據高度優勢的「隼」攻擊。負責高空掩護的 5 大隊 16 架 P-40 衝了下來將一式戰趕走，解除了 75 中隊的危機，使丹寧在芷江的地位更是水漲船高。

抵銷「一號作戰」的成果

　　棄守桂林後，赫伯斯特隨即強化了對日軍佔領區的空中攻勢，他在 16 日與查普曼少校（Philip G. Chapman）各駕駛 P-51 野馬機一架，掩護 P-40 炸射江西南昌。七架 85 戰隊的「鍾馗」突然竄出，對赫伯斯特與查普曼發起攻擊，兩人完全沒有發現「鍾馗」的到來。所幸丹尼中尉（Chester N. Denny）駕駛 P-40N 即時繞到「鍾馗」後方，開火將二式單戰驅離，才救了赫伯斯特與查普曼。

　　赫伯斯特考量到查普曼即將接替自己成為 74 中隊的中隊長，決定再帶查普曼飛往浙江金華熟悉環境。在對諸暨浦陽江一座橋梁施展俯衝攻擊時，查普曼的發動機遭地面防空火力擊中，迫使他緊急跳傘。確認查普曼少校成功跳傘後，赫伯斯特便繼續掃蕩金華的鐵路線。他開火掃射了一列火車，還在返航途中聲稱擊落一架「隼」，此空中戰果無法從日軍史料中得到證實。9 月 21 日，隨著位於廣東省與廣西省交界處的梧州遭日軍攻陷，文森特下令 76 中隊撤出丹竹機場，使 74 中隊接續成為距離日軍佔領區最為接近的飛行中隊。

　　既然外號是「游擊中隊」，擊落日機當然不是 74 中隊的主要目標，而是盡可能騷擾日軍佔領區的精華地帶，讓畑俊六、岡村寧次、橫山勇、田中久一以及

南京國民政府的官員們知道美國的空中武力依舊強大。對日軍的空中打擊，不會隨著衡陽與桂林機場的撤守就結束，日軍在「一號作戰」中取得的成果不過是白費心機。

74 中隊情報官凱斯克指出，「游擊中隊」的活動範圍約有半個美國之大，他們會在出擊前公開自己攻擊目標的位置，故意讓日軍知道他們即將出動。赫伯斯特會透過第 14 航空軍與中央情報局的前身，即戰略情報局（OSS）合組的第 5329 空地資源技術參謀小組（5329th Air and Ground Resource and Technical Staffs）派出特工，摸清敵軍的佈防位置後才採取行動，盡可能減少對地打擊任務的傷亡率。而且實際攻擊的目標偶爾還要與宣佈攻擊的目標不一樣，才能給日軍還有和平建國軍製造恐慌和心理壓力。

9 月 28 日，「游擊中隊」執行了成軍以來最為成功的一次任務，由克勞佛中尉（James A. Crawford）率領四架 P-40 與兩架 P-51 掃射廈門禾山機場。此次攻擊是為了美國海軍第 38 特遣艦隊即將對臺灣發起的空襲做準備，因為該機場可能為日本海軍航空隊用於攔截美軍艦載機。根據 5329 小組回傳的情報，禾山機場的機堡內有大量零戰，務必要優先予以摧毀。當天「游擊中隊」回報以六架戰機（四架鯊魚機與兩架野馬）摧毀了七架零戰，期間只遇到地面防空火力微弱的抵抗。實際上駐防廈門機場的零戰共有兩架遭炸毀、一架遭擊傷。返航途中，克拉克中尉還掃射了廈門的日本海軍水上飛機基地。

總之禾山機場在稍後爆發的臺灣近海航空戰中沒有為日本海軍航空隊用來打擊第 38 特遣艦隊的記錄，或許這就是赫伯斯特發起空中游擊戰所期望達到的遏阻目標。

野馬機大顯神威

美國龐大的工業生產力，使 23 大隊的飛機數量到 1944 年 10 月提升至 105 架，尤其 P-51 的架數逐漸超過 P-40。

　　受到惡劣氣候影響，23 大隊 10 月份的第一場空戰要等到 4 日才爆發，76 中隊的 P-51B 和 P-40N 在這天於廣西梧州上空遭遇 85 戰隊的四架「疾風」與四架「鍾馗」，其中一架是由王牌飛行員若松幸禧大尉駕駛，導致美軍傷亡慘重。76 中隊野馬機和鯊魚機各一架被擊落，P-51B 飛行員雷希斯中尉（Henry Leisses）與 P-40N 飛行員蘇爾中尉（Rex B. Shull）雙雙陣亡。

　　美軍也非毫無戰果，摩爾中尉（Harry C. Moore）聲稱擊落了 44 戰隊的九八直協一架。隔日下午，才真正由同樣從柳州起飛的 118 偵察中隊為 76 中隊報一箭之仇，當天他們派出 12 架 P-51B 掩護 12 架 B-25 轟炸機空襲廣東三水，與 85 戰隊的 11 架「鍾馗」、六架「疾風」正面碰上。若松幸禧大尉這天同樣駕著他紅色機頭塗裝的「疾風」參戰，結果他的機砲發生故障，給了野馬機逆轉勝的機會。

　　根據日軍檔案，85 戰隊共有三架「鍾馗」，一架「疾風」在這天被打掉，其中細藤才大尉、庄司利治准尉、藤井勤吾伍長以及西森壽惠德伍長等四名飛行員戰死。118 中隊的戴維斯中尉（Henry F. Davis）聲稱擊落一架「隼」、達比（Raymond V. Darby）以及瓦茲中尉則各聲稱擊落一架「鍾馗」，與日軍實際的損失數目相當接近。

　　7 日，輪到「老爹」親率「游擊中隊」三架 P-40 和兩架 P-51 攻擊九江二套口機場，這次他們遭遇到 29 戰隊的二式單戰五架，雙方勢均力敵的在機場上來了一次決鬥。勝負很快就分了出來，兩架「鍾馗」遭擊落，飛行員橋本光南軍曹與五味正雄軍曹死亡，極有可能為考辛斯及丹尼的戰果。隨著野馬機逐漸成為 23 大隊的主力，就算 85 戰隊和 22 戰隊把最強的「疾風」派出來與 P-51 較量也沒有用，戰爭終究打的是整體國力。只生產 3,514 架的四式戰，投入到總體戰中根本就不可能是 P-51 的對手。從 10 月 8 日起，「游擊中隊」再次把注意力轉移到對地打擊上，先由庫克上尉在 9 日對安慶的日軍內河航道進行了一次掃蕩。

　　10 月 10 日是中華民國國慶日，雖然當天氣候惡劣，74 中隊仍從政治考量冒雨出擊。厄普契奇少尉（Thomas H. Upchurch）在完成任務後脫離編隊，最後於

大雨中撞山死亡。

　　一如開羅會議上史迪威提出的規劃，以成都為基地的 B-29 在 10 月 14 日對臺灣南部的港口與機場展開了戰略轟炸。與規劃不同的是，第 20 轟炸機司令部配合的單位並非中華民國國軍，而是從太平洋方向攻來的美國海軍第 38 特遣艦隊。雖然中國駐印軍和中國遠征軍在滇緬戰場上的反攻極為順利，可國軍在「一號作戰」中的慘敗已使美軍認為派軍登陸臺灣沒有必要了。此次 B-29 和海軍艦載機對南臺灣的炸射，並非是為了登陸臺灣所準備，而是要防止駐臺的日本陸軍或者海軍戰機阻礙第 38 特遣艦隊對菲律賓的反攻。擊敗日本不再需要經由登陸臺灣或者中國沿海來執行，自然使中國戰場的戰略地位大幅下降。不過美國還是要從穩定戰後東亞秩序的考量介入中國政治，這就涉及到了是否還應該繼續承認蔣中正委員長為中國唯一合法領袖的問題。

移除了合作的絆腳石

　　國軍在滇緬戰場上的勝利與在「一號作戰」的失敗形成強烈對比，這不只最早主張打通中印公路的史迪威成了先知，也讓蔣中正的國際形象一落千丈。史迪威雖然沒有如謝偉思或者凌華德那般主張拋棄蔣中正，但是他認為國軍在「一號作戰」的潰敗足以證明蔣中正不具備駕馭中國軍隊的能力，所以他在 1944 年 7月 7 日透過羅斯福總統向蔣委員長施壓，要求蔣委員長交出中國軍隊的指揮權。

　　羅斯福甚至還在信中以義大利、法國以及太平洋戰場的經驗為例，告誡蔣中正光憑藉空權武力沒有辦法擊敗有頑強決心的敵人，意即陳納德的主張已全然失敗，是時候該採納史迪威的提議了。事實上蔣中正也從來沒有把陳納德光憑空權就能擊敗日本的狂言當一回事，他想靠搭美國順風車贏得對日抗戰的過度樂觀期待，確實也是導致國軍面臨「一號作戰」時慘敗的首要原因。可史迪威搬出羅斯福總統羞辱蔣委員長的行為，同樣犯了外交上的大忌，嚴重踐踏了中華民國的主權。蔣中正非但不能同意，還要求羅斯福總統撤換史迪威。

　　雖然史迪威反攻滇緬的主張確實是比陳納德的更具可行性，但他終究還是因為自己的偏執，導致羅斯福陷入必須在他與蔣中正之間選邊站的尷尬處境，否則中美同盟關係將徹底崩盤。所幸羅斯福派來重慶協調蔣委員長與史迪威將軍衝突的特使赫爾利（Patrick J. Hurley）綜觀全局，知道蔣中正雖然有許多缺點，卻是美國在戰時與戰後所唯一可以信賴的中國領袖。凌華德所支持的李濟深，此刻已經是為時代拋棄的地方軍閥，雖然與薛岳、余漢謀關係曖昧，卻得不到白崇禧、張發奎等其他廣東地方實力派的支持，絲毫沒有與蔣中正抗衡的能力。共產黨確實是一股崛起的力量，卻與美國在意識形態上存有難以舒緩的矛盾，從根本上就不是美國可以合作的夥伴。大隊長希爾就在回憶錄裡批評中共利用國軍全力抵抗「一號作戰」的機會發展壯大，擴張了 100 萬人的武裝力量。陳納德雖肯定共軍營救身陷敵後的美軍飛行員，卻同樣批判共軍在「一號作戰」期間毫無作為。如果共軍真的有心抗日，只要對平漢鐵路上的日軍施以騷擾，就能大幅紓解國軍在中原戰場上的壓力。

　　甚至單從有利於 23 大隊的角度出發，拯救本尼達的新 4 軍利用日軍進攻衡陽的時機將根據地從湖北省東北部一路往河南省南部擴張，其中日軍 25 和 48 戰隊使用的前進基地白螺磯機場，一直都在李先念部隊的擴張範圍之內。而 8 路軍在抗戰初期的山西戰場上，已經有成功襲擊陽明堡機場的經驗，外加華中日軍主力正傾全力進攻衡陽的第 10 軍，若新 4 軍對白螺磯機場發動類似陽明堡機場的攻擊，肯定能比營救飛行員帶給 23 大隊更大的幫助，顯見趁亂擴張對中共而言遠比抵抗日軍重要。

　　蔣中正終歸還是美國的忠實盟友，雖然與邱吉爾一樣有搭順風車的心態，卻不曾屈服於軍國主義的日本、納粹主義的德國以及共產主義的蘇聯。

　　權衡了所有利弊，赫爾利於 12 日向總統提出撤換史迪威的建議。羅斯福也知道美國沒有失去中國的本錢，最終接受了赫爾利的建議，於 10 月 19 日宣佈撤換史迪威，移除這塊給中美關係帶來負面影響的絆腳石。

第十六章

毀譽參半的武漢大空襲

　　為了舒緩重慶面對的壓力，中美聯軍計畫在武漢的日本租界，利用 B-29 實施地毯式的戰略轟炸。這項第一次利用燃燒彈在中國城市空襲的計劃所產生的「附帶損傷」，造成了令人意想不到的政治效應。許多在武漢實施的行動，日後也會轉移到日本的各大城市來進行。同時，中美聯軍在日軍佔據的南京，發動了奇襲轟炸，殺得日軍措手不及。以上行動對於整體戰局的影響有限，但中美聯軍的意圖旨在鼓舞基層的士氣。

　　塞班島失陷後，日本大本營為了確保「絕對國防圈」不被突破，準備發起「捷號作戰」來抵擋美軍對菲律賓、臺灣、西南諸島，以及日本列島的兩棲攻勢。為了集中資源對抗從海上來襲的美軍，且伴隨著塞班島的陷落，B-29 轟炸機對日本本土的轟炸已無可避免，「一號作戰」的推行看似無必要。更何況粵漢鐵路與湘桂鐵路等鐵路線，仍持續遭到從柳州、贛州、遂川以及芷江機場起飛的中美機群騷擾，戰略運輸的價值遭到大幅抵銷。於是在大本營與支那派遣軍內部便出現了是否該將「一號作戰」執行到底的爭論。

　　剛接替畑俊六出任支那派遣軍總司令官的岡村寧次大將，由於部隊天天遭受戰機的掃射，自然大力支持把「一號作戰」打下去，直到第 14 航空軍與中美混合團被趕出中國為止。大本營方面包括陸軍省在內，都主張應該立即叫停在中國的軍事行動，因為保衛本土比征服中國還要重要，而且「一號作戰」取得的唯一成就恐怕也只有動搖重慶國民政府的威望而已。可策劃「一號作戰」的真田穣一

郎與服部卓四郎兩人，卻堅持要把這場動員 50 萬人的大戰打到最後。

可事實上「一號作戰」在制定階段時雖然有意讓國民政府誤認為日軍要打到重慶，但這只是純粹的欺敵戰術。顯然主導「一號作戰」的大本營參謀們都知道日本已無法避免在這場戰爭中敗給美國，甚至連推翻國民政府的目標都難以實現。對中國主權的侵略以及對中國平民的無差別屠殺，已注定使日本無法在這場對美戰爭中驅使中華民族主義為己所用。

然而「大東亞戰爭」對服部卓四郎等日本少壯派軍官而言，卻絕對不是一場毫無價值的戰爭。一是東南亞國家的獨立意識已經為日軍在戰爭初期的勝利所激發出來，西方殖民帝國已一去不復返，二來是被侵華戰爭激發出來的中華民族意識最終也會將目標對準美國。瓦解白種人對黃種人的「殖民壓迫」本就是日軍發起太平洋戰爭的初衷，只要這個「良善」的成果能被保留下來，「大東亞戰爭」就不算徹底的失敗。而蔣中正仰賴美國支持頑抗日本，看在服部卓四郎眼中，無疑為亞細亞民族乃至於全體有色人種的叛徒，如果真讓中華民國成為四強，與美國共同制定戰後東亞的遊戲規則，無疑只是讓白人殖民主義以另外一種樣貌重返亞洲，形成所謂的「白色太平洋」。

日本固然無法避免戰敗，甚至無法推翻重慶國民政府，卻還是可讓支那派遣軍精良的部隊盡可能削弱中央軍的實力。等日本戰敗後，真正代表中華民族主義的中國共產黨將順勢崛起，徹底推翻蔣中正領導的親美政權，這才是日本少壯派軍人堅持把「一號作戰」打到底的原因。

桂林與柳州的危機，沒有隨著 1944 年 10 月雷伊泰灣海戰開打而宣告解除，讓蔣中正認知到自己終究不可能靠搭順風車贏得勝利，擊退日軍的前提仍是要與美軍精誠合作。史迪威被召回後，中緬印戰區正式被拆解為中國戰區與印緬戰區（India-Burma Theater），印緬戰區首任美軍司令為索爾登將軍（Daniel I. Sultan）。魏德邁將軍（Albert C. Wedmeyer）則接替史迪威兼任駐華美軍司令與蔣委員長的參謀長。

從史迪威手中接下爛攤子的魏德邁，曾參與制定反攻歐洲的「勝利計劃」

（Victory Plan），是位出類拔萃的參謀軍官，他被賦予的任務是要重建並指揮「一號作戰」中潰敗的國軍，組織中國戰場的反攻。魏德邁與史迪威有何差異？他的到來，又會給陳納德與 23 大隊帶來什麼樣的影響？

空戰持續難分難解

1944 年 10 月 4 日，76 中隊派出 P-51 機群掃射西江上的日軍砲艦，參與這趟任務的飛行員包括不久前才分發到柳州基地的奧德羅少尉（Leonard O'Dell）。奧德羅 1924 年 9 月 1 日出生於西維吉尼亞州，從小就覺得當戰鬥機飛行員很酷、很刺激的他，在珍珠港事件後報名參加美國陸軍航空隊，然後再被派到中國戰場。

他並非志願來到中國，而且只在喬治亞州的哈里斯·內克機場（Harris Neck）受過 P-40 飛行訓練，結果一到柳州機場就改飛 P-51B，反倒使奧德羅十分不習慣，成為他這天不幸遭到日軍砲艦防空火力擊落的原因。他如同多數被擊落後生還的美國飛行員一樣獲得中國軍隊救助，不過救他的既不是共軍也不是真正意義上的國軍，而是意圖謀反卻沒能得到美國認真回應的李濟深將軍。

原來在周恩來鼓勵下，李濟深返回他的故鄉蒼梧縣組織了一個名為南區抗日自治委員會的政權，準備等日軍攻陷桂林以後另立西南聯防政府與中央分庭抗禮。李濟深為了爭取美國支持，對奧德羅自然是以禮相待，甚至安排懂英語的二兒子李沛金隨侍在側照顧他的生活，兩人逐漸發展出了結交一輩子的友誼。

文森特聯隊長與希爾大隊長沒有時間搭理李濟深的分離主義夢，他們持續調派戰機四處出擊，只為了幫助白崇禧和張發奎拖延日本 23 軍對桂林的進攻。10 月 16 日，118 偵察中隊與 76 中隊派出 P-51、P-40 掩護 308 重轟炸機大隊的 B-24 和 341 中轟炸機大隊的 B-25 轟炸香港。85 戰隊派出「疾風」與「鍾馗」各五架升空攔截，他們先集中攻擊 B-24，但注意力很快就被趕來支援的 P-40 和 P-51 給吸引過去。

　　118 偵察中隊無疑是這天空戰的主角，麥克卡馬士中隊長聲稱在九龍上空擊落與擊傷「鍾馗」各一架。當天 85 戰隊沒有任何損失，王牌飛行員若松幸禧大尉聲稱打下 B-24 與 P-40 各一架，P-51 三架。其實美日雙方這天都沒有戰損，算是勉強打了場平手。

　　76 中隊 8 月 17 日再度以 17 架 P-51 野馬機掩護 B-24 六架和 B-25 九架空襲廣州天河機場，85 戰隊再度派出五架「疾風」及五架「鍾馗」升空。此次空戰 85 戰隊以寡擊眾，擊落 P-51B 一架。遭擊落的野馬飛行員，是從 51 大隊 26 中隊交換到 76 中隊的波特中尉（Charles F. Porter）。波特如願得到軍民幫助，被平安送回大後方。

　　同一天，為了回應步步向「絕對國防圈」逼近的美國海軍第 38 特遣艦隊，大本營下令啟動「捷一號作戰」，將 29 和 22 戰隊從中國調往日本本土和臺灣，只剩下 85 戰隊繼續以「疾風」抵抗 23 大隊的空中攻勢。

　　三天後即 10 月 20 日，76 中隊派出 P-40 八架、P-51 七架和 118 偵察中隊的 P-40 八架與 P-51 六架，掩護 491 轟炸機中隊的 B-25 六架攻擊廣東三水。他們再度與 85 戰隊遭遇，來自 118 中隊的葛林擊落「鍾馗」一架，導致日軍飛行員根岸恒久中尉戰死。經過一個月的空戰打下來，85 戰隊的損失同樣慘重，戰死者高達 12 人，20 日的空戰結束後更是只剩下八架飛機可升空作戰。其實 23 大隊的狀況沒好到哪去，光 76 中隊在 10 月份就失去了 22 架飛機，「一號作戰」讓交戰雙方都付出了慘重代價。

重整 75 中隊隊風

　　芷江的 75 中隊，因為豪斯少校沒有執行任務的勇氣跟膽量，引起隊上弟兄天怒人怨，就連 5 大隊負責作戰指揮的副大隊長丹寧中校也看不起他。據羅培茲回憶，丹寧後來召開作戰會議都刻意排除豪斯，只讓他和塞古拉參加，等會議結束後再由兩人將結論轉述給那「狗娘養的」。為此 75 中隊的指揮權，更是牢牢

掌握在 5 大隊的手中，徹底融入中美混合團的架構。

　　鑑於羅培茲與塞古拉等在 1943 年 10 月以後抵達 23 大隊的飛行員，不僅欠缺與中國飛行員並肩作戰的經驗，還對後者存有種族意識上的偏見，丹寧還被賦予了消除偏見的軍事外交任務。他習慣在派遣任務給 5 大隊和 75 中隊時，選派優秀的國軍飛行員擔任分隊長，讓國軍飛行員直接指揮美軍飛行員作戰。時任第 29 中隊副中隊長的喬無遏中尉，就因為每趟任務都能帶領所有僚機返航，深獲 5 大隊與 75 中隊廣大弟兄的信賴。陳納德將中國飛行員編入 23 大隊的初衷，是為了替後者重建自信，包括指揮美國飛行員作戰的自信，這個目標隨著中美混合團的成立終於得到了實現。

　　正當 75 中隊在 5 大隊帶領下，越來越積極飛返戰場的同時，希爾大隊長接獲阿諾德將軍命令，調回南加州擔任 412 戰鬥機大隊的大隊長。以 P-59A 空中彗星式戰鬥機（Airacomet）為主力的 412 大隊，是美國陸軍航空部隊的首支噴射機大隊。希爾能肩負起帶領美軍走向噴射機時代的重責大任，代表他的飛行技藝與統御能力獲得層峰賞識。不過身為 75 中隊首任中隊長的他，還是對隊上出現豪斯這樣敗壞隊風的中隊長感到恥辱，打算在回國前「清理門戶」，拔掉豪斯的中隊長職務。最後是文森特出面為豪斯擔保，他才沒有在希爾離開前被撤職查辦。

　　文森特了解到豪斯在 75 中隊已不能服眾，將他調往第 68 混合聯隊的聯隊部擔任閒職，另外找 CATF 時代隨 16 中隊來華作戰，回到美國休息後二度調來中國的斯洛庫姆少校接替豪斯。慢慢的，在斯洛庫姆的帶領下，75 中隊重振了隊風。不過斯洛庫姆終究只是中隊長，而丹寧則在此刻晉升為 5 大隊的上校大隊長，所以 75 中隊在芷江還是要聽從 5 大隊的調度。

　　11 月 7 日，文森特下達了柳州機場的疏散與爆破命令，將 76 中隊與 118 偵察中隊撤往雲南陸良與呈貢。眼見從衡陽南下的 11 軍和從廣州北上的 23 軍向桂柳步步推進，保衛華南的重責大任就落到了丹寧大隊長與斯洛庫姆中隊長的肩上。鑑於 11 月 8 日 48 戰隊的一式戰二型 25 架已經在戰隊長鏑木健夫少佐率領下進駐衡陽機場，掛上炸彈為進攻桂林的日軍提供空中支援，丹寧命令 5 大隊和

75 中隊從 9 日起連續三天襲擊衡陽機場。48 戰隊則於 11 月 10 日接獲命令，對桂林的國軍砲兵陣地輪番炸射，可戰隊長鏑木健夫憂慮 5 大隊的騷擾，希望能申請讓「隼」回到距離前線較遠的白螺磯機場掛彈，卻沒能獲准。

所以當天他親自率領四架「隼」待在衡陽上空擔任掩護，等待其他「隼」完成掛彈後再回到地面。當天日軍對空情報網始終沒掌握到中美戰機的行蹤，於是等所有一式戰完成掛彈後就呼叫鏑木健夫戰隊長等四架「隼」降落。可就在四架一式戰準備落地的時候，八架由 75 中隊帕勒姆上尉指揮指揮的野馬突然從後方竄出，對他們施以猛烈掃射。

衡陽上空大亂鬥

鏑木健夫戰隊長憑藉優異的飛行技術閃過了攻擊，但是他旁邊的兩架一式戰都先後被子彈擊中油箱，其中一架當場遭帕勒姆擊落墜毀，另外一架則試圖閃開其他 P-51 的攻擊。而鏑木健夫的一式戰為了躲避野馬，一度因施力過猛而導致機槍卡彈。等座機一切性能恢復正常後，他又目睹西川宏義中尉的「隼」遭四架 P-51 圍攻，最後慘遭羅斯特中尉（David H. Rust）給打了下去。這天 48 戰隊共計損失一式戰兩架，不過鏑木健夫戰隊長還是因自己卓越的飛行技巧，確保了第二架油箱被擊穿的一式戰平安降落，也讓包括被帕勒姆安排在衡陽機場上空擔任掩護，總數多達 12 架的野馬放棄了對自己的攻擊。

75 中隊在衡陽上空取得的勝利，無助於避免柳州與桂林在同一天為日軍佔領。為了追擊敗退中的國軍，並為行進中的 11 和 23 軍提供空中掩護，來自 9、25、48 以及 85 戰隊的 60 架戰機在這一天齊聚衡陽機場。11 月 11 日，丹寧大隊長透過 5329 小組以及軍統局的協助，在第一時間掌握到了此一重大情報，這次他動員 16 架 75 中隊的 P-51 兵分兩路，八架由羅培茲帶領下飛往桂林支援張發奎，另外八架在凱利上尉（Stanley O. Kelly）指揮下向衡陽殺去。

25 戰隊以九架「隼」與「鍾馗」，外加 48 戰隊的 14 架「隼」升空迎戰。

當凱利率領的八架 P-51 抵達衡陽時，他們的注意力馬上就被下方的 25 戰隊的五架飛機給吸引過去。不過這次日軍採用戰術得宜，在 P-51 的上方還有四架「隼」和「鍾馗」組成的混合編隊，他們自上而下對八架野馬機發動攻擊，馬上就打掉了其中三架。所幸羅培茲的八架野馬機因為在桂林搜索不到日機，趕來衡陽支援凱利。13 架 P-51 集結起來，很快就逆轉戰局。根據羅培茲回憶，後來因為空中有太多飛機出現，衡陽上空陷入大混戰，似乎就連 85 戰隊的「疾風」都登場了。不過因為 P-51C 機槍卡彈的老問題，羅培茲在把一架「隼」打到冒出白煙後被迫停止攻擊，沒有辦法確認自己是否有取得戰果。這天遭擊落的三名野馬飛行員當中，只有米勒中尉（Robert P. Miller）一人陣亡，蓋德貝瑞少尉（Andrew J. Gadberry）跳傘後獲得游擊隊幫助，泰勒少尉（James M. Taylor）則為日軍俘虜。

羅培茲指出這是他到中國以來，損失規模最大的一次。當日是一戰的勝利紀念日，羅培茲在這天執行了他第 101 次也是最後一次任務。根據 23 大隊的規定，所有飛行員的任務上限都是 99 次，超過這個次數就會被禁止出勤。這讓羅培茲對 P-51C 的卡彈問題更是抱怨連連，使他失去了再增添一架戰果的機會。帕勒姆、凱利以及馬哈納中尉（Curtis W. Mahannah）各聲稱擊落敵機一架。日軍確認有四架「隼」被擊落，另外還有三架「隼」被擊傷後迫降，地面又有六架被摧毀、六架被擊傷，導致損失慘重的 48 戰隊被調回白螺磯機場整補。到快中午的時候，輪到「游擊中隊」的 P-51 對衡陽機場實施打帶跑攻擊。日機沒有起飛攔截，但是 74 中隊的費爾史東中尉（Norman S. Firestone）遭地面防空砲火擊落身亡。

日軍逼近重慶

同日下午，持續有 75 中隊的 P-51C 和 5 大隊的 P-40N 騷擾衡陽機場，不過伴隨著柳州與桂林的陷落，國軍的華南保衛戰還是以失敗告終。桂柳會戰失敗的關鍵在於張發奎身為粵軍將領，與桂系出身的白崇禧關係不睦，無法有效指揮 31 軍和 46 軍等廣西部隊作戰。不過提及 23 大隊與 5 大隊為守軍提供的空中支援，

張發奎將到了晚年還是不忘給予充分肯定：「他們實施空中偵察，為我們提供敵軍動態的情報，還轟炸敵人的交通線、倉庫，也轟炸敵軍，但並不容易，因為敵軍同我們一樣多數在夜間行軍，難以辨認。」

從張發奎的敘述中，顯然給他留下最深刻印象的是既能戰鬥也能執行戰術偵察任務的 118 偵察中隊。他們利用撤退到呈貢整補的短暫空閒時間，為自己的野馬機設計了全新的機身塗裝。中隊長麥克卡馬士本來想要給自己的中隊取名為「藍色閃電」（Blue Lighting），但是隊上弟兄只能找到黑色顏料，於是只能採用黑色與黃色交織的機身塗裝，使 118 偵察中隊獲得「黑色閃電」（Black Lighting）的外號。

希爾回美國後，被調往 23 大隊部的 75 中隊前中隊長羅弗伯洛接替了其大隊長的職務。他在文森特的指示下，將 118 偵察中隊調往遂川，與贛州的 74 中隊成為打空中游擊戰的兩支主力。「游擊中隊」不只襲擊日軍後方的機場、道路、鐵路以及內河航道，還配合 5329 小組與軍統局執行鋤奸任務，針對南京國民政府政要與和平建國軍官兵空投心戰傳單，內容為：「所有的日本猴子和傀儡狗，最好立刻投降，你們的末日已經來臨，難道你們還不知道嗎？這是最後一個為你們自己贖罪的機會了。美國陸軍航空部隊」。根據情報官凱斯克的回憶，74 中隊實施的心理作戰相當管用，到了後期他的情報來源除了戰略情報局、軍統局與美國海軍合組的中美合作所（Sino-American Cooperative Organization）以及經國先生的情報機構外，還有兩名受賄的日本軍官。但日軍與南京政府同樣也滲透到贛州，凱斯克指出蔣經國手下一位留學日本的王姓上校，就暗中替和平建國軍蒐集 74 中隊的情報，使「游擊中隊」的反情報作戰格外激烈。

到了 11 月 28 日，隸屬日軍南方軍的 21 師團從中越邊境城市諒山打入廣西，準備與 23 軍在綏淥會師，完成「一號作戰」的最後攻勢。從衡陽一路南下的第 11 軍則沿著黔桂鐵路北上，並派出 13 師團的 104、116 聯隊共 4,000 多人兵力朝貴州省獨山進軍。鑑於獨山與戰時首都重慶只有 500 多公里的距離，如果為 4,000 名日軍所輕易攻佔，勢必會危及中央政府所在地的安全。蔣中正見事態嚴重，派

遣 76 軍和 97 軍兩支戰略預備隊前往抵抗，卻慘遭日軍擊潰。

　　為了支援獨山守軍，從敵後脫險歸來的查普曼少校親率 74 中隊八架野馬機於 12 月 3 日掃蕩安徽蕪湖。當他們攻擊一艘貨輪時，跟在查普曼身後投彈的瓦森中尉（Manchester B. Watson）來不及拉高機頭，整架戰機撞入貨輪導致機毀人亡。

　　在這緊要關頭，蔣中正終於命令黃埔一期的孫元良將軍親率 29 軍開往貴州阻擋第 13 師團。面對中央軍的龐大壓力，兩個步兵聯隊日軍仍堅持了整整三天之久，才於 12 月 5 日撤出獨山，往黔桂鐵路南方的河池退去。

重返國都的天空

　　重慶的危機暫時宣告解除，但赫伯斯特中隊長顯然對打擊日軍交通線的任務感到不夠過癮，也想針對支那派遣軍總司令部的所在地南京發動一次具政治性與宣傳性的遠程攻擊。恰好 1944 年 12 月 8 日為珍珠港事件的第三週年，且第 68 混合聯隊的聯隊長文森特將軍也即將返回美國接掌第 30 訓練聯隊，赫伯斯特想對南京發動攻擊為聯隊長餞行。

　　他動員了 16 架 P-51 參加這場遠征，目標為南京的大校場機場。當查普曼帶領戰機群抵達南京上空時，他們首先遭遇到往來於北京和漢口之間的四架「疾風」，美日雙方在中華民國首都上空的第一場空戰隨即爆發。16 架野馬機憑藉數量優勢，向「疾風」發動攻擊，布朗上尉（Robert E. Brown）當即打下了其中兩架四式戰，當場將飛行員八木澤富夫伍長與立野晉一伍長擊殺。此刻汪精衛主席已在日本名古屋病逝，可無論對他的繼承者陳公博、周佛海還是與他對抗的蔣中正而言，南京都是中華民國國都的所在地，具有高度的政治意涵。

　　駐紮大校場的第 101 教育飛行連隊「飛燕」立即升空迎戰野馬。天賦異稟的飛行員博雅德（John W. Bolyard）與一架「飛燕」在大校場機場北方空域激烈交鋒，打了好幾個回合才將其中一架三式戰打到冒煙，卻無法證實是否有將其擊落。查

普曼發現「飛燕」沒有想像中好打，便靈機一動率領野馬機低空掃射留在大校場機場的飛機，導致九九雙輕四架、百式司偵三架、九七式重爆、「隼」各兩架、「屠龍」、「鍾馗」、「飛燕」、九九式高級練習機、一式雙引擎高等練習機及 MC-20 專機各一架被打到起火燃燒。此外還有「飛燕」四架、「隼」三架與九九雙輕一架被炸毀。反觀「游擊中隊」，只有馬吉爾中尉（Fredrick J. McGill）在低空炸射時因為螺旋槳遭日軍地面砲火擊毀而被迫跳傘，他在落地後為效忠重慶的游擊隊所救。此次空襲「游擊中隊」再創奇蹟，以一架野馬為代價擊落、摧毀了 27 架敵機。P-51 現身南京上空，給淪陷區軍民帶來了巨大的震撼，動搖了他們對日本打贏太平洋戰爭的信心，許多和平建國軍官兵趁機倒戈，暗中開始替盟軍和重慶服務。

「文斯」將軍離華

根據戰爭末期進入南京警備司令部的何健生回憶，日軍在 11 月 11 日南京遭到 B-29 空襲後，發了一挺防空機槍給警備司令部經濟處特務營，期望和平建國軍配合日軍抵抗來襲首都的美機。何健生指出，此為和平建國軍從日軍手中取得的唯一一挺防空機槍，可特務營的官兵並沒有在「游擊中隊」12 月 8 日來襲時認真配合日軍防衛首都領空。相反的，他們還偷偷以防空機槍瞄準與 P-51 纏鬥的「隼」與「飛燕」。所以當日空戰結束後，警備司令部的防空機槍就被日軍給收了回去，何健生表示前後的裝備時間還不到一個月。

受野馬機影響的不只是底層的和平建國軍官兵，就連南京國民政府主席陳公博，也如目睹野馬機現身柏林的德國國家航空部長戈林（Hermann Göring）一樣知道軸心國大勢已去，轉而加快了他與重慶聯繫的腳步。對南京的空襲確實產生了極高的政治效應，不過文森特仍認為扭轉「一號作戰」的關鍵，在於能否動員 B-29 對武漢來一次地毯式空襲。可惜的是，從 1942 年 11 月 17 日報到以來為陳納德服務整整三年之久的文森特，始終無法親眼見證這一天的來臨。

12 月 10 日，日軍 21 師團與 23 軍在綏淥完成會師，名義上宣告打通了從滿洲國到中南半島的陸路交通線，完成「一號作戰」的首要目標。兩天後，23 大隊與第 68 混合聯隊都出現重大人事異動，先是羅弗伯洛中校卸下當了兩個月的臨時大隊長職務，功成身退起程回國。身心俱疲的文森特則在 12 月 13 日將聯隊長的職務正式交給克拉森上校（Clayton Claassen），同樣踏上回國的旅程。

23 大隊的大隊長要職，由不久前從美國返回中國的瑞克特上校接任，他是過去希爾在美國海軍、美籍志願大隊以及 CATF 服務時的老戰友。瑞克特上校在 1941 年 12 月 20 日的昆明空戰中，為美籍志願大隊取得了在空中擊落第一架敵機的戰績，這讓他成為了與希爾齊名的王牌飛行員。新的聯隊長與大隊長，確實帶來了些新氣象，可文森特念茲在茲的任務卻還是遲遲未能執行，那就是動員 B-29 與 B-24 對武漢來一次重磅的源頭打擊。雖然「一號作戰」已經結束，但抗戰正在進行，此類戰略轟炸對提升國民政府抗日士氣大有幫助。

陳納德曾為此多次向史迪威提出要求，因為根據羅斯福總統 4 月 13 日給委員長的信，兼任駐華美軍司令與蔣委員長參謀長的史迪威可向參謀首長聯席會議申請使用 B-29。然而史迪威對蔣委員長的失敗幸災樂禍，根本無意向華府申請 B-29 的使用權。陳納德也為此多次向第 20 轟炸機司令部司令官李梅將軍（Curtis E. Lemay）提出火攻武漢的建議，因為根據他戰前的觀察，漢口日本租界的建築物與日本本土極為類似，可藉由空襲武漢來測試燃燒彈的威力。不過李梅對火攻日本不感興趣，因為過去他在歐洲擔任第 8 航空軍第 3 航空師師長的時候，對德國投下的炸彈只有 14% 是燃燒彈。其次則是李梅認為轟炸東京比轟炸武漢更能快速結束與日本的戰爭，實在沒有必要浪費時間與資源介入中國的戰局。

相比起陳納德，李梅等主流派美軍將領更在乎的是如何在更短時間內結束與德國還有日本的戰爭，對中國戰後政局的發展毫無興趣。就在陳納德感到絕望之際，繼任的魏德邁接受了陳納德與蔣委員長的建議，向參謀首長聯席會議申請了 B-29 的使用權。

史詩般的大空襲

　　本來李梅認為參謀首長聯席會議不會同意魏德邁的請求，不料阿諾德卻破天荒的給這次空襲開了綠燈，讓李梅與陳納德兩位將領都跌破眼鏡。原來此刻美國政府的政策，已經由原本史迪威時代迫使國共聯合抗日調整為鞏固蔣中正對中國的統治，所以必須藉由空襲武漢來挫敗日軍攻勢，為遭受「一號作戰」挫敗的國民政府提升士氣。縱然擊敗日本不再需要以中國戰場為跳板，但是美國仍必須要支持國軍的反攻，才能幫助蔣中正贏回中國的民心。

　　魏德邁發起「阿爾發」（Alpha）計劃，準備為國軍訓練 13 個軍 39 個師的現代化部隊展開反攻。不過在陸上反攻發起以前，先要有空中的反攻。他鼓勵陳納德盡可能在武漢西北方打造飛行基地，以在未來支援「阿爾發」部隊反攻湖南、廣西、廣東與香港。動員超級空中堡壘空襲武漢，不只是為李梅測試他的燃燒彈，同時也是吹起「阿爾發」部隊反攻的號角。萬事俱備只欠東風，在取得駐華美軍司令、美國陸軍航空部隊司令以及參謀首長聯席會的同意之後，擺在陳納德與李梅眼前的就是為火攻武漢選擇一個良辰吉日。

　　1944 年 12 月 17 日，日軍將三名被俘虜的美軍飛行員拉到漢口大街上遊街示眾，並動員日本憲兵假扮的中國人還有真的有親朋好友在美軍空襲中死亡的武漢平民以石頭攻擊「漢口盲炸美鬼」。三名飛行員被一番羞辱後，為日本陸軍 34 軍參謀長鏑木正隆宣判死刑，隨即被推入焚化爐活活燒死。日軍虐殺戰俘的恐怖暴行，透過 5329 小組的特工傳到陳納德、李梅與魏德邁耳裡，空襲武漢的日子因此選在 12 月 18 日執行。

　　李梅無論再怎麼心不甘情不願，還是派出了 84 架 B-29 對武漢展開轟炸，陳納德同時也動員了 200 架飛機參與任務。除超級空中堡壘外，最具重量級的攻擊編隊來自 308 重轟炸機大隊的 30 架 B-24 轟炸機。此外來自中美混合團 3、5 大隊，從西安起飛的 312 戰鬥機聯隊的 311 大隊都參加了這場中國戰區有史以來規模最大的空襲行動。23 大隊沒有缺席，但在武漢大空襲中稱不上是主力，除了掩護

B-24 空襲漢口市區，為直撲漢口碼頭的 B-29 引開日機注意力的 75 中隊外，其餘中隊都集中於打擊日軍在武昌的機場。

率先掩護 B-25 攻擊武昌機場的，是 118 偵察中隊的 17 架 P-51C，帶領他們的除了麥克卡馬士中隊長外，還有 23 大隊的副大隊長歐德爾少校（Charles C. Older），他與瑞克特大隊長同為美籍志願大隊的王牌飛行員。他們在中午抵達武昌機場上空，並與 25 戰隊的「隼」展開遭遇戰。歐德爾聲稱在武昌西北部擊落「隼」一架，他的僚機皮爾索中尉（Everson F. Pearsall）表示目睹了該架一式戰的墜毀。另外一位 118 偵察中隊的飛官柯維中尉（Carlton Covey）也聲稱打下一架「隼」。根據日方記載，他還曾對跳傘的日本飛行員施以掃射。當日 25 戰隊的山根友朋曹長與內海山之治軍曹兩人陣亡，田代忠夫准尉、清野英治准尉受傷，戰隊長向谷克已險遭擊落。此外還有清野英治准尉被數架野馬圍攻後迫降，損失十分慘重。不過同時在武昌空域與 25 戰隊交火的，還有 311 大隊的野馬機、5 大隊的鯊魚機，戰果並不盡然通通都屬於 23 大隊或者 118 偵察中隊的。

擊殺若松幸禧少佐

到了下午 1 點 30 分，輪到「游擊中隊」18 架 P-51C 在赫伯斯特中隊長與查普曼少校率領下掩護 12 架 B-25 來襲武昌。早上已經駕駛「疾風」與 B-29 還有 311 大隊野馬機接戰的若松幸禧少佐，又被迫二度起飛迎戰 74 中隊的 P-51。無論若松幸禧飛行技術多強，過去給 23 大隊帶來多少苦頭，上午的空戰都消耗了他不少體力。外加他紅色機鼻的個人塗裝實在是太過醒目，一升空就遭到 74 中隊超過 10 架的野馬機圍攻，日本陸軍航空隊的一代空戰英雄就此斃命。

85 戰隊當日累積共有三人戰死，查普曼、赫伯斯特、考辛斯、漢諾威中尉（Robert B. Hanover）與克里斯曼中尉（James E. Chrisman）都聲稱擊落了敵機。三架「疾風」肯定不夠五個人分，但至少可以證明他們一起「分食」了若松幸禧的座機。74 中隊亦有 P-51C 一架在當日為日軍防空火網擊落，不過飛行員惠勒

中尉（John W. Wheeler）順利跳傘，並在落地後立即為美國海軍指揮的軍統局特戰部隊忠義救國軍所救。74 中隊在沒有人員死亡的情況下，以一比三的戰損獲得武昌空戰的勝利。

　　唯一一場動員了 B-29 參與的武漢空襲，重創了第 5 航空軍，日方想方設法掩蓋自身的損失，只承認有兩架飛機被擊落，兩架失蹤，還有八架戰鬥機、四架九九雙輕、一架百式司偵被焚毀，六架戰鬥機被炸掉。事實上即便是從 25 戰隊還有 85 戰隊最保守的記載來看，當天第 5 航空軍損失的飛機總數量至少多達 25架，日軍在大武漢地區部署的飛機剩下不到 20 架。根據美方的情報，漢口租界遭 B-29 投下的 M-69 燃燒彈攻擊後燒了三天之久，陳納德為此在回憶錄裡聲稱這是一場成功的攻擊，讓李梅體認到燃燒彈的威力。不過對於陳納德的說法，李梅仍感到嗤之以鼻，堅稱對漢口的空襲只是浪費時間。

　　事後李梅升任第 20 航空軍司令，指揮從馬里亞納群島起飛的 B-29 對日本實施戰略轟炸，不只投下大量的 M-69 燃燒彈，而且都選在夜間低空進場以確保燃燒彈能準確投擲到目標區上空。以燃燒彈搭配夜間低空進場的戰術，確實與過去第 8 航空軍空襲德國時採用的戰術大相逕庭，不過美國軍方其實早在陳納德向李梅提出建議前的 1944 年 8 月，就已經確定了以燃燒彈摧毀日本城鎮的作戰計劃。無論武漢大空襲是否真的如陳納德所言賦予了李梅火攻東京的靈感，這場行動都給了第 5 航空軍帶來毀滅性打擊，也迫使岡村寧次推遲了出兵攻佔贛州與遂川兩座機場的時間，從戰略角度來看確實是一場偉大的勝利。

　　到武漢大空襲爆發前，第 5 航空軍投入對第 14 航空軍作戰的飛機數量為151 架，比開戰之初的 217 架少了整整一半的數量。武漢大空襲不只讓第 5 航空軍又失去了至少 25 架的飛機，還造成大量有實戰經驗的飛行員死亡，尤其若松幸禧少佐的死亡更是無法彌補的損失。

不可忽視的附帶損傷

　　武漢大空襲確實在軍事上取得了巨大成功，然而武漢終究是中國人的城市，不是日本人的城市，雖然 B-29 集中以漢口日租界和碼頭為投彈目標，但以燃燒彈實施大規模地毯式轟炸是不可能沒有中國平民受到波及的。據地方文獻記載，B-29 投下的燃燒彈令一元路至五馬路、江邊至鐵路線一帶長約 3 公里、寬約 5 公里的區域陷入一片火海，遭焚毀的房屋超過 15,600 棟，傷亡人數更是高達 40,000 人之多。

　　退役海軍上校王兆銘為武漢大空襲的親身經歷者，他在 1944 年 12 月 18 日當天很慶幸被父母帶著從家裡後門逃往郊區避難成功。如果當天他與父母、弟弟是從前門往江漢大道逃亡的話，很可能已經全家慘死。王兆銘指出，當天 B-29 投下的燃燒彈以高溫燒掉了空氣中的氧氣，導致 500 人在江漢大道上窒息死亡。得知有大量平民慘死的消息後，蔣中正當晚的日記裡提到：「本日美機轟炸武漢，未經我同意，亦未事先知照，彼自以為得意，未顧及我國人民犧牲之慘，此乃美國無視於聯盟作戰的基本原則，亦顯示聯盟參謀作業之無效。」

　　顯見蔣中正認為發生在武漢人民身上的不幸，來自於第 20 轟炸機司令部在發起空襲前沒有通知自己所造成，所以在日記裡譴責美軍破壞了聯盟作戰的基本原則而且還不尊重中國的主權。然而從中美混合團三個大隊的 B-25 和 P-40 都投入到武漢大空襲這點來看，蔣中正所謂美軍發起空襲前未事先向他知照的說法是很難成立的。尤其是根據當天駕駛 P-40N 參戰，還打下了一架一式戰的喬無遏晚年回憶，其實美軍在發動空襲前就已經透過空投傳單、播放廣播乃至於在軍統局特工協助下試圖疏散武漢市民。雖然最後仍不幸造成大量平民傷亡，但重慶的層峰不可能對空襲的執行一無所知。軍統局不只動員特工疏散武漢民眾，還事先安排忠義救國軍隨機待命營救可能在武漢大空襲中被擊落的盟軍飛行員。可見蔣中正不只對武漢大空襲完全知情，而且這場由第 20 轟炸機司令部、第 14 航空軍以及中美混合團聯手實施的大規模轟炸還極有可能是在蔣委員長本人要求下發起

的。他之所以事後在日記中把責任推給美軍，純粹就是為規避自己的政治責任。

採取類似態度的，還有英國首相邱吉爾，他在戰爭爆發之初也曾大聲疾呼對德國展開無差別轟炸。然而到了戰爭末期，隨著越來越多歐洲平民慘死於無差別轟炸的消息傳到他耳中，邱吉爾立即選擇與皇家空軍轟炸機司令部司令哈里斯（Arthur Travers Harris）劃清界線，與蔣中正一樣試圖規避自己的政治責任。到了 12 月 19 日，蔣中正似乎知道完全把責任推給美軍不切實際，又進一步把外交部長宋子文拉出來當「替罪羔羊」，並在同日與美國駐華大使赫爾利的會面中，要求未來美軍空襲任何大城市前都要先得到他本人的同意。此要求得到赫爾利大使允諾，使蔣委員長既擺脫政治責任又保住了他身為四強領袖的顏面，圓滑奸巧的手段絲毫不輸邱吉爾。

從蔣中正的角度出發，武漢大空襲其實一如黃河決堤或者長沙大火，都是為了避免中國為日軍征服所採取的「焦土抗戰」，給中國平民造成的「附帶損傷」（Collateral Damage）純屬「必要之惡」。唯一的差別，可能只在於這次有陳納德、魏德邁、李梅等美軍名將與他一起分擔責任。

第十七章

野馬現身龍華機場

　　原來電影《帝國落日》的名場面，P-51 空襲上海是真的有發生過的事件。「黑色閃電中隊」的 P-51 衝場襲擊的英姿，都被關押在集中營的英國作者給目睹了。魏德邁的新政策，使得敵後救援美軍飛行員的措施越形複雜，這並非魏德邁刻意營造的情勢，卻反映了中國戰場的敵後實力錯綜複雜的敵對關係，更是諭示著戰後的情勢發展。

　　火攻武漢結束後，「游擊中隊」與「黑色閃電中隊」持續以野馬對日本佔領區發動遠程空中攻勢。先是在 12 月 23 日，從遂川起飛的 118 偵察中隊以 16 架 P-51C 掃射武昌周邊的日軍內河船隻，並與八架 85 戰隊的「疾風」交起手來。現在「黑色閃電」的飛行員飛野馬機已完全上手，而且又掌握數量上的優勢，馬上就將「大東亞決戰機」給壓制了下去。中隊長麥克卡馬士在這天中午聲稱擊落了五架敵機，成為單日內就贏得王牌飛行員地位的傳奇人物，加上他先前聲稱擊落的戰果，麥克卡馬士已成為累積 11 架擊落記錄的雙料王牌（Double Ace）。當天武昌機場上仍有九九雙輕三架、一式戰一架與九七輕爆一架被燒毀，損失還是相當慘重。

　　24 日，118 偵察中隊一連對香港的九龍海域施展了兩場攻擊，第一場攻擊由麥爾上尉（John E. Meyer）率領的 10 架 P-51C 執行。從遂川飛往香港只需要 90 分鐘的航程，以野馬機的航程可是連副油箱都不需要就可以來回完成任務。為了威嚇駐港日軍與香港的親日派，10 架野馬機低空進入新界後分成三個編隊，從

不同的方向進入維多利亞港空域。邁爾斯上尉與伊根中尉（John F. Egan）各自率領四架 P-51 從昂船洲與牛尾海兩個方向一西一東抵達九龍上空，尋找船隻施以跳彈攻擊。另外兩架 P-51C 則繞道港島南面攻擊香港仔的日軍雷達站。等三個分隊對各自的目標完成攻擊後，再飛回啟德機場上空搜索可能現身的敵機。

在維多利亞東面海域搜索不到目標的伊根，決定帶著他的四架 P-51C 飛往昂船洲碰運氣，結果他手下的兩名中尉飛行員沃靈頓（Richard K. Warrington）與杜魯多（Raymond A. Trudeau）發現一艘 125 英尺長的渡輪，隨即對其發動攻擊。對急於締造戰績的美軍還有國軍飛行員而言，香港周邊水域的任何船隻都是潛在的攻擊目標。攻擊先由沃靈頓發動，但是他投下的兩枚 500 磅炸彈都沒有命中目標。杜魯多實施跳彈攻擊顯然比沃靈頓更加拿手，他低空俯衝下去跟著投下兩枚 500 磅炸彈，等他剛拉高機頭爬升時那艘渡輪便發生爆炸，只花了五分鐘就沉入海底。

兩架「野馬」攻擊的不是日本帝國海軍的軍艦或者貨輪，而是在南京國民政府註冊，由香港駛往澳門的民用渡輪嶺南丸，船上 470 名乘客清一色為中國人。結果兩架 P-51C 在掃射嶺南丸的同時，還順道擊殺了嶺南丸前方 10 米處的船隻新安東輪的船長，造成兩艘船隻共 349 人死亡。其中一名死者大有來頭，他正是與日本軍方合作的華民委員會委員陳廉伯。早年率領廣州商團與孫中山廣州軍政府對抗的陳廉伯，因為強烈的反蔣立場而在抗戰爆發後靠攏日軍，更因為太平洋戰爭爆發之初遊說英軍和平退出香港而遭香港政府逮捕。

後來日軍攻下香港，釋放了陳廉伯並委任他為華民代表。到了 1944 年 12 月，就連陳廉伯也看出了日本即將敗亡的跡象，為了防止戰後自己遭受中英兩國通緝，帶著三名妻子與兒子搭乘嶺南丸逃往由中立國葡萄牙統治的澳門，卻不巧遭遇「黑色閃電中隊」的襲擊而命喪大海。隨陳廉伯搭乘嶺南丸的親人當中，僅有他的兒子與其中一位妻子獲救，118 偵察中隊居然在毫不知情的情況下成功執行了一次鋤奸任務，雖然同時也造成了不少的「附帶損傷」。

擊敗「飛燕」的野馬

　　麥爾的 10 架野馬機返航後，輪到麥克卡馬士中隊長親率五架 P-51C 對維多利亞港實施二度掃蕩，他們在九龍西部海域發現一艘平底船並隨即展開炸射。麥克卡馬士中隊長率先投彈，卻沒有命中目標，跟在他後面的伯里亞少尉（Max Parnell）投下的兩枚 500 磅炸彈雖然擊中了平底船，但本來會延遲四到五秒才爆炸的延遲引信似乎失效，還來不及等伯里亞爬升到足夠的高度就炸開。

　　結果不只伯里亞的 P-51C 機尾段遭到爆炸後產生的碎片擊中，跟在他後方、凱斯利中尉（Bryan L. Kethley）的野馬機左翼也跟著一起炸掉。凱斯利當場死亡，伯里亞則設法將 P-51C 的高度拉高到 500 英尺的安全距離後打開座艙罩棄機跳傘。他在落地後摔傷又沒能及時與軍統局、英軍服務團或者東江縱隊取得聯繫，最終淪為戰俘。伯里亞面對日軍的審訊採取不合作態度，因此在被俘期間飽受毆打虐待，卻大難不死撐到了日本戰敗。值得一提的是，那天被伯里亞擊沉的平底船國籍同樣不屬日本，而是屬於「中立國」蘇聯，與嶺南丸一起成為當日唯二被 118 偵察中隊送入海底的船隻。

　　贛州的 74 中隊同樣也沒閒著，14 架野馬機在查普曼少校率領下於 12 月 25 日空襲了南京的大校場與明故宮機場，而「游擊中隊」之所以選在聖誕節當天發起奇襲，是聽取了情報官凱斯克的建議。凱斯克實質是為了混淆蔣經國身邊的南京國民政府特務王上校的判斷力，因為多數中國人與日本人都不認為美國人會選在假日發動空襲。

　　14 架 P-51 進場後，馬上就遭遇獨立第 110 教育飛行團團長甘粕三郎大佐派出的九架三式戰「飛燕」攔截。「飛燕」雖然是好飛機，數量卻遠不敵野馬機，且日軍飛行員又多屬技術生疏的新手，很快就敗下陣來。空戰中查普曼一人就聲稱打下三架「飛燕」，泰瑞中尉（Wade H. Terry, Jr.）擊落兩架、安德森中尉（Louis W. Anderson, Jr.）、法吉上尉（Bernard Fudge）與丹尼上尉（Chester N. Denny）則各取得一架戰果。實際上當天被擊落的「飛燕」只有六架而已，比 74 中隊聲

稱的少了兩架，雖然另外三架三式戰也遭到了重創。不過，賴斯上尉（Paul J. Reis）的野馬機，在打擊地面目標時因不明原因失蹤，後來為 74 中隊宣告死亡。

76 中隊出擊次數雖然沒有「游擊中隊」和「黑色閃電中隊」頻繁，卻也在嘗試許多新的作戰方法。一支空陸聯絡小組被組建了起來，派往獨山為國軍 29 軍提供空中支援。於 10 月 4 日遭到擊落後為李濟深將軍所救的奧德羅少尉，因為根據美國陸軍航空部隊的規定不能駕機參戰，留在基地又閒得發慌，就跟著陸空聯絡組一起開往中日兩軍對峙的河池。陸空聯絡組的組長為安德森少校（Andy Anderson），對空聯絡員為柯爾賓無線電下士（Robert Corbin），他們三人透過一位中國翻譯與國軍方面聯繫。只要國軍需要，柯爾賓就會呼叫 76 中隊派 P-51 來炸射日軍陣地。根據奧德羅回憶，當時國軍陣地裡有 3,000 人，日軍則有 2,000 人，雙方呈現對峙狀態。他強調日軍存在著補給問題，始終沒有向 29 軍發起進攻，所以陸空聯絡組也沒有呼叫野馬機支援的機會。1944 年 12 月底到達貴州的奧德羅，可能想像不到他所服務的陸空聯絡組，會在國軍抵禦日軍下一場大規模陸上攻勢時發揮重要作用。

日軍重啟地面攻勢

12 月 27 日，「游擊中隊」又派出 13 架 P-51C 空襲廣州，第 9 戰隊的戰隊長役山武久大佐率領 10 架「鍾馗」升空攔截，跟他們在天河機場上空打了 30 分鐘空戰。

74 中隊的戰機與第 9 戰隊正打得難分難解的時候，正巧從漢口飛來的 10 架二式軍戰抵達廣州，一時之間讓日軍取得數量上的優勢。史威姆中尉（Donald H. Swim）試圖營救慘遭「鍾馗」圍攻的布朗上尉（Robert E. Brown），結果兩人都不幸遭到擊落。布朗當場死亡，史威姆被游擊隊救起。就在役山武久認定自己將贏得這場空戰勝利的時候，又有四架「黑色閃電」的 P-51C 冒了出來，兩個中隊的 P-51 聯手對第 9 戰隊展開反擊。包括役山武久戰隊長在內，這天共有七名「鍾

馗」飛行員遭到擊殺，只有一名飛行員跳傘生還。總計第 9 戰隊有八架遭擊落、一架降落時爆炸焚毀，導致該戰隊只剩下七架飛機可以作戰。「游擊中隊」和「黑色閃電」毫無休止的攻擊，令岡村寧次大將極為惱怒，下定決心對遂川與贛州重啟地面攻勢，完成日軍在「一號作戰」期間所沒能完成的目標。

而距離贛州機場最接近的薛岳，卻絲毫沒有保護贛州機場的積極態度。原來在經歷第四次長沙會戰失敗後，薛岳只剩下湘贛邊區的根據地可以活動，野心不死的他，一度想要揮師進入贛州搶奪機場控制權。顯然薛岳認為只要控制住機場，就能取得美援，進而有東山再起的機會。不過魏德邁上台後，已決定將支持蔣委員長統一中國的國策貫徹到底，對李濟深與薛岳都採取了不予接觸的態度。陳納德認為史迪威被召回後，中美合作的絆腳石已經被移除，蔣委員長將更義無反顧走上親美的道路，自然更無支持薛岳的必要。

既然控制不了機場，也無法取得美國援助，薛岳對不屬自己防禦範圍的江西省自然態度更為消極，坐視從滿洲國調到關內的日本 20 軍從湖南大舉南下。蔣經國雖然貴為蔣委員長之子，卻也只是個手無可戰之兵的小小縣長。眼見贛州淪陷只是時間上的問題，「游擊中隊」情報官凱斯克乾脆不演了，通知經國先生出動憲兵逮捕暗中替南京國民政府蒐集情報的王上校。可惜王上校消息靈通，還是在憲兵趕到前逃跑了，而他在身份暴露前的最後一項任務便是綁架美國軍官，凱斯克正是他的首要目標。

1945 年的到來對 23 大隊而言稱不上平靜，因為贛州與遂川隨時有丟失的風險，但 118 偵察中隊新任中隊長瓦茲上尉並不打算讓日軍輕鬆奪下兩機場，於是選在 1 月 15 日與 16 日接連兩天持續對香港實施空中打擊，並為此失去了三架野馬機，其中豪克少校（David A. Houck）遭地面防空砲火擊落後被俘，最後慘死於日軍的暴力刑求之下。同時間，美國海軍的大批 F6F 地獄貓戰鬥機、SB2C 地獄俯衝者轟炸機、TBM 復仇者魚雷機入侵華南空域，此為「感恩行動」（Operation Gratitude）的一部分，目的是在美軍登陸呂宋島前盡可能消滅南海周邊活動的日本船艦與飛機。他們重創了原本航行於高雄與馬公，但為了躲避美軍而改到香港

的ヒ 87 船團，卻也在日軍猛烈的防空砲火反擊下失去 19 架艦載機。此次第 38 特遣艦隊的空襲，宣告中國與太平洋戰場的空戰已連成了一線。

空中遠征大上海

「感恩行動」發起後，鑑於臺灣、華南、香港、海南島以及中南半島都已置於美軍的空中打擊範圍，日軍為了保持航空戰力，據報將 500 餘架飛機轉移到上海。於是掃蕩這批日本飛機的任務，就落到了 74 中隊和 118 偵察中隊手中，大隊長瑞克特也希望在江西省兩座機場陷落前帶給日軍一些驚喜。1 月 17 日，「游擊中隊」與「黑色閃電中隊」的 20 架野馬機飛往江西南城集中加油，然後在歐德爾與查普曼帶領下，分為兩支編隊朝上海方向飛去，前者的目標是大場機場，後者則為虹橋與龍華機場。然而副大隊長歐德爾率領的八架 P-51C 當中，有三架因零件故障中途返航，只有五架肆虐了大場機場。其中歐德爾與杜魯多各自聲稱打下一架九九襲，地面上則估計有 11 架飛機被摧毀。74 中隊以八架野馬攻擊虹橋機場的 90 戰隊，三架攻擊龍華機場的 951 海軍航空隊上海分遣隊。

康恩中尉（John C. Conn）率先對龍華機場施以低空壓制，他指出當天氣候晴朗，兩座機場都塞滿了日本飛機，而且日軍都沒料到美機具有空襲上海的航程，對 P-51 的出現毫無戒備。於是康恩拉低機頭，整齊排列在龍華機場上的戰鬥機展開掃射。接著查普曼少校與泰瑞中尉（Wade H. Terry, Jr.）也跟著俯衝下去展開一陣炸射，他們聲稱摧毀了敵機 27 架，並且沒有遭遇到任何來自空中的抵抗。當日 951 海軍航空隊上海分遣隊計有雷電三架、零戰 12 架與六架九七艦攻在地面上損毀，雖然沒有 27 架那麼多，仍是重大損失。該隊的前身，是 1944 年 2 月成立於上海龍華機場的 256 海軍航空隊，與海南島的 254 海軍航空隊一樣是以保護中國沿海活動的日軍船團為主要任務。為了支援「捷號作戰」，256 航空隊在 1944 年 12 月併入九州佐世保的 951 航空隊，另立上海分遣隊，在必要時將對美國海軍特遣艦隊實施特攻作戰。此次 74 中隊的奇襲，確實給上海分遣隊來

了一次迎頭痛擊。

至於空襲虹口的 74 中隊，取得的成果更是驚人，日方史料確認共有 25 架九九雙輕遭到摧毀，將 90 戰隊打到不成戰力。擔任高空掩護的赫伯斯特聲稱擊落「鍾馗」一架，該機可能為 25 戰隊派遣到上海的四式戰「疾風」，不過筆者難以從日方資料中查證。

23 大隊首度遠征上海的成果讓陳納德大喜過望，考量到上海有五座日軍陸海軍的飛行基地，他認為對上海的空襲不能只執行一次就結束。三天後的 1 月 20 日，「游擊中隊」與「黑色閃電中隊」又對上海發動奇襲，這次 74 中隊被分配到的目標是吳淞與江灣機場，大場、龍華與虹橋則通通交給 118 偵察中隊。與三天前的空襲大不同，這次 951 航空隊派出了五架零戰升空攔截。率領 118 偵察中隊進場的威廉斯中尉（Russell D. Williams），看到一架零戰正在降落，他立即開火將其在半空中打到爆炸，不過因為兩架飛機距離過於接近，零戰被打脫的機翼撞到了威廉斯野馬機的機翼，迫使他放棄任務提早返航。

最後的大撤退

外號「地震麥根」（Earthquake McGoon）的麥高文中尉（James B. McGovern Jr.），在進入龍華機場後也捕捉到兩架零戰，隨即開火射擊並聲稱取得兩架戰果。若再加上蘭菲爾中尉（Frederick A. Lanphier）打下的一架，當天總計有零戰四架為 118 偵察中隊所擊落。上海分遣隊確認有三架零戰 52 型被打下，其中兩名飛行員死亡。日軍方面宣稱打下 P-51C 戰機四架，事實上「黑色閃電」僅有兩架野馬機的損失。先是托列特中尉（Harold B. Tollett）的野馬在掃射地面日機時突然起火燃燒，不得不在龍華機場上空跳傘。落地後，日軍開著卡車追捕托列特，所幸克羅威爾中尉（Raymond A. Crowell）的 P-51C 及時殺出，將卡車擊毀才讓托列特逃出生天。另外一位 118 偵察中隊的飛行員蓋亞少尉（Glenn J. Geyer）在對龍華機場實施第三次攻擊時，遭防空砲火擊中機身後方，他在上海南方 11 英

里處跳傘，與托列特兩人都為忠義救國軍馬丁行動總隊的副總隊長丁錫山所救，「黑色閃電」沒有任何的人員犧牲。

　　這趟 118 偵察中隊對龍華機場的炸射，為身處一旁龍華集中營，當時還是個 15 歲小男孩的英國小說家巴拉德（J. G. Ballard）全程目睹。年幼的他為 P-51C 的流線外型與強大火力，還有「黑色閃電」的機身彩繪所折服，直呼野馬機為「空中的凱迪拉克」。P-51 現身上海，給關押在龍華集中營與江灣戰俘營的英美僑民帶來了士氣上的極大鼓舞，事後巴拉德還將此段回憶收錄到他的半自傳作品《太陽帝國》（Empire of the Sun）之中[註一]。上海居民方面，重慶的支持者自然是與英美人士同感振奮，可對親日派卻是徹底的打擊，由左翼文人陳彬龢擔任社長的《申報》，便在 1 月 21 日對這場空襲做了比日本海軍還要誇張的報導：「駐渝美軍 P 五一 P 三八型機十數架來襲上海郊外，經我方制空部隊與地上砲火之激擊，所獲戰果如次，擊落敵機共七架（內二架不確實）擊毀五架，我方損害極為輕微。」從這篇南京國民政府的宣傳報導中，不難發現野馬機將目標鎖定在郊外的五座機場，刻意迴避對居民區的攻擊，向中國人傳達 23 大隊是來幫助他們趕走侵略者的訊息。

　　不過這也是 74 中隊與 118 偵察中隊最後一次對上海的襲擊，因為江西戰況極不樂觀，導致歐德爾在 1 月 22 日下令 118 偵察中隊撤出遂川。曾參加空襲上海任務的強森中尉（Wayne G. Johnson），指出國府沒有派遣精良的部隊駐防，是導致遂川防線崩盤的主因。他表示自己在機場裡接觸到的國軍都是被強徵來的娃娃兵，連基本的戰力都沒有。「黑色閃電」先轉移到陸良，然後再轉往呈貢。隔日輪到赫伯斯特下令 74 中隊撤出贛州，因為他判斷贛州將在數日或數小時內為日軍佔領，所以打算帶著他手下的野馬機群飛往陸良。

　　加齊巴拉中尉（Nick Gazibara）的 P-51C 起飛時沒有抓好距離，不慎與另外一架在維修中的野馬相撞，加齊巴拉在座艙裡被燒成重傷，雖被及時拖出施救，仍不幸死亡。此外被陳納德調來支援贛州撤退的四架 C-47 中，有三架受到惡劣氣候影響墜毀，機上所有成員都順利跳傘，只有可憐的加齊巴拉，遺體跟著其中

一架 C-47 墜入地面。此刻在贛州機場內，只剩下查普曼率領的四架野馬機繼續留守。

新型野馬機抵華

在這個令人沮喪的時刻，76 中隊的 P-51 由新任中隊長迪特少校（L. V. Teeter）帶領進駐貴州省的前進基地老黃平，以確保 23 大隊能持續騷擾佔據衡陽與柳州的日軍。芷江的 75 中隊更是在 5 大隊的指揮下，於 1 月份出動了 200 架次的飛機對漢口周邊目標實施 25 次的作戰任務。他們都沒有遭遇到日軍像樣的抵抗，因為第 5 航空軍在完成支援「一號作戰」的任務後，便為了準備防範美軍登陸中國沿海而開始保存實力。對此日軍戰史記載：「自 1 月以後，我方戰鬥隊轉入戰力培養方針後，敵戰鬥機之行動更形大膽，導致機場損害遞增。」到了 2 月 4 日，查普曼少校終於受不了贛州天天下冰雹的惡劣氣候，帶領 74 中隊的四架野馬機與一架 C-47 運輸機撤離，並一如既往的起飛前將機場爆破。不過查普曼沒有飛到陸良與中隊主力會合，而是轉往福建省的長汀機場。這是 23 大隊在二戰期間的最後一次撤退，而且一場新的空中游擊戰即將以長汀為據點發起。比 P-51C 更先進的 P-51D，也在此刻開始陸續交機。

P-51D 與 B、C 在外型上最大的不同，在於其泡型艙罩的設計賦予飛行員更好的視野。另外一個更大的差異，是 P-51D 不只裝備六挺 12.7 公厘機槍，而且還解決了高 G 環境下機槍卡彈的問題。D 型野馬掛彈時能飛四個半小時，沒有掛彈的話則可以滯空六個半小時，執行 440 到 600 英里範圍的任務毫無問題。除了 P-51D 外，還有 P-51K 也來到了中國。無論是 D 型還是 K 型，都可掛載兩枚 500 磅炸彈或者兩枚 75 加侖副油箱，甚至能掛上燃燒彈，對地打擊能力大幅提升。

原本做為「飛虎隊」象徵的 P-40 鯊魚機，到了此刻已全面退出，使 23 大隊朝向成為了一支全 P-51 機隊的道路邁進。對 P-40 最念念不忘的應該是芷江的 75

中隊，他們除了保留一些 P-40N 服役外，還將一架機身編號 181 的 P-40N 改裝為類似 TP-40 教練機的雙座型 P-40。這架雙人座 P-40 沒有真的被當教練機使用，而是當有飛機被迫降落在沒有人煙的前方基地時，能用來載運地勤人員前往支援。在燃料充足的情況下，地勤人員也會要求 75 中隊的飛行員載他們上天過過癮。

2 月 16 日，從印度接收完 P-51D 回到中國的查普曼，正式取代赫伯斯特成為 76 中隊的中隊長。按照美軍保護淪陷區居民的規定，曾在敵後被擊落脫險的查普曼本應立刻送回美國，或者至少禁止繼續駕機參戰。可美軍的這項政策本來就沒有被百分之百的貫徹到底，還是有少數人可以憑藉傑出的飛行技術獲得停留在戰場參戰的「特權」。

根據歐洲戰場的第 8 航空軍第 357 戰鬥機大隊三料王牌安德森（Clarence E. Anderson）回憶，與他在同一個大隊服務的葉格（Charles E. Yeager），就在法國上空遭擊落歸來後，當面說服艾森豪將軍讓他回部隊參戰。查普曼則是在被擊落前，就已經內定要接替赫伯斯特出任 74 中隊的中隊長，外加中國戰場極度缺乏像他這樣有經驗的飛官，或許是基於這兩個原因，查普曼享有與葉格同等級的「特權」，留下來繼續作戰。

隨著與國軍對峙的日軍第 13 師團從河池撤退，貴州的情況穩定了下來，奧德羅指出 74 中隊的分遣隊開始進駐獨山，並在那裡一直待到戰爭結束為止，等待再度發起空中游擊戰的機會。

反攻從華南開始

進入 2 月以後，受限於氣候不良與燃料不足等各種原因，除了芷江的 75 中隊持續打擊地面目標外，其他三個中隊的 P-51 都暫時沉寂了下來。尤其是老黃平基地的 76 中隊，於 18 日彈藥庫發生火災。當時隊員們都在餐廳吃飯而無人受傷，但仍造成多枚炸彈爆炸，導致許多設備被毀。迪特中隊長只能低聲下氣地

向 75 中隊借設備來維持 76 中隊的運作。以獨山為前進基地的 74 中隊分遣隊，也只能執行一些簡單的偵察任務。即便是出擊率最高的 75 中隊，在整個 2 月份也只能利用當中氣候良好的 11 天出擊 21 次。他們沿著湘江飛行打擊日軍的陸路交通線，共計摧毀七座橋樑。唯一的犧牲發生在 2 月 25 日，執行低空掃射任務的柏德中尉（Harold T. Byrd）不慎撞樹死亡。東部戰場的氣候，要等到 3 月份才會逐漸好轉，讓陳納德決定配合盟軍反攻的腳步，對日本的佔領區發起大規模攻擊。此刻密支那機場已經為國軍攻佔，大幅縮短了駝峰航線的飛行時程，外加中印公路也被打通，中國戰場的後勤補給態勢有了顯著改善。

然而物資源源不斷的進入，卻無法改變中國戰區戰線過長的先天問題，況且在缺乏運輸機與現代化基礎交通設施的情況下，為長汀與獨山等偏遠機場補給困難的問題還是無法解決。所以陳納德沒有將這些遠程空襲任務交給 308 重轟炸機大隊執行，B-24 的耗油量實在是太大了。裝備野馬機的 23 等大隊，被賦予了發起空中反攻的重責大任。

3 月 25 日，75 中隊的佛萊明中尉（Russell Fleming）率領四架野馬飛往湖南省普跡鎮上空，掃射一列行駛中的日軍火車。他們先將火車頭擊毀後，再對 25 列車廂與 17 列平底車猛烈掃射，直到所有的子彈都消耗殆盡為止。28 日，查普曼與迪特決定動員 74 與 76 中隊的野馬機 28 架，再對香港與廣州來一場大規模空襲，不讓海軍艦載機專美於前。按照雙方的計劃，16 架 76 中隊的野馬機在這天從老黃平起飛，在獨山上空與 74 中隊的 P-51 會合後，一起飛往香港以及廣州上空搜索目標。

只是當查普曼率領 12 架 P-51C 自獨山起飛時，意外如同莫非定律般的接二連三發生，先是杜恩中尉（William Dunn）起飛時不慎撞到一位中國勞工，導致油箱受損，不得不在升空後掉頭返回機場。當年許多在機場工作的中國勞工出於迷信，時常會在美軍或國軍飛機升空時搶先跳過跑道，他們相信只要自己沒被飛機撞到就能得到一輩子的好運，許多意外就此發生。當天掉頭飛回機場的不是只有杜恩，哈里森中尉（James Harrison），查普曼的僚機泰瑞中尉同樣因為發動

機或者副油箱發生故障而被迫返航。最後跟著查普曼遠征香港的，只有九架野馬機。76 中隊的 16 架野馬機則按照計劃飛往廣州天河與白雲機場，他們沒有一如過往的遭遇 25 或者 85 戰隊攔截，因為兩座機場都已經沒飛機了。

雖然在掃蕩周邊衛星機場時，他們聲稱擊毀「鍾馗」一架，但該架二式單戰卻有極高的可能是假飛機。不過 76 中隊在沒有遭受任何抵抗的情況下，毫無損失的返回老黃平機場，與接下來 74 中隊在香港的遭遇相比，他們實在是非常幸運。

出師未捷身先死

查普曼率領的九架野馬低空進入香港，其中兩架 P-51C 留在空中保持警戒，由他親率其他六架野馬機對啟德機場展開掃射。他們發現了九七式飛行艇與零式水偵各一架，已經快兩個月沒看到敵機的查普曼興奮異常，立即衝下去予以猛烈掃射。第一次掃射的過程中，他們沒有遭遇到任何來自空中或者地面的抵抗。於是查普曼又轉了一圈，回頭再對兩架水上飛機施以掃射。結果這次啟德機場防空部隊掌握了查普曼的航跡，趁他們再度拉低高度時開火，先後擊落赫米耶雷夫斯基（Stanley J. Chmielewski）與西姆斯少尉（Albert H. Sims）的座機，兩人因為高度過低，跳傘失敗。查普曼中隊長的野馬同樣中彈，他卻不願成為戰俘，堅持將座機飛回國軍控制區的一座臨時跑道降落。最後他沒有降落成功，連人帶機墜毀到跑道上。1945 年 3 月 28 日是「游擊中隊」成軍以來最諸事不順也最悲傷的一天。包括中隊長在內，74 中隊在一場任務就折損了三人，只能趕緊指派芬伯格上尉（Floyd Finberg）接替查普曼，確保「游擊中隊」能持續出擊。

在瑞克特大隊長指揮下，25 架 75 中隊的野馬與 C-46 運輸機七架從芷江飛往長汀。他們將在第 68 混合聯隊新任聯隊長克拉森上校見證下，對廈門、汕頭與金門等展開空中突襲。一切都在 3 月 29 日青年節當天準備就緒，空襲於上午 8 點半開始發起，但一整天下來只有麥奎爾在廈門上空為地面砲火打下。他運氣

比赫米耶雷夫斯基與西姆斯兩位好上太多，不只跳傘成功還馬上得到國軍救助。或許此刻大家都預料日本戰敗只是時間上的問題，不再擔心救助美軍飛官的百姓遭到日軍報復，麥奎爾回 75 中隊報到後被允許繼續駕機參戰。還有另外一個原因促成這樣的結果，麥奎爾與瑞克特一樣是回美國休假後再返回 23 大隊的老鳥，過去 CATF 時代隸屬 76 中隊，擁有豐富的實戰經驗。同一天，瑞克特帶領兩架 P-51 飛抵金門上空，還炸毀了一棟建築物。

　　大隊長瑞克特在 3 月 30 日再度御駕親征，率領 12 架野馬機從長汀起飛攻擊杭州筧橋機場（即中華民國空軍的搖籃）。期間萊利中尉（Weldon B. Riley）的座機發生故障，不得不在起飛後即刻棄機跳傘，靠雙腳一路走回長汀，其餘 11 架順利飛抵筧橋機場炸射，卻失望發現地面上都是假飛機，只能改變目標攻擊鐵路洩憤，他們共計摧毀了七座火車頭。另外 12 架 P-51，在佛萊明中尉指揮下空襲贛州，讓日軍疲於奔命。瑞克特帶領 75 中隊的野馬持續出擊，直到 4 月 1 日才帶著包括他的座機在內的六架野馬返回芷江保養。

　　瑞克特是一位真正的戰將，他先是命令四架野馬機掩護五架 C-46 載運更多物資到長汀，確保這座前進基地能長期抗戰。接著等自己休息夠了，又帶領六架野馬機掃射了衡陽一遍，並在完成任務後飛返長汀，誓言把這場空中遠征作戰貫徹到底。另外迪特少校也帶著 76 中隊的 25 架野馬趕來長汀增援，讓日軍見識一下美國的可怕。而在缺少空中格鬥的這段日子裡，最讓 23 大隊煩惱的卻是中國複雜的政治問題。

捲入國共衝突

　　空襲龍華機場遭日軍擊落，後為忠義救國軍馬丁行動總隊所救的托列特，居然陰錯陽差又被中共新 4 軍淞滬支隊劫去，再經由浙東支隊帶到浙江移交給第 3 戰區的浙江省保安第 4 團的黃士韓團長。黃士韓團長因為拒絕承認新 4 軍的合法性，國共為了爭奪托列特又大打出手。

　　中共指出在3月29日的衝突中，險遭子彈誤傷的托列特曾差點拿起配槍與保安第4團對幹起來，藉此控訴國府消極抗日，積極反共到了連美國盟友性命都不顧的地步。此種近乎潑髒水的指控完全不是事實，因為中共出手從丁錫山手中搶奪托列特其實與魏德邁的對華政策息息相關，後者已明確表明支持中國統一在蔣委員長領導下的立場。

　　針對中共與李濟深等謀取推翻蔣中正的各派系武裝，魏德邁不僅嚴禁美軍接觸，也不允許英國以及越南的維琪法國勢力插手中國內政。他強調：「無論美英法協助中國及活動，均當以擊敗日本為目的，以不妨害戰後中國之獨立和平為前提；如有私意以裝備某項部隊，造成分裂之系統者，余當建議委員長制止之。」

　　毛澤東眼見中共已失去索取美援的空間，乾脆就破罐子破摔，直接要求國軍接收美國飛行員時應給予收據，以方便未來向美軍索取費用。然而開收據給新4軍意味著政府承認其餘法地位，黃士韓不願意違反政府禁令，又認為共軍從忠義救國軍手中奪取盟國飛行員不成體統，雙方便打了起來。最終為了確保托列特平安歸隊，美軍只能親自出面開了收據，為這段複雜的國共摩擦畫上句點。相信看在托列特等一心只想打倒日本、報珍珠港之仇的美軍飛行員眼中，國共這種面對外敵入侵之際還把消滅對方擺在第一位的態度只會讓他們對西方媒體多年來塑造的「中國抗戰神話」更加質疑，認定中國人滿腦子想的就是如何在美國打敗日本之後贏得下一場內戰的勝利。

　　過去美軍飛行員還認為只有重慶是如此，但隨著中共的真面目暴露，他們對共產黨的態度也跟著惡化，進而對中國人整體產生想搭順風車的印象有了根深柢固的定見。與托列特在同一天被擊落的蓋亞少尉，倒是沒有被共軍擄去，反而跟丁錫山副總司令過上了一段愜意的生活，兩人還時常一起在浙江山林裡打鳥作樂，發展出了關係密切的私人情誼。

　　丁錫山是忠義救國軍馬丁行動總隊的副隊長，該隊的總隊長為青幫大老馬柏生，他們倆獲得海上游擊支隊司令張阿六幫助，於4月29日順利將蓋亞送抵江西省上饒的美軍空地救援組（Air Ground Aid Section）辦事處。在救助美軍飛行

員方面，軍統局還是遠比共產黨給力的。

　　忠義救國軍的組成複雜，卻也讓第 14 航空軍對與他們合作持謹慎立場，比如丁錫山對中央政府就遠不如他的司令馬柏生忠誠，他在抗戰之初曾投效過汪精衛，被賦予和平建國軍第 12 路軍中將司令的職務。而新 4 軍肯定也是以丁錫山當過「偽軍」為理由，才得以騙取托列特的信任並將他拐走，可丁錫山本人也是新 4 軍安插在國軍陣營裡的棋子。

　　原來丁錫山在太平洋戰爭爆發後試圖反正回歸國軍陣營，結果卻遭日軍識破而被逮捕入獄。沒想到後來他卻在中共地下黨幫助下越獄成功，並按照新 4 軍的指示返回忠義救國軍潛伏。所以丁錫山真實的身份，其實是同時效力於和平建國軍、新 4 軍與忠義救國軍的三面間諜，將托列特交到共軍手裡，搞不好就是他偷偷促成的也說不定。托列特與蓋亞複雜的敵後脫險經歷，肯定讓魏德邁更加確認了上海與南京已處於共軍包圍的現實，該如何確保國軍在日軍放下武器後重返戰前國府的政經中心，是他接下來要思考的問題。

註一：大導演史蒂芬・史匹柏（Steven Spielberg）拍攝的同名電影，由當時還是童星的克里斯汀・貝爾（Christian Bale）主演。劇組動員了兩架 P-51、四架改裝成零戰的 T-6 教練機，搭配遙控模型飛機重現了「黑色閃電」空襲龍華機場的畫面。該片於 1987 年上映，也是改革開放後第一部在大陸取景的好萊塢電影。

第十八章

總結 23 大隊的戰績

　　人們所認知的「飛虎隊」，或者說由美國飛行員所組織的 23 大隊，他們的戰績究竟有多少是灌水？有多少是可以確認的呢？處於強弩之末的日本，面臨「絕對國防圈」被美軍攻入的危機，在中國戰場已經不再有繼續發動攻勢的意義。日軍明顯在採取守勢，國軍在美軍的協助之下，才得以「攻城掠地」，收復失土。陳納德終究因為本身的劣勢，在即將到來的戰後時代，被華府撤換、被重慶放棄。隨著 23 大隊的解編，「飛虎將軍」的傳奇也隨著落幕了。

　　日軍的地面攻勢仍舊勢如破竹，於 2 月 7 日奪下遂川與贛州以後，又在 3 月 27 日佔領湖北省老河口機場。然而擅長打空中游擊戰的陳納德，在國軍配合下修築新機場的速度永遠比日軍佔領舊機場還要快，甚至把機場都蓋到了日軍佔領區的後方，令岡村寧次永遠防不勝防。

　　美軍於 1945 年 4 月 1 日對沖繩發起大規模兩棲登陸作戰，太平洋戰爭進入最後的反攻階段。判斷美軍不會在中國沿海發起攻勢的下山琢磨，派出 16 和 90 戰隊的九九雙輕機共 10 架飛往九州支援沖繩戰役。他一度還有從上海直接派機夜襲美軍登陸船團的想法，但最終因為懷疑手下飛行員是否具夜間長途飛行能力而作罷。不過美軍也絲毫不敢大意，為了防止第 5 航空軍以上海為基地支援固守沖繩的日軍，23 大隊在戰役爆發後隔天的 4 月 2 日，就動員了 31 架野馬機從長汀起飛對江灣、龍華、大場與虹口等上海四座機場實施大規模空中掃蕩，並由大隊長瑞克特上校親自駕機指揮。

此次 75 中隊以江灣和龍華為目標，派出一架 P-51B、10 架 P-51C、三架 P-51D、兩架 P-51K 以及一架 F-6D 偵察型野馬。以大場與虹口為目標的 76 中隊，派出的是四架 P-51C、六架 P-51D 以及四架 P-51K。野馬機群於上午 5 點 20 分起飛，不過受氣候影響，有九架野馬機無法按照計劃抵達上海。於是瑞克特命令 76 中隊迪特中隊長率六架野馬攻擊江灣，莫瑞中尉（Joseph D. Murray）帶另外四架 76 中隊的 P-51 掃蕩虹口。龍華機場交給帕勒姆指揮的五架 P-51，瑞克特則親自帶五架野馬機空襲江灣。

實際上真正炸射到上海四座機場的 P-51 只有 10 架，而且只有在江灣與龍華兩座機場有遇到敵機。瑞克特大隊長在空襲江灣時聲稱擊落日軍運輸機一架，並攻擊一架停在機堡內的「隼」。跟著瑞克特一起行動的 75 中隊中隊長斯洛庫姆機翼不慎遭地面防空砲火擊中，冒出了黑煙，隨後被迫跳傘逃生，成為 23 大隊在當日第一架損失的野馬。斯洛庫姆跳傘的過程，由攻擊虹口機場的莫瑞所目擊。

抵抗最激烈的，是還有部署零戰與雷電的龍華機場。此時 951 海軍航空隊上海分遣隊已恢復 256 海軍航空隊的番號，當帕勒姆帶領的五架 P-51 進場時，35 歲的海軍飛行員早崎正毅大尉正駕駛一架雷電起飛進行測試。負責保護帕勒姆的哈珀上尉（Eugene Harper）與波倫中尉（Edward J. Bollen）發現後，立即對眼前的雷電發起攻擊，但早崎大尉顯然是一名老練的海軍飛行員，翻了一次滾就躲掉了哈珀的射擊。幸運的是，波倫已經趁哈珀攻擊早崎的時候爬升到足夠的高度，在陽光掩護下對雷電發起了一次成功的俯衝攻擊，打出的三顆子彈全部擊中雷電的駕駛艙與左機翼，並親眼目睹飛行員跳傘。事後波倫聲稱擊落了一架「鍾馗」，這是因為駐華美軍飛行員從未聽過雷電這款日本海軍新銳戰鬥機所導致。

事後日本海軍確認有一架雷電被擊落，早崎大尉則死於波倫的猛烈攻擊中。帕勒姆則在帶領昆恩中尉（Jack Quinn）與金恩（Don King）對龍華機場實施第三次衝場掃射時，遭到日軍猛烈的地面防空砲火擊落。

日軍實力大不如前

　　不過包括斯洛庫姆、帕勒姆、昆恩與金恩在內四名被擊落的飛行員，他們通通都跳傘成功，並在降落到地面後為上海市民營救，送交浦東的抗日游擊隊。他們具體是被送交給哪一支抗日游擊隊？是忠義救國軍還是新 4 軍？空地救援組對此沒有留下任何報告，但陳納德在他的回憶錄中坦承曾有四名野馬機飛行員在一次空襲的任務中遭到擊落，後來他們都獲得中共游擊隊營救，從這段敘述看來救了他們的應該還是新 4 軍。此刻不要提陳納德個人了，整個駐華美軍的政策在魏德邁將軍領導下都是以扶持蔣中正壓制共產黨為主要目標，不過考量到空襲淪陷區的飛行員還需要仰賴共軍營救，或者希望共軍至少不要幫著日軍追捕這些飛行員，雙方還是維持著表面的和諧，美軍觀察組也繼續留在延安。

　　到了 4 月 3 日，瑞克特大隊長考量到長汀基地補給困難，且對上海的空襲已經使日軍注意到這座機場，於是主動放棄了這座前進基地。4 月 2 日也就成了 23 大隊最後一次對上海的空襲，自然也省去了讓更多美國飛行員落入新 4 軍之手的政治問題。

　　這一天的空襲行動，23 大隊擊落了雷電一架，但同時有四名野馬機飛行員遭地面防空火砲擊落。此一情況很寫實的反映 23 大隊面臨的作戰環境，那就是日軍地面防空火力比日軍戰機對美軍戰機更具威脅性。不過即便此時 23 大隊還能空襲上海或者其他日本佔領區，想要持續取得對空作戰成果也變得更加不易。第 5 航空軍根據大本營對美軍空襲南朝鮮與濟州島的顧忌，於 4 月 8 日做出了將主力調往漢城的決定。支援中國航空作戰的任務轉由新成立的第 13 飛行師團負責，下轄裝備「鍾馗」六架、「疾風」六架、「隼」10 架的第 9 戰隊、「隼」20 架的 48 戰隊、九九式軍偵八架的 44 戰隊、百式司偵四架的 82 戰隊以及六架九八直協的獨立飛行第 54 中隊，總計有戰鬥機 42 架與偵察機 18 架。戰力規模與夏季航空作戰以及「一號作戰」相比起來都已經是大幅縮水，而且還有不少人員與飛機隨時要被抽調到沿海地區支援特攻作戰，更是不能讓數量有限的戰機持

續升空挑戰野馬機。

　　所以自 4 月 2 日起，就再也沒有來自 23 大隊麾下任何一位飛行員聲稱取得空戰擊墜記錄，瑞克特大隊長與波倫中尉兩人成了全大隊最後兩名取得空戰戰果的飛行員。為 23 大隊的前身美籍志願大隊取得首架空中戰果的瑞克特大隊長，又很巧合的為 23 大隊取得了最後兩架空中戰果的其中一架，為「飛虎隊」的空戰傳奇畫下完美句點。不過他所聲稱擊落的運輸機，並沒有辦法從日軍的資料中核實，波倫的記錄不只獲得日本海軍認證，就連被他擊落的飛行員大名都能找到。而且相比起其他戰機，雷電在中國的作戰與亮相更為罕見，能將其擊落的意義遠比擊落其他戰機中任何一款的意義都還要大，更別提無武裝的運輸機了。

　　波倫無論就在華資歷還是對中華民國友善的程度都比不上瑞克特大隊長，不過事實勝於雄辯，隸屬 256 海軍空隊，由早崎正毅大尉駕駛的雷電為 23 大隊在中國擊落的最後一架日機，獲得這個戰果的飛行員是波倫中尉。

日軍發起湘西會戰

　　拿下遂川、贛州、南雄與老河口等機場的岡村寧次大將仍不罷休，命令 20 軍司令官坂西一良中將向盟軍在湖南的最後一座大型飛行基地，即芷江機場發起猛攻。岡村寧次完全有理由相信，進攻芷江會跟「一號作戰」以來日軍進攻所有國軍機場的攻勢一樣順利，畢竟過去一整年下來除了在衡陽遭遇方先覺的猛烈抵抗外，幾乎如秋風掃落葉般擊敗了一切中國軍隊有組織的抵抗。

　　然而在魏德邁與中國戰區陸軍總司令何應欽將軍、參謀長蕭毅肅的努力下，「阿爾發」計劃取得重大成效，以中央軍王牌部隊 74 軍、18 軍為主力的第 4 方面軍，在司令王耀武指揮下被賦予了固守芷江的重責大任。由施中誠任軍長，張靈甫任副軍長的 74 軍到湘西會戰爆發之際，已完成 60% 的美援武器換裝。胡璉任軍長的 18 軍因為有陳誠加持，美援武器的換裝更是高達 80%。魏德邁會將防衛芷江的重責大任交給王耀武，正是來自於他對 18 軍和 74 軍有充分的信心。即

便如此，第 3 方面軍仍被何應欽與蕭毅肅要求以洪江為界，對日軍採取一邊抵抗一邊退卻的戰術。

與此同時，湯恩伯第 3 方面軍的 94 軍和王敬久第 10 集團軍的 92 軍則被部署到日軍的側面與後方壓縮其活動的空間。更重要的是，魏德邁還接受了蔣中正的建議，命令空運司令部印中師（India-China Division）司令透納將軍（William H. Tunner）動員運輸機將完成百分之百美援武器換裝，打贏滇緬戰役的陸軍新編第 6 軍從昆明空運到芷江擔任戰略預備隊。此時不只中美空軍已完全掌握湖南戰場制空權，而且日軍也只能從衡陽派出第 13 飛行師團的獨立飛行第 54 中隊參戰，此中隊僅有六架九八直協可以動用，根本不具備空中作戰能力。

日軍直言：「衡陽至芷江相隔 300 公里，遭敵奇襲之機率很大。在敵制空下，我方行動大受限制，雪峰山系以西之偵察頗為困難，僅在發動攻勢前勉強對江口（在軍用公路上雪峰山系中之要地）附近完成局部之空中照相而已。」所以日軍這次對芷江的攻勢，與過去最大的不同就是得不到任何空中支援，哪怕是空中偵察的支援都極為有限。這意味著參加湘西會戰的中美空軍不會在空中遭遇日本戰鬥機，自然不會有空戰，只執行對地支援任務。

為第 4 方面軍提供空中支援的，主要是以芷江的中美混合團 5 大隊 48 架 P-40、P-51 為主力，加上第 1 轟炸機大隊第 4 中隊的六架 B-25 轟炸機與 426 夜間戰鬥機中隊的兩架 P-61 黑寡婦（Black Widow）。不過 23 大隊也沒有缺席，芷江的 75 中隊與老黃平的 76 中隊都飛往前線炸射日軍，光是 4 月 15 日這天就有強森上尉（Richard Johnson）的 P-51K 與伊斯曼中尉（Jerome F. Eisenman）的 P-51D 在打擊廣西鹿寨的日軍補給線時遭防空砲火擊落，這兩名來自 76 中隊的飛行員都不幸身亡。魏德邁為了達成他協助蔣中正統一中國的使命，必須費盡心力協助國軍守住芷江，於是 118 偵察中隊也轉移到老黃平基地與 76 中隊一起參戰。

儘管享有空中優勢又有美援武器，74 軍麾下的 57、58 師分別在洞口與武陽陷入苦戰，他們的對手分別為 116 師團和 68 師團的 58 旅團。4 月 20 日，八支空地聯絡組被緊急派往第 4 方面軍各前線野戰部隊為國軍呼叫空中支援，他們雖

沒能改變洞口與武陽在 21 日和 26 日的失陷，卻徹底改變了戰局的走向。

空地聯絡組建奇功

中美空軍之所以在湘西會戰的表現好於衡陽保衛戰，關鍵在於陸空聯絡組裡的前進空中管制員（Forward Air Controller）發了威。當 76 中隊的奧德羅於 1944 年 12 月 25 日被派到貴州的空地聯絡組時，移動警報網在中國戰場上還是一個全新的觀念。可是到了湘西會戰爆發時，此概念經歷西歐戰場的洗禮已逐漸成熟，給國軍帶來如及時雨般的幫助。此刻的空地聯絡組由一名軍官與兩名士兵組成，他們在國軍官兵護衛下深入前線搜索日軍目標，然後依據國軍主官的需要以無線電還有白板指引在空機予以炸射。

到了 5 月 1 日，75 中隊的八架 P-51 因為芷江基地燃料不足，一度被丹寧大隊長要求轉往貴州清鎮，直到燃料問題解決後才在 3 日飛返芷江。一如陳納德與阿諾德所期望的，由美國飛行員指揮的中華民國空軍取代了純美軍單位成為中國戰場的作戰主力。以「丹寧的惡魔」（Dunning's Demon）自詡的 5 大隊，在湘西會戰時表現優異。來自 5 大隊 26 中隊的少尉飛行員李繼賢晚年回憶以凝固汽油彈攻擊日軍時，強調每次攻擊結束後地面上只留下一片焦屍，在空中都能聞到烤肉的味道。空地聯絡組人員在鎖定好了目標後，便透過位於安慶的中央聯絡組呼叫戰機到前線炸射日軍。他們的存在讓 5 大隊與 23 大隊的戰機得以同國軍砲兵、步兵整合起來對倉庫、車輛、人員與馬匹目標實施點對點精準打擊，而不像過去衡陽保衛戰，只要日軍躲起來就完全無法從空中搜索到目標。中美空軍飛行員頻頻出擊，外加 73 軍與 28 軍等援軍陸續就定位，74 軍在武岡的防線終於被鞏固了下來。

當時在 74 軍 51 師擔任排長的于效忠少尉回憶道，他們部隊都已經被趕到了山上，但仍透過白板引導 P-51 不斷炸射山下的日軍，以提高弟兄們堅持下去的抵抗意志。5 月 8 日傳來納粹德國投降的消息，岡村寧次眼見芷江久攻不下，給

坂西一良下達了撤軍的命令。王耀武將軍總算鬆了一口氣，於 9 日下令 18 軍與 74 軍追擊撤退日軍，5 大隊與 23 大隊依照此一命令尾隨在日軍之後不斷炸射。

　　時任 18 軍 11 師上尉連長的卜功治，提及追擊日軍潰兵的過往，表示他們根本沒機會使用到湯普森衝鋒槍或者 60 迫擊砲等美援武器。因為只要有日軍的行蹤被發現，他們就立即鋪設白板以箭頭將目標位置標示出來，然後呼叫戰機飛來炸射，感覺這仗打起來毫無成就感可言。75 中隊最成功的一次打擊發生在 6 月 1 日，那天他們以 18 架 P-51 攻擊岳陽周邊的日軍舢舨，先以凝固汽油彈摧毀 53 艘，然後再以低空掃射重創了 114 艘。日軍 22 師團、58 師團與 13 師團也不敵中美的空中打擊而開始從廣西撤軍，又吹起了國軍桂柳反攻作戰的號角。

迦太基的空中騎兵

　　6 月 3 日，76 中隊與第 118 戰術中隊為了配合國軍地面反攻，以野馬支援 40 架 B-25 對柳州發起大規模空襲。然而 76 中隊的迪特中隊長在對日軍防空陣地實施火力壓制掃射時失蹤，只能改由懷德頓少校（David T. Whiddon）接替中隊長繼續指揮 76 中隊作戰，事後迪特也因為遲遲未歸隊而被列入陣亡名單。

　　迪特少校的陣亡只是一段不幸的小插曲，並未改變國軍在 6 月 7 日贏得湘西會戰勝利的結局。從 4 月 13 日起，55 天的會戰下來第 14 航空軍共執行 3,324 架次的任務，當中有 3,101 架次是由戰鬥機負責執行。戰鬥機仍是協助國軍贏得湘西會戰的頭號功臣。日軍在湘西會戰中遭殲滅的 35,805 官兵中，有 4,000 人的傷亡是在空襲下造成的，此外還有 1,300 匹戰馬的損失同樣是來自中美空軍的打擊。遭空襲摧毀的火砲為 52 門，還有 116 門遭到不同程度的損傷。總計有 3,200 艘內河船隻、25 輛火車頭、330 輛火車廂、700 輛卡車、68 座橋梁以及 200 棟倉庫在這將近兩個月的時間遭到空中攻擊，美機徹底癱瘓了日本 20 軍的後勤補給線。

　　為此我國戰略學者鈕先鍾老師以迦太基戰役中的騎兵比喻包括 23 大隊在內，所有參與支援湘西會戰的中美飛行部隊。23 大隊支援湘西會戰的存在感比起 5

大隊確實薄弱，但犧牲卻還是相當慘重，76 中隊包括中隊長在內就折損了三人。6 月 10 日，74 中隊與 118 偵察中隊都換了新的中隊長，唐恩斯少校（Bruce C. Downs）接替芬伯格成為 74 中隊的中隊長，前 76 中隊的空戰英雄盧布納則接替辛普森中校（Charles C. Simpson）指揮 118 偵察中隊。倒是在上海遭擊落的斯洛庫姆，在返回芷江後繼續擔任 75 中隊的中隊長，成為繼 76 中隊的前中隊長查普曼之後第二位從敵後歷劫歸來卻又被破例允許留下作戰的中隊主官。破例讓斯洛庫姆繼續擔任中隊長的原因，或許是他技術確實過人，也可能是阿諾德不想派更多人到中國參戰。而 75 中隊似乎也沒在他缺席的時段指派過代理中隊長。換言之，75 中隊其實是在丹寧大隊長的指揮下參加湘西會戰的，實際上已與空軍 5 大隊融為一體。

　　伴隨著德國投降，中國戰場的反攻已經開始，馬歇爾將軍一度向魏德邁提議將擊敗納粹德國的主將，第 3 軍團司令巴頓上將（George S. Patton）派來指揮國軍反攻。軍階只是中將的魏德邁為此感到格外振奮，甚至為此願意將駐華美軍司令的位置讓給巴頓。

　　與此同時，日軍在沖繩的失敗讓岡村寧次更加警惕美軍在華北沿岸登陸，乃至於蘇聯紅軍出兵的可能，加快了將第 6 方面軍從湘桂鐵路與粵漢鐵路撤離的速度。308 重轟炸機大隊因為太耗油而被調離中國的情況下，23 大隊被賦予了支援魏德邁「卡波內多」（Carbonado）計劃的任務，為向柳州與桂林進軍的第 3 方面軍提供空中掩護。

　　這些所謂的進軍，嚴格來講都是日軍主動放棄陣地後再由國軍跟進，雙方並沒有爆發大規模交戰。只是在執行對地打擊任務時，卻還是有勞曼中尉（Ed Lawman）與昆比（William H. Quimby, Jr.）的野馬，分別在 6 月 19 日和 21 日於廣西全縣和福建泉州遭地面火力擊落，但兩人在跳傘後都得到軍民幫助，平安回到老黃平向 76 中隊報到。

輪到陳納德被召回

　　德國投降了，中國戰場的局勢也如二戰其他戰場一般穩定了下來，魏德邁又推出了以打回衡陽、長沙以及武漢為目標的「冰人」（Rashness）計劃，還有在打回柳州與南寧後，將華南與菲律賓呂宋島空中走廊連結起來的「白塔」（Beta）計劃。鑑於中印公路已被打通，且緬甸首府仰光也於 5 月 3 日為英軍收復，印度的第 10 航空軍不再需要支援印緬戰場的戰鬥，可全數移防到中國戰場支援國軍反攻，駐華美軍的指揮架構勢必將全數改組。這讓馬歇爾與阿諾德，逮到了解除陳納德中國戰區空軍參謀長職務的大好機會。

　　在 6 月 20 日一場由魏德邁召開的閉門會議中，宣佈了馬歇爾與阿諾德推舉史崔特梅爾將軍為中國戰區盟國空軍總司令的共識。此外，在魏德邁宣讀的親筆信中，馬歇爾明確表達了他希望解除陳納德職務的立場。而伴隨著第 10 航空軍的司令部從新德里向昆明移動，第 14 航空軍司令部北遷到了重慶的白市驛機場，以長江南北為界劃分彼此的作戰範圍。在華南戰場支援第 3 方面軍反攻桂柳的 23 大隊，在此一新的任務劃分之下指揮權也落入第 10 航空軍手中。

　　此舉等同於從陳納德手裡奪走他嫡系部隊的指揮權，看在他眼中是最難以忍受的奇恥大辱。更何況第 10 航空軍司令戴維森（Howard C Davidson）奪走的還不只是 23 大隊，就連原本屬於第 10 航空軍的 51 大隊也準備要搶回去，這將使陳納德只剩下成都的 312 戰鬥機聯隊可以調度。

　　但是讓陳納德最感意外之處，可能是向來最支持他的蔣委員長，此次也沒有再向他伸出援手。時任航空委員會副主任的毛邦初，在 1945 年 7 月 16 日提交的電報中暗示蔣委員長與陳納德保持距離：「查陳助我空軍建設及對日空軍作戰，其功雖不可泯，惟陳在美軍一般之資望與感情不佳，但陳因有我之信任，故美方專心對德作戰時，不欲使我灰心故將就之。今則大舉對日作戰，軍部卻認為不再容陳任第 14 航空司令，故必去之。然去後，我如今令其繼任總顧問及參謀長，在此狀況下，其能否對我有貢獻，亦屬有問題，抗戰期間似擬不留華為有利。」

蔣委員長全然接受了毛邦初的建議，迫使陳納德於 7 月 17 日向國民政府遞交了航空委員會總顧問以及中國戰區空軍參謀長職務的辭呈。

諷刺的是，於 1935 年 12 月前往美國發掘了陳納德並邀請他來華擔任中央航空學校總顧問，拉開飛虎傳奇序幕者也正是時任中央航空學校副校長的毛邦初。如今毛邦初一紙電報解除了陳納德在中國的所有職務，也算是全程見證了「飛虎將軍」協助國府抵抗日本侵略的歷史。

我們從這當中不難看出，本身並非美軍嫡系的陳納德在蔣委員長眼中，只是他與羅斯福總統，乃至於美軍高層打交道或者討價還價的一座橋梁而已。如果不是因為史迪威偏執的程度在陳納德之上的話，事實上一開始蔣中正可能更寧願讓史迪威扮演這座橋梁，甚至兩人可能對於該如何在中國戰場發動反攻還比與陳納德之間有更多的共鳴。如今史迪威已經被調走，德國已經被打敗，而且羅斯福總統也已經過世，蔣委員長更不需要仰賴陳納德這座橋梁去與美軍高層溝通了，因為魏德邁在這方面的表現顯然比陳納德更加稱職。

此刻與美軍主流打好關係比通過一個失勢的美國軍人打好關係對維繫國民政府的統治地位而言更加重要，蔣中正十分清楚留下陳納德只會給中美關係帶來不下於史迪威的破壞，從而做出了與其切割的決定。

三年苦戰終獲勝利

孫元良將軍在 23 大隊的配合下，於 6 月底收復了「一號作戰」中丟失的柳州機場。由於日軍是主動撤出，兩軍沒有在柳州大打出手。斯洛庫姆於 7 月 13 日命令 75 中隊進駐柳州機場，打擊從韶關到三水的地面目標。不過因為需要清除地雷的關係，75 中隊的野馬機要等到 17 日才正式從柳州出擊。直到 1945 年 8 月之前，他們總共出擊了 39 趟，期間沒有遭遇任何損失。倒是 74 中隊的　帕洛夫斯基少尉（John A. Oparowski），於 18 日出擊興安縣的任務中遭日軍地面火力擊落陣亡。23 大隊最後一位對日作戰殉國的飛行員，是來自 76 中隊的布洛考中

尉（William R. Brokaw），他在 27 日駕駛 P-51K 執行炸橋任務時遭地面防空火砲正面擊中，還來不及跳傘就命喪火海。

自此之後不再有 23 大隊飛行員的陣亡記載，但卻不代表沒有美國飛行員在等待國軍的營救。就在布洛考犧牲的同一天，由戰略情報局為中華民國訓練的第一代傘兵突擊總隊，正搭乘 14 架 C-47 運輸機空降到湖南敵後展開特種作戰任務。跳傘到湖南敵後的這支傘兵部隊全副美式裝備，正式番號為突擊總隊第 2 隊，由 149 名國軍與 34 名美軍官兵組成。第 2 隊的隊長為姜鍵中校，突擊總隊第 2 隊一如中美混合團，實際指揮權被掌握在美籍隊附庫克上尉（John E. Cook）手中。裝備 30 步槍、湯普森衝鋒槍、卡賓槍、火箭筒等各種美製新銳武器的他們，主要任務是與湖南本土的自衛隊合作，騷擾寶慶、衡陽與長沙三地的日軍據點，為國軍的反攻打先鋒。

7 月 29 日，他們從老百姓口中得知有一位美軍飛行員遭日軍俘虜，庫克隨即與姜鍵組織了一個加強排的傘兵前往營救。他們沒有碰到任何抵抗，就從兩名替日軍服務的中國人手中救出被拘禁的 76 中隊飛行員塔普中尉（Charles J. Tapp）。塔普於 7 月 5 日在衡陽上空遭防空機砲擊落，並為一位效忠南京政權的鎮長給扣押起來，準備移交給日軍。幸運的是日軍已經開始從湖南撤兵，還來不及等鎮長將塔普移交給衡陽的 68 師團，突擊總隊就先殺了過來。手無寸鐵的鎮長與一名守衛毫無抵抗之力，只能眼睜睜看著突擊總隊將還在狀況外的塔普從獄中救出。

當時隨突擊總隊第 2 隊第 2 分隊參加營救塔普行動的李雲棠上士，晚年還記得鎮長與守衛兩人被以「漢奸罪」帶往傘兵駐地牧雲寺槍決的情況。鎮長在死前對他喊了一句：「來世再見，」讓李雲棠當下氣得連髒話都罵了出來，直呼：「誰跟你這個漢奸來生見啊！？」

裝備精良又訓練有素的突擊總隊，在無人傷亡的情況下救出塔普，為國軍創下營救美軍飛行員的一次最佳典範。隨著「阿爾發部隊」如同其他戰場上的盟軍部隊一樣，在華南戰場上進入轉守為攻的階段，此刻 23 大隊飛行員對國軍的印

象有了些許好轉。

1945 年 8 月 8 日，獲得蔣中正青天白日勳章表揚的陳納德，在昆明百姓的擁簇下搭上了離開中國的專機，第 14 航空軍司令改由史東將軍（Charles B. Stone III）接替。五天後，裕仁天皇發表《終戰詔書》，宣告大日本帝國接受《波茨坦宣言》，向美中英蘇四大同盟國無條件投降。過去做為 23 大隊主要基地的桂林雖然已經被克復，但對日抗戰最終還是在國軍沒能打下武漢與廣州的情況下草草收尾，給魏德邁將軍對戰後中國的規劃帶來了極大的變數。

飛虎傳奇走入歷史

在日本宣告接受無條件投降快兩星期的 8 月 29 日，76 中隊萊利上尉（William Lillie）與布雷根中尉（Charles Breingan）的 P-51 被派往香港執行空中偵察與空投傳單的任務。然而在回程時，布雷根座機的油箱出了問題，導致他沒有足夠的燃料返回柳州機場，只能先飛往仍處於日軍控制之下的廣州天河機場補充油料。天河機場打從 CATF 時代以來，就是 23 大隊轟炸的重點目標，因此對於要飛往當地降落並尋求守軍幫忙一事，布雷根一開始還是戒慎恐懼的。

不過等到布雷根將他命名為「大狗」（Big Dog）的野馬機停妥以後，他很快就找到了一位能以英語跟他溝通的日軍尉官。這位友善的尉官隨即帶來了一位少佐與一位翻譯官聽取布雷根的需求，並同意為他的野馬機補充燃料，唯一的條件是他在天河機場內嚴禁拍照攝影。加完油後的布雷根，駕駛著「大狗」返回已成為 23 大隊大隊部的柳州機場，將他在天河機場的見聞告知 23 大隊的其他弟兄們，讓大夥知道日本投降的消息絕非空穴來風。

來自 118 偵察中隊，外號「地震麥根」的麥高文最頑皮，他帶著強森中尉、尼斯特中尉（William Nest）以及勞伯斯中尉（Ben Roberts），駕駛四架剛從印度接收來的野馬飛到上海「玩一玩」。他們搶在史崔特梅爾於 9 月 1 日抵達上海以前搶先抵達江灣機場，強森表示當時整座機場，乃至整個上海都還可隨處見到

日本兵。鑑於史崔特梅爾的座機將在六架野馬機陪同下抵達上海，他們四人被當成了先遣飛行員而無人搭理，於是麥高文就放膽起來帶著三名飛行員走入上海最豪華的國際飯店，以戰勝國名義要求飯店裡的一位日軍將領向他們投降並獻上武士刀。該日軍將領拒絕了他們的要求，但同意將國際飯店裡最豪華的客房讓給四人，讓他們約了一批白俄美女在裡面醉生夢死。直到史崔特梅爾與魏德邁抵達上海後，國際飯店向他們催討麥高文等四人的食宿費用時，才發現駐華美軍根本沒有徵用國際飯店供官兵居住的安排。闖了大禍的四人被 23 大隊召回柳州，但是他們得到的處罰不過只是從 118 偵察中隊調往 75 中隊。

　　23 大隊在柳州持續待到 1945 年 10 月中，才轉移到空軍官校的原址杭州筧橋機場，開始將他們裝備的 P-51B 型、C 型、D 型以及 K 型，一架又一架移交給中華民國空軍，用於即將爆發的反共戰爭。直到 12 月 4 日，已經沒有飛機的 23 大隊的空地勤人員搭上開往上海的火車，展開返回美國的旅程。

　　12 月 11 日，23 大隊人馬搭上 14,257 噸的美國海軍運輸艦天鉤五號（USS Alderamin, AK-116）啟程歸國，他們在海上航行到 1946 年 1 月 3 日才抵達華盛頓州的塔科馬（Tacoma），並於路易斯堡（Fort Lewis）辦理退除役手續。

　　隨後 23 大隊在末代大隊長斯洛庫姆中校的見證下，於 1946 年 1 月 5 日解編，宣告這段傳承自美籍志願大隊、CATF 以及第 14 航空軍的「飛虎傳奇」正式落幕。

　　回顧 23 大隊在中國長達三年半的輝煌歷史，他們究竟是成功還是失敗？有沒有順利完成陳納德與文森特交付的任務？他們成立的宗旨是什麼？與日軍作戰的戰績究竟如何？空中戰果到底有沒有灌水？這些相信都是各位讀者們所迫切希望了解的答案。

檢視第 23 戰鬥機大隊戰績

　　1945 年 1 月，第 20 轟炸機司令部撤離位於成都的前進基地，終結了給第 14 航空軍造成後勤負擔的「馬特杭行動」。第 20 轟炸機司令部於 3 月份轉移到馬

里亞納群島，與當地同樣裝備 B-29 轟炸機的第 21 轟炸機司令部合併為第 20 航空軍，展開對日本本土的轟炸。以燃燒彈實施無差別空襲的 B-29，被日本人賦予了「地獄火鳥」的外號，但是真正促使日本投降的，還是由第 509 混合大隊在 8 月 6 日和 8 月 9 日在廣島與長崎投下的兩顆原子彈。

無論是燃燒彈還是原子彈，日本確實如陳納德所預料是被空中力量擊敗，但不是被從中國起飛的空中力量擊敗。美軍以一整個航空軍的 B-29，外加兩顆原子彈才迫使日本無條件投降的事實，使陳納德所謂靠 30 架 B-25 與 12 架 B-24 擊敗日本的構想淪為狂言。陳納德三階段擊敗日本計劃的第三階段，注定與第 14 航空軍無緣。

23 大隊聲稱擊沉了 13,738 噸的船隻，不過根據美國陸海軍聯合分析委員會（Joint Army-Navy Assessment Committee Report）評估，真正被第 14 航空軍擊沉的 500 噸以上船隻只有 16 艘，當中只有一艘是戰鬥機擊沉。500 噸以下船隻則有高達 500 艘為第 14 航空軍擊沉，但真正屬於 23 大隊戰果的恐怕只有汽船與舢舨，畢竟 P-40 與 P-51 無論是掛彈量還是飛行航程都比不上轟炸機。至於中國的內河船隻，因為遭日軍徵用的數量實在太多，且有不少被重複攻擊，想要具體統計毫無可能。唯一能夠確定的是長江航運到 1944 年底被銷毀到只剩下 20% 可以運作，到了 1945 年所有的水上作業更是陷入停頓，雖然這當中也有相當部分是經由 B-24 投放的水雷所導致。

想要具體統計出對地打擊戰果更為困難，23 大隊聲稱三年半下來的戰鬥共擊殺 20,000 名日軍，與事實的差距應該不遠。不過想要評價 23 大隊是否成功，還是要以陳納德三階段擊敗日本計劃的第一階段，即是否有取得制空權來評估。

從 1942 年 7 月 4 日到 1945 年 5 月 31 日，23 大隊聲稱在空中擊落 621 架敵機，地面摧毀 320 架。另外一個數字則指出 23 大隊的對空戰果為 597 架飛機，對地戰果則是 400 架，共有 41 人成為王牌飛行員，是美國陸軍航空部隊中排名第五的戰鬥機大隊。筆者認為 23 大隊的官方數據唯一可以參考的，是其 110 架飛機遭敵機擊落，90 架遭防空火砲摧毀以及 28 架在地面上被摧毀的損失，這個騙不

了人。至於他們到底擊落或者摧毀多少敵機，還是要與日本陸軍航空隊確認的損失做比對才能得到公正的答案。

　　然而日軍特別重視顏面，對於其損失還是有刻意隱瞞的跡象，外加包括史考特大隊長在內，許多美軍飛行員單機出任務時聲稱的戰果根本已無法考據。筆者只能約略計算出遭 23 大隊擊落的日機介於 166 架到 210 架，地面摧毀約 100 架到 150 架，美日雙方的損失比介於一比一點六到一比二之間。雖然沒能完全殲滅日軍第 5 航空軍，但從抗戰末期日機已經從中國天空消失的情況上來看，23 大隊確實拿下了長江以南的制空權，他們取得的勝利實至名歸。

後記

　　抗戰結束之後，陳納德在蔣中正夫婦支持下，成立民航空運隊（Civil Air Transport），投入行政院善後救濟總署的復員工作。以民航機協助中國戰後重建工作，延續了陳納德戰時率領美籍志願大隊與 23 大隊來華助戰，打擊日本侵略者的精神，根本目的還是要將中國打造成一個民主的國家。甚至許多志願隊、CATF 以及第 14 航空軍的老兵也獲得陳納德的招募，回到中國成為民航機飛行員。

　　國共內戰的白熱化，使反共的陳納德成為蔣中正最賣力的支持者，開始將民航空運隊投入支援國軍戡亂的任務。似乎只剩下新 4 軍第 5 師師長李先念經由本尼達轉送給他的日本軍刀，還在提醒著陳納德他那段戰時與共軍合作搜救 23 大隊飛行員的情誼。1947 年 12 月 21 日，與陳香梅在上海完成第二次婚姻的陳納德，據說就是用這把日本軍刀切蛋糕的。

「附帶損傷」的長期效應

　　23 大隊來到中國，防衛大後方的領空，空襲淪陷區並支援國軍反攻，確實提升了重慶國民政府的士氣。然而重慶控制區的中國人，卻不能代表所有的中國人，中美空軍襲擊淪陷區時所造成的「附帶損傷」，同樣給為數不少的中國人民帶來民族創傷。抗戰爆發前有房屋 11 萬 2,178 棟的武漢三鎮，到日本投降之際只剩房屋 71,625 棟，其中有相當大比例是毀於武漢大空襲。空襲過武漢的當然不是只有美軍，抗戰初期日軍的空襲同樣給武漢居民留下陰影，但日軍的空襲到 1938 年 10 月就已經結束。之後空襲過武漢的，除了 1941 年後就回國的蘇聯志

願隊外，不是中華民國空軍就是美國陸軍航空部隊。日本投降後，面對成為戰勝國的美國與國民政府，武漢大空襲受害者為了避免自己被扣上「漢奸」的帽子，當然也是敢怒不敢言。武漢政府並非沒有試圖為受害者爭取撫慰，不過內戰的爆發以及中央政府對美國的依賴，都使這股怨氣失去了正常的排解管道，最後自然為與日軍一樣以反美為訴求的中共所利用。

　　武漢並非美軍空襲造成「附帶損害」的唯一地區，23 大隊對中國沿海甚至內河航道的船團打擊同樣是軍民不分，這點從羅培茲等飛行員同情馬卻不同情人的態度中我們可以略知一二。第 14 航空軍在對中國沿海與內河船團實施打擊前，會按照重慶方面要求空投傳單警告淪陷區的中國人不得搭船，否則一律視之為日軍或者日軍的幫兇一起擊殺。對南京與上海等都會的轟炸，儘管 23 大隊試圖迴避對平民目標的攻擊，卻還是帶來了「附帶損害」。

　　戰後重返上海與南京的中央政府，都將這些「附帶損傷」視為擊敗日本侵略者的「必要之惡」，輕描淡寫的帶過，卻沒有辦法為親歷其境的受害者所忘懷。轟炸帶來的「附帶損傷」，甚至給執行空襲任務的中美飛行員都造成了心理創傷。前 74 中隊國軍飛行員毛昭品，就對自己在長江誤炸平民船隻一事久久不能忘懷，後來國共內戰期間徹底失去了出任務的動力，主動請調回空軍官校擔任飛行教官。

　　23 大隊的編制，於 1946 年 10 月 10 日「雙十國慶」當天在美國關島西北機場（Northwest Field）恢復編制，隸屬戰時與第 14 航空軍一起進駐過中國的第 20 航空軍。連帶過去的 74、75 與 76 中隊，也在 1947 年 9 月 18 日隨美國陸軍航空部隊一起改編為美國空軍。

　　1949 年 4 月 25 日，升級後的第 23 戰鬥機聯隊被調往巴拿馬的霍華德空軍基地（Howard Air Force Base），延續初代 23 大隊的巴拿馬淵源，負責維護運河區的空防。當中 76 中隊隨即換裝 RF-80 流星式（Shooting Star）偵察機，成為 23 大隊史上首支進入噴射機時代的單位。

　　經由共同浴血奮戰所締結的情誼，是不會受到時間與空間的影響而有所改變的，今日駐防在花蓮空軍基地的空軍第 5 戰術混合聯隊，也因為是由戰時在芷江的第 5 戰鬥機大隊擴編而成，如今仍與美軍第 23 聯隊維持著姊妹隊的關係。

　　而且因為 23 聯隊將其隊史追溯到 23 大隊的前身美籍志願大隊，美籍志願大隊又隸屬中華民國空軍的原因，空軍 5 聯隊和美軍 23 聯隊的關係更是比家人還要牢不可破。當 23 聯隊選在 2011 年 11 月 11 日的美國退伍軍人節（Veteran's Day），於佛羅里達州坦帕舉辦成軍 70 週年的慶典時，就特別邀請過去 5 大隊的老兵喬無遏將軍前往發表演說。

　　喬將軍戰時曾多次率領進駐芷江的 75 中隊飛行員奔赴前線作戰，他的演說給 23 聯隊聯隊長湯普森上校（Billy Thompson）、大隊長史都伊上校（Ronald Stuewe），現場其他的二戰老兵以及 A-10 飛行員們帶來了難以用言語形容的感動。

　　2017 年 8 月 14 日，輪到中華民國空軍在臺北大安區的空軍司令部慶祝「八一四空戰勝利」80 週年，他們同樣不忘邀請參加過抗戰的空軍老前輩共襄盛舉。23 大隊最後一位還在世的中國飛行員陳炳靖中校也獲邀返臺，與眾多現役還有退役的空軍官兵一起高唱《空軍軍歌》。

　　中華民國空軍與美國空軍的關係，因為 23 聯隊的存在而歷久彌新。

參考資料

英文檔案

美國空軍歷史研究中心檔案

1   "Air Warfare in China," 14th Air Force Papers, August 29th, 1952, Air Force Historical Research Agency, Maxwell Air Force Base, AL, 4-48627, p. 24

2   "Bombing Objectives," CATF Papers, February 25th, 1942 Air Force Historical Research Agency, Maxwell Air Force Base, AL, 864.311

3   "Chennault to Stratemeyer," 14th Air Force Papers, August 25th, 1943, Air Force Historical Research Agency, Maxwell Air Force Base, AL, 862.317

4   "Chihkiang Campaign," 14th Air Force Papers, April 10th to June 3rd, 1945, Air Force Historical Research Agency, Maxwell Air Force Base, AL, 862.4501-2

5   "China Air Task Force," 14th Air Force Papers, April, 1944, Air Force Historical Research Agency, Maxwell Air Force Base, AL, 6845-1

6   "China Operations, October 6th, 1942 to May 22nd, 1945," 14th Air Force Papers, May 22nd, 1943, Air Force Historical Research Agency, Maxwell Air Force Base, AL, 862.311

7   "Chow to Chennault", March 17th, 1943, Claire L. Chennault Papers, Box 9, Folder 3, Hoover Institution Library & Archives

8   "Claire L. Chennault to Albert C. Wedemeyer", November 6th, 1944, Albert C. Wedemeyer Papers, Box 81, Folder 1, Hoover Institution Library & Archives, p. 6.

9   "Formosa," 14th Air Force Papers, July 10th, 1944, Air Force Historical Research Agency, Maxwell Air Force Base, AL, 7663-127, p. 14

10 "Interview with Colonel Robert L. Scott, Fighter Command, CATF," CATF Papers, February 15th, 1942, Air Force Historical Research Agency, Maxwell Air Force Base, AL, 864.549-1

11 "Interview with Paul Frillmann," AVG Papers, July 29, 1942, Air Force Historical Research Agency, Maxwell Air Force Base, AL, 863-549-1

12 "Plan For Employment of China Air Task Force in China," CATF Papers, February 4th, 1943, Air Force Historical Research Agency, Maxwell Air Force Base, AL, 864.317-2

13 "Plan of Operations in China," 14th Air Force Papers, April 30th, 1943, Air Force Historical Research Agency, Maxwell Air Force Base, AL, 862.317

14　"Stilwell to Dorn," 14th Air Force Papers, October 1st, 1943, Air Force Historical Research Agency, Maxwell Air Force Base, AL, 862-311

15　"Tactical Directives for Fighters and Composite Wings," 14th Air Force Papers, March 30th, 1944, Air Force Historical Research Agency, Maxwell Air Force Base, AL, 862-311

16　AGAS-China, "Evasion Story of Lt. Leonard O'Dell," 1944, Air Force Historical Research Agency, Maxwell Air Force Base, AL, Reel A1322, microfilm

17　AGAS-China, "Walkout Story of 2nd Lt. Glenn J. Geyer," 1945, Air Force Historical Research Agency, Maxwell Air Force Base, AL, Reel A1323, microfilm

胡佛檔案館檔案

1　"Chennault to Vincent", June 30th, 1943, Claire L. Chennault Papers, Box 8, Folder 48, Hoover Institution Library & Archives.

2　"Chow to Chennault", March 17th, 1943, Claire L. Chennault Papers, Box 9, Folder 3, Hoover Institution Library & Archives

3　"Claire L. Chennault to Clinton D. Vincent", January 13th, 1944, Claire L. Chennault Papers, Box 8, Folder 48, Hoover Institution Library & Archives.

4　"Claire L. Chennault to Clinton D. Vincent", January 16th, 1944, Claire L. Chennault Papers, Box 8, Folder 48, Hoover Institution Library & Archives

5　"Claire L. Chennault to Clinton D. Vincent", July 21st, 1944, Claire L. Chennault Papers, Box 8, Folder 48, Hoover Institution Library & Archives

6　"Claire L. Chennault to Clinton D. Vincent", June 20th, 1944, Claire L. Chennault Papers, Box 8, Folder 48, Hoover Institution Library & Archives

7　"Claire L. Chennault to Clinton D. Vincent", June 22nd, 1944, Claire L. Chennault Papers, Box 8, Folder 48, Hoover Institution Library & Archives

8　"Claire L. Chennault to Clinton D. Vincent", June 29th, 1944, Claire L. Chennault Papers, Box 8, Folder 48, Hoover Institution Library & Archives

9　"Clinton D. Vincent to Claire L. Chennault", August 27th, 1943, Claire L. Chennault Papers, Box 8, Folder 48, Hoover Institution Library & Archives

10　"Clinton D. Vincent to Claire L. Chennault", January 14th, 1944 Claire L. Chennault Papers, Box 8, Folder 48, Hoover Institution Library & Archives

11　"Clinton D. Vincent to Claire L. Chennault", June 24th, 1944, Claire L. Chennault Papers, Box 8, Folder 48, Hoover Institution Library & Archives

12　"Clinton D. Vincent to Claire L. Chennault", June 3rd, 1944, Claire L. Chennault Papers, Box 8, Folder 48, Hoover Institution Library & Archives

13　"Clinton D. Vincent to Claire L. Chennault", March 17th, 1944, Claire L. Chennault Papers, Box 8,

Folder 48, Hoover Institution Library & Archives

14　"Interview with Col. Bruce K. Holloway", November 16th, 1943, Claire L. Chennault Papers, Box 9, Folder 7, Hoover Institution Library & Archives

15　"Memorandum from Haynes to Arnold", February 9th, 1943, Claire L. Chennault Papers, Box 8, Folder 14, Hoover Institution Library & Archives

16　"Memorandum from Haynes to Arnold", February 9th, 1943, Claire L. Chennault Papers, Box 8, Folder 14, Hoover Institution Library & Archives

17　"Memorandum of Chennault to Wedemeyer", November 9th, 1944, Albert C. Wedemeyer Papers, Box 81, Folder 1, Hoover Institution Library & Archives

18　"Plan for Employment of CATF and Attached Services", Claire L. Chennault Papers, Box 8, Folder 14, Hoover Institution Library & Archives

羅斯福總統圖書館檔案

1　"Spagent to Morgenthau," September 5, 1940, Henry Morgenthau Jr. Papers, Box 303: 73, Franklin D. Roosevelt Presidential Library & Museum.

英文資料

官方出版品

1　Benjamin S. Lambeth, *NATO's Air War for Kosovo* (Santa Monica: RAND, 2001).

2　Carl Molesworth, *Sharks over China: The 23rd Fighter Group in World War II* (Dulles: Brassey's, 1994).

3　Charles A. Ravenstein, *Air Force Combat Wings, Lineage & Honors Histories 1947–1977* (Washington D. C.: Office of Air Force History, 1984).

4　Charles F. Romanus and Riley Sunderland, *Stilwell's Mission to China* (Washington D. C.: Center of Military History, 1987).

5　Christopher E. Haave and Phil M. Haun, *A-10s Over Kosovo: The Victory of Airpower over a Fielded Army as Told by the Airmen Who Fought in Operation Allied Force* (Maxwell Air Force Base: Air University, 2003).

6　Daniel L. Haulman, *Crisis in Grenada: Operation URGENT FURY from Short of War: Major U.S.A.F. Contingency Operations, 1947-1997* (Maxwell Air Force Base: Air University, 2006).

7　Herbert Weaver and Marvin A. Rapp, *The Tenth Air Force, 1942: Army Air Force Historical Studies No. 12* (Washington: Assistant Chief of Air Staff, Intelligence Historical Division, 1944)

8　James A. Winnefeld, Preston Niblack and Dana J. Johnson, *A League of Airmen: US Air Power in the Gulf War* (Santa Monica: RAND, 1994).

9   John T. Correll, *The Air Force and the Gulf War* (Arlington: Air Force Association, 2009).

10 Lloyd H. Cornett Jr. and Mildred W. Johnson, *A Handbook of Aerospace Defense Organization, 1946–1980* (Peterson AFB, CO: Office of History, Aerospace Defense Center, 1980).

11 Mark D. Sherry, *China Defensive, 1942-1945: The U.S. Army Campaigns of World War II* (Washington D. C.: Center of Military History, 1996).

12 Maurer Maurer, *Air Force Combat Units of World War II* (Washington D. C.: Office of Air Force History, 1983).

13 Mike Worden, *Rise of the Fighter Generals: The Problem of Air Force Leadership* (Maxwell Air Force Base: Air University Press, 1998).

14 Richard F. McMullen, *The Fighter Interceptor Force 1962-1964, ADC Historical Study No. 27* (Cheyenne Mountain Air Force Station: USAF Air Defense Command, 1964).

15 Richard H. Shultz, Jr. and Robert L. Pfaltzgraff, Jr., *The Future of Air Power in the Aftermath of the Gulf War* (Maxwell Air Force Base: Air University, 1992).

16 Robert R. Smith, *Triumph in the Philippines* (Washington D.C.: Center of Military History, 1993).

17 Takejiro Shiba, *Air Operations in the China Area (July 1937-August 1945), Japanese Monograph No. 76* (Washington D. C.: Office of the Chief of Military History, Department of the Army, 1956).

18 United States Army Air Forces, *Combat Air Forces of World War II, Army of the United States* (Washington D. C., Army Times, 1945).

19 Wesley F. Craven and James L. Cate, *The Army Air Forces in World War II Vol.4, The Pacific: Guadalcanal to Saipan, August 1942 to July 1944* (Washington D.C.: Office of Air Force History, 1983).

20 Wesley F. Craven and James L. Cate, *The Army Air Forces in World War II Vol.5, The Pacific: Matterhorn to Nagasaki, June 1944 to August 1945* (Washington D.C.: Office of Air Force History, 1983).

21 Wesley F. Craven and James L. Cate, *The Army Air Forces in World War II Vol.7, Services Around the World* (Washington D.C.: Office of Air Force History, 1983).

信件

1   Col Luther Kissick, Jr., USAF, to Daniel Jackson, July 17th, 2008

2   Elinor Beneda to Samuel Hui, June 6th, 2011

書籍

1   Aaron Stein, *The US War Against ISIS: How America and its Allies Defeated the Caliphate* (London: I.B. Tauris, 2022).

2   Adam Makos and Larry Alexander, *A Higher Call: An Incredible True Story of Combat and Chivalry in*

the War-Torn Skies of World War II (New York: Dutton Caliber, 2012).

3 Akira Iriye, *The Origins of the Second World War in Asia and the Pacific* (London: Pearson Education, 1987).

4 Alan Armstrong, *Preemptive Strike: The Secret Plan that Would Have Prevented the Attack on Pearl Harbor* (Guilford: The Lyon Press, 2006).

5 Anthony R. Carrozza, *William D. Pawley: The Extraordinary Life of the Adventurer, Entrepreneur, and Diplomat Who Cofounded the Flying Tigers* (Dulles: Potomac Books, 2012).

6 Barrett Tillman, *Lemay* (New York: Palgrave MacMillan, 2007).

7 Bernard Ireland, *Leyte Gulf 1944: The World's Greatest Sea Battle* (Oxford: Osprey Publishing, 2006).

8 Brian Lane Herder, *Operation Torch 1942* (Oxford: Osprey Publishing, 2017).

9 Carl Molesworth, *23rd Fighter Group: Chennault's Sharks* (Oxford: Osprey Publishing, 2009).

10 Carl Molesworth, *Flying Tigers Colors: Camouflage and Markings of the American Volunteer Group and the USAAF 23rd Fighter Group, 1941-1945* (Warsaw: Model Centrum Progres, 2016).

11 Carl Molesworth, *P-40 Warhawk Aces of the CBI* (Oxford: Osprey Publishing, 2000).

12 Carl Molesworth, *P-40 Warhawk VS Ki-43 Oscar, China 1944-1945* (Oxford: Osprey Publishing, 2008).

13 Carl Molesworth, *Wing to Wing: Air Combat in China, 1943-1945* (New York: Orion Book, 1990).

14 Carolle J. Carter, *Mission to Yenan: American Liaison with the Chinese Communists, 1944-1947* (Lexington: University Press of Kentucky, 1997).

15 Carroll V. Glines, *Master of the Calculated Risk: James H. Doolittle, A Pictorial Biography* (Missoula: Pictorial Histories Publishing CO, INC., 2002).

16 Chan Sui-jeung, *East River Column: Hong Kong Guerrillas in the Second World War and After* (Hong Kong: Hong Kong University Press, 2014).

17 Charles F. Romanus and Riley Sunderland, *Stilwell's Command Problem* (Washington D. C.: Center of Military History, 1987).

18 Christopher Shores, *Air War for Burma* (London: Grub Street, 2005).

19 Claire Lee Chennault, *Way of a Fighter* (Tucson: James Thorvardson & Sons, 1991).

20 Daniel Ford, *Flying Tigers: Claire Chennault and his American Volunteers, 1941-1942* (New York: Harper Collins, 2007).

21 Daniel Ford, *Tales of the Flying Tigers: Five Books about the American Volunteer Group, Mercenary Heroes of Burma and China* (Scott Valley: CreateSpace Independent Publishing Platform, 2016).

22 Daniel Jackson, *Fallen Tigers: The Fate of America's Missing Airmen in China during World War II* (Lexington: University Press of Kentucky, 2021).

23 Daniel Jackson, *The Forgotten Squadron: The 449th Fighter Squadron in World War II - Flying P-38s with the Flying Tigers, 14th Air Force* (Atglen: Schiffer Publishing, 2010).

24　David W. Hogan, *India-Burma: 2 April 1942-28 January1945, The U.S. Army Campaigns of World War II* (Washington D. C.: Center of Military History, 1996).

25　Donald S. Lopez, *Fighter Pilot's Heaven: Flight Testing the Early Jets* (Washington D. C.: Smithsonian Books, 1995).

26　Donald S. Lopez, *Into the Teeth of the Tiger* (Washington D. C.: Smithsonian Books, 1997).

27　Edward J. "Smoky" Bollen, *Two Missions from Up Sun* (Memphis: Castle Books, 1990).

28　Edward M. Young, *B-24 Liberators Units of the CBI* (Oxford: Osprey Publishing, 2011).

29　Edward M. Young, *B-25 Mitchell Units of the CBI* (Oxford: Osprey Publishing, 2018).

30　Edward M. Young, *F4U Corsair VS Ki-84 "Frank", Pacific Theater 1945* (Oxford: Osprey Publishing, 2016).

31　Eugene Liptak, *Office of Strategic Services 1942–45: The World War II Origins of the CIA* (Oxford: Osprey Publishing, 2009).

32　Felix Smith, *China Pilot: Flying for Chiang and Chennault* (Lincoln: University of Nebraska Press, 1995).

33　Frank J. Olynyk, *AVG&USAAF (China-Burma-India Theater) Credits for the Destruction of Enemy Aircraft in Air to Air Combat World War 2* (Aurora: Frank J. Olynyk, 1986).

34　Frederick A. Johnsen, *North American P-51 Mustang* (North Branch: Specialty Press and Wholesalers, 1996).

35　Gardner N. Hatch, *P-51 Mustang* (Paducah: Turner Publishing Company, 1993).

36　Gary Wetzel, *A-10 Thunderbolt II Units of Operation Enduring Freedom 2002-07* (Oxford: Osprey Publishing, 2013).

37　Gerald Horne, *Race War: White Supremacy and the Japanese Attack on the British Empire* (New York: New York University Press, 2004).

38　Glenn E McClure, *Fire And Fall Back: Casey Vincent's Story of Three Years in the China-Burma-India Theater, Including the Fighting Withdrawal of the Flying Tigers from Eastern China* (San Antonio: Barnes Press, 1975).

39　Glenn E. McClure, *Fire And Fall Back: Casey Vincent's Story of Three Years in the China-Burma-India Theater, Including the Fighting Withdrawal of the Flying Tigers from Eastern China* (San Antonio: Barnes Press, 1975).

40　Gordon L. Rottman, *Saipan & Tinian 1944: Piercing the Japanese Empire* (Oxford: Osprey Publishing, 2004).

41　Gregory Crouch, *China's Wings: War, Intrigue, Romance, and Adventure in the Middle Kingdom During the Golden Age of Flight* (New York: Bantam Books, 2012).

42　Henry H. Arnold, *American Airpower Comes of Age: General Henry H. "Hap" Arnold's World War II Diaries Volume I* (Honolulu: University Press of the Pacific, 2004).

43　Henry Sakaida, *Japanese Army Air Force Aces, 1937-1945* (Oxford: Osprey Publishing, 2008).

44　Ikuhiko Hata, Yashuho Izawa and Christopher Shores, *Japanese Army Air Force Units and Their Aces* (London: Grub Street Publishing, 2009).

45　Ikuhiko Hata, Yashuho Izawa and Christopher Shores, *Japanese Army Fighter Aces: 1931-45* (Mechanicsburg: Stackpole Books, 2013).

46　Ikuhiko Hata, Yashuho Izawa and Christopher Shores, *Japanese Naval Air Force Fighter Units and Their Aces, 1932–1945* (Philadelphia: Casemate Publishers, 2011).

47　Ikuhiko Hata, Yashuho Izawa and Christopher Shores, *Japanese Naval Fighter Aces: 1932-45* (Mechanicsburg: Stackpole Books, 2013).

48　J. G. Ballard, *Empire of the Sun* (New York: Simon & Schuster, 2005).

49　James C. Hsiung and Steven I. Levine, *China's Bitter Victory: War with Japan, 1937-45* (Armonk: M. E. Sharp, 1992).

50　James H. Howard, *Roar of the Tiger* (New York: Pocket Books, 1993).

51　James M. Merrill, *Target Tokyo* (Chicago: Rand McNally, 1964).

52　Jay Taylor, *The Generalissimo: Chiang Kai-shek and the Struggle for Modern China* (Cambridge: The Belknap Press of Harvard University Press, 2009).

53　Joe G. Taylor, *Air Interdiction in China in World War II* (USAF Historical Studies No. 132, Air University, 1956).

54　John A. Warden III, *Air Campaign* (Lincoln: iUniverse, 1998).

55　John D. Plating, *The Hump: America's Strategy for Keeping China in World War II* (College Station: Texas A&M University Press, 2011).

56　John H. Boyler, *China and Japan at War, 1937-1945: The Politics of Collaboration* (Stanford: Stanford University Press, 1987).

57　John Stanaway, *P-38 Lightning Aces of the CBI & Pacific* (Oxford: Osprey Publishing, 1998).

58　John W. Garver, *Chinese-Soviet Relations, 1937-1945: The Diplomacy of Chinese Nationalism* (Oxford, Oxford University Press, 1988).

59　Jonna Doolittle Hoppes, *Calculated Risk: The Extraordinary Life of Jimmy Doolittle Aviation Pioneer and World War II Hero* (Santa Monica: Santa Monica Press, 2005).

60　Jozo Tomasevich, *War and Revolution in Yugoslavia, 1941-1945: Occupation and Collaboration* (Stanford: Stanford University Press, 2001).

61　Kenneth P. Werrell, *Blanket of Fire: US Bombers over Japan during World War II* (Washington D. C.: Smithsonian, 1996).

62　Mark Parillo, *The United States in the Pacific from Why Air Forces Fail: The Anatomy of Defeat* (Lexington: University Press of Kentucky, 2006).

63　Martha Byrd, *Giving Wings to the Tiger* (Tuscaloosa: University of Alabama Press, 2003).

64 Martin Bowman, *P-51 Mustang VS Fw 190: Europe, 1943-45* (Oxford: Osprey Publishing, 2009).

65 Michael Lind, *The American Way of Strategy: US Foreign Policy and American Way of Life* (New York: Oxford University Press, 2006).

66 Michael S. Neiberg, *When France Fell: The Vichy Crisis and the Fate of the Anglo-American Alliance* (Cambridge: Harvard University Press, 2021).

67 Milt Miller, *Tiger Tales* (Yuma: Sunflower University Press, 1984).

68 Osamu Tagaya, *Mitsubishi Type 1 Rikko 'Betty' Units of World War 2* (Oxford: Osprey Publishing, 2001).

69 Osamu Tagaya, *The Imperial Japanese Air Forces from Why Air Forces Fail: The Anatomy of Defeat* (Lexington: University Press of Kentucky, 2006).

70 Otha C. Spencer, *Flying the Hump: Memories of an Air War* (College Station: Texas A&M University Press, 1994).

71 Peter E. Davies, *F-105 Thunderchief Units of the Vietnam War* (Oxford: Osprey Publishing, 2010).

72 R. D. Van Wagner, *1st Air Commando Group: Any Place, Any Time, Anywhere* (Montgomery: Air Command and Staff College, 1986).

73 Ray Wagner, *Prelude to Pearl Harbor: The Air War in China, 1937-1941* (San Diego: San Diego Aerospace Museum, 2001).

74 Richard King, *303 (Polish) Squadron: Battle of Britain Diary* (Surrey: Red Kite, 2010).

75 Richard M. Gibson and Wenhua Chen, *The Secret Army: Chiang Kai-shek and the Drug Warlords of the Golden Triangle* (Singapore: John Wiley & Sons, 2011).

76 Robert Coram, *Double Ace: The Life of Robert Lee Scott Jr., Pilot, Hero, and Teller of Tall Tales* (New York: Thomas Dunne Books, 2016).

77 Robert F. Dorr, *B-29 Superfortress Unit of World War II* (Oxford: Osprey Publishing, 2012).

78 Robert L. Scott Jr., *God is My Co-pilot* (Warner Robins: Museum of Aviation Foundation, 2002).

79 Robert L. Scott Jr., *The Day I owned the Sky* (New York: Bantam Books, 1988).

80 Ronald Ian Heiferman, *The Cairo Conference of 1943: Roosevelt, Churchill, Chiang Kai-shek and Madame Chiang* (Jefferson: McFarland & Company, 2011).

81 Russell F. Weigley, *The American Way of War: A History of United States Military Strategy and Policy* (Bloomington: Indiana University Press, 1977).

82 Russell Guest, Giovanni Massimello and Christopher Shores, *A History of the Mediterranean Air War, 1940-1945: Volume 4 - Sicily and Italy to the fall of Rome 14 May, 1943 – 5 June, 1944* (London: Grub Street Publishing, 2018).

83 Stan Cohen, *Destination Tokyo: A Pictorial History of Doolittle's Tokyo Raid, April 18th, 1942* (Missoula: Pictorial Histories Publishing CO, INC., 2002).

84 Sterling Seagrave, *Soldiers of Fortunate* (Chicago: Time-Life Books, 1982).

85　Steven C. King, *Flying the Hump to China* (Bloomington, AuthorHouse, 2004).

86　Steven J. Zaloga, *Ploesti 1943: The great raid on Hitler's Romanian oil refineries* (Oxford: Osprey Publishing, 2019).

87　Steven K. Bailey, *Bold Venture: The American Bombing of Japanese-Occupied Hong Kong, 1942–1945* (Lincoln: Potomac Books, 2019).

88　Steven Zaloga and Ken Ford, *Overlord: The D-Day Landings* (Oxford: Osprey Publishing, 2009).

89　Terrill Celements, *American Volunteer Group Colours and Markings* (Oxford: Osprey Publishing, 2001).

90　Tex Hill and Reagan Schaupp, *Tex Hill: Flying Tiger* (Spartanburg: Altman Printing Co, Inc., 2003).

91　Theodore White and Annalee Jacoby, *Thunder Out of China* (New York: Da Capo Press, 1980).

92　Thomas M. Coffey, *HAP: The Story of the U.S. Air Force and the Man Who Built It: General Henry H. "Hap" Arnold* (New York: Viking Press, 1982).

93　Tony Holmes, *Hurricane Aces, 1939-40* (Oxford: Osprey Publishing, 2000).

94　Vincent Orange, *Churchill and his Airmen* (London: Grub Street Publishing, 2013).

95　Walter J. Boyne, *The Influence of Air Power upon History* (New York: Pelican Publishing Company, 2003).

96　Walter R Roberts, *Tito, Mihailovic, and the Allies, 1941-1945* (Lexington: Rutgers University Press, 1973).

97　Wanda Cornelius and Thayne Short, *Ding Hao: America's Air War in China, 1937-1945* (Gretna: Pelican Publishing Company, 1998).

98　Wayne G. Johnson, *Whitey From Farm Kid to Flying Tiger to Attorney* (Minneapolis: Langdon Street Press, 2011).

99　Wayne G. "Whitey" Johnson, *Shanghai Night from Up Sun* (Memphis: Castle Books, 1990).

100　William Boyd Sinclair, *Confusion Beyond Imagination: Those Wild Blue Characters; Over the Hump: From Wings to Shoes, Volume 2* (Coeur d' Alene: Joe F. Whitley, 1987).

101　William G. Grieve, *The American Military Mission to China, 1941-1942: Lend-Lease Logistics, Politics and the Tangles of Wartime Cooperation* (Jefferson: McFarland & Company, Inc., Publishers, 2014). William L. Smallwood, *Warthog: Flying the A-10 in the Gulf War* (Washington D. C.: Potomac Books, 2005).

102　William M. Leary, *Perilous Missions: Civil Air Transport and CIA Covert Operations in Asia* (Tuscaloosa: University of Alabama Press, 2006).

103　William N. Hess, *354th Fighter Group* (Oxford: Osprey Publishing, 2002).

104　Yasuho Izawa and Tony Holmes, *J2M Raiden and N1K1/2 Shiden/Shiden-kai Aces* (Oxford: Osprey Publishing, 2016).

論文

1　Boyd Heber Bauer, *General Claire Lee Chennault and China, 1937-1958: a study of Chennault, his relationship with China, and selected issues in Sino-American relations* (Ph.D. dissertation, American University, 1973).

2　Gordon K Pickler, *United States Aid to the Chinese Nationalist Air Force, 1931-1949* (Ph. D. dissertation, Florida State University).

3　Todd Eric Jahnke, *"By Air Power Alone: America's Strategic Air War in China, 1941-1945"* (Masters Dissertation, University of North Texas, 2001).

雜誌

1　Alfred Price, "To War in a Warthog" from *Air Force Magazine,* August 1st, 1993

2　Rebecca Grant, "One-Man Air Force" from *Air Force Magazine,* November, 2010

3　Robert E. van Patten, "Before the Flying Tigers" from *Air Force Magazine,* June 1st, 1999

4　The Passing of "The Sky Chief" from *Indians at Work,* May-June, 1944

網站

1　51st Fighter Wing history from Osan Air Force Base, https://www.osan.af.mil/About-Us/Fact-Sheets/Display/Article/404723/51st-fighter-wing-history/

2　51st Fighter Wing history from Osan Air Force Base, https://www.osan.af.mil/About-Us/Fact-Sheets/Display/Article/404723/51st-fighter-wing-history/

3　74 Fighter Squadron, USAF Units Histories, August 29th, 2019, https://www.afhra.af.mil/About-Us/Fact-Sheets/Display/Article/431951/74-fighter-squadron-acc/

4　Daniel Haulman, 74 Fighter Squadron from Air Force Historical Research Agency, https://www.afhra.af.mil/About-Us/Fact-Sheets/Display/Article/431951/74-fighter-squadron-acc/

5　Daniel Haulman, Factsheet 23 Fighter Wing (ACC) from Air Force Historical Research Agency, https://www.afhra.af.mil/About-Us/Fact-Sheets/Display/Article/432094/23-wing-acc/

6　Daniel Haulman, Factsheet 76 Fighter Squadron (ACC) from Air Force Historical Research Agency, https://www.afhra.af.mil/About-Us/Fact-Sheets/Display/Article/433017/76-fighter-squadron-afrc/.

7　Dario Leone, Moody AFB A-10C Warthogs Pay Tribute to Original Flying Tiger, May 16th, 2017 https://theaviationgeekclub.com/moody-afb-10c-warthogs-pay-tribute-original-flying-tiger/

8　David Roza, How an Air Force A-10 pilot pulled off a miracle landing with much of her tail shot off from Task and Purpose, March 11th, 2022, https://taskandpurpose.com/news/air-force-a-10-pilot-kim-campbell/

9　David Roza, The end of the brown beret: Air Force special ops squadron shuts down after 28 years advising allied aviators from Task and Purpose, October 10th, 2022, https://taskandpurpose.com/news/air-force-brown-beret-6th-special-operations-inactivation/?fbclid=IwAR33shynBkPWhx6_ue1FCjCXDE-ttjy2FmrxZxLEiWSzPNdlWL2htOSXA4c

10　General Chiao from Moody Air Force Base, https://www.moody.af.mil/News/Photos/igphoto/2000199698

11　Håkan Gustavsson, 1942, Sino-Japanese Air War 1937 – 1945, http://surfcity.kund.dalnet.se/sino-japanese-1942.htm

12　Holly Yan, Josh Levs and Elise Labott, U.S. military: Airstrikes against ISIS won't save key city of Kobani from CNN, October. 29th, 2014, http://edition.cnn.com/2014/10/08/world/meast/isis-threat/index.html

13　Interview with Retired Brig. General Robert L. Scott – American World War II Ace Pilot and Hero from Histortnet, June 12th, 2006, https://www.historynet.com/interview-with-retired-brig-general-robert-l-scott-american-world-war-ii-ace-pilot-and-hero/?f.\\

14　Kyle Rempfer, Dropping sniper nests in four story buildings: A-10 Warthogs earn gallantry award in Syria from Air Force Times, April. 5th, 2021, https://www.airforcetimes.com/news/your-air-force/2019/04/04/dropping-sniper-nests-in-four-story-buildings-a-10-warthogs-earn-gallantry-award-in-syria/

15　Luis Martinez, US-Backed Kurdish Offensive Pushes to Retake Sinjar From ISIS from ABC News, November. 13th, 2015, https://abcnews.go.com/International/us-backed-kurdish-offensive-pushes-retake-sinjar-isis/story?id=35150299

16　Oriana Pawlyk, A-10 Warthog squadron receives rare heroism award for bringing the pain to ISIS in Syria from Task and Purpose, April 3rd, 2019, https://taskandpurpose.com/news/a10-warthog-gallant-unit-citation-syria/

17　Richard L. Dunn, Illusive Target: Bombing Japan from China from Warbird's Forum, 2006, https://www.warbirdforum.com/elusive.htm

18　The Old Hickory Squadron from 118th Wing, https://www.118wg.ang.af.mil/About-Us/Fact-Sheets/Display/Article/439188/the-old-hickory-squadron/.

19　Thomas Johns, 23rd Wing dedicates new Flagship aircraft from Moody Air Force Base, April 7th, 2022, https://www.moody.af.mil/News/Article-Display/Article/2993351/23rd-wing-dedicates-new-flagship-aircraft/fbclid/23rd-wing-dedicates-new-flagship-aircraft/.

20　Yasuho Izawa, Japanese Army Aces, Warbird Forum, https://www.warbirdforum.com/aces.htm

訪談

1　Captain Harry A. Moyer interviewed by Benjamin Bahlmann of American West Center on November 22nd, 2002 at his house in Park City, Utah

日文資料

日本防衛省檔案

1　第三航空軍兵器部，〈《キ四十五》事故調查報告〉，1942 年 10 月 8 日

官方出版品

1　防衛厅防衛研修所戦史室，《戦史叢書第 019 卷：本土防空作戦》（東京：朝雲新聞社，1968 年）

書籍

1　中山雅洋，《中国的天空〈下〉—沈黙の航空戦史》（東京：大日本絵画，2008 年）

2　笠原十九司，《日中戦争全史（下卷）》（東京：高文研，2018 年）

3　梅本弘，《陸軍戦闘隊擊墜戦記〈1〉中国大陸の隼戦闘隊 1943-45 年—飛行第 25 戦隊と 48 戦隊》（東京：大日本絵画，2007 年）

4　梅本弘，《陸軍戦闘隊擊墜戦記〈2〉中国大陸の鍾馗と疾風 1943-45 年—飛行第 9 戦隊と 85 戦隊》（東京：大日本絵画，2007 年）

中文資料

國史館檔案

1　〈十二月一日蔣中正於開羅會議知英自私不肯犧牲現其海軍若不同時登陸則我陸軍亦停止行動，四日敵軍再猛棒猛統怒江西岸集兵二萬圖擾雲滾公路，十二日林蔚稱常德二失二得現已將敵消除，蒙巴頓稱緬北不通係國軍不由滇出擊等因，二十八日復蒙巴頓道義利害並堅拒等情〉，1943 年 12 月 1 日到 12 月 28 日，困勉記初稿（八），蔣中正總統文物，國史館典藏號：002-060200-00008-003

2　〈三十二年十一月五日蔣中正接羅斯福電此次中國參加四國宣言全由彼全力所促成疏覺甚為可感，八日與宋美齡談應設法調解陳納德與史迪威二人互相暗鬥，十一日巡視中央大學見青年表現親愛精神發於天性足以稍慰平生苦心，十二日羅斯福特派哈利來訪與之詳談此人為實有經驗之政治家，十三日又與哈利談表示四國宣言充實羅總統對華之真誠協助殊為可感故對羅總統政策與運用辦法絕不懷疑，十六日與孔繁蔚談聞山東耆紳之抗戰熱忱與民眾可歌可泣之事令人氣壯，視察中美空軍訓練所見中美空軍軍學生感情融洽甚足快慰等〉，1943 年 11 月 2 日到 12 月 31 日，愛記初稿（三），蔣中正總統文物，國史館編號：002-060200-00018-008

3　〈方先覺電徐永昌何應欽林蔚敵二千餘向一九〇師橡皮塘灣塘陣地進犯我仍固守東站蓮花塘至荷花坪之線另暫五十四師現與敵在飛機場西南祖微廟激戰等情〉，1944 年 5 月 27

日，八年血債（六十三）蔣中正總統文物／特交文電／日寇侵略／日寇侵略，蔣中正總統文物，國史館典藏號：002-090200-00087-297

4　〈毛邦初電蔣中正關於陳納德辭第十四航空隊司令事美國報紙推測與魏德邁間有隔膜〉，1945 年 7 月 16 日，革命文獻―同盟國聯合作戰：空軍美志願隊成立，蔣中正總統文物，國史館典藏號：002-020300-00025-042

5　〈王世杰呈蔣中正美赫爾利將軍對美國國防部所編二次世界大戰史之意見〉，1952 年 6 月 3 日，蔣中正總統文物／特交檔案／分類資料／外交，蔣中正總統文物，國史館典藏號：002-080106-00033-008

6　〈宋子文呈蔣中正中美中英新約及換文概要中英文各一份〉，1943 年 1 月 8 日，革命文獻―中美中英平等新約簽訂經過，蔣中正總統文物／革命文獻／抗戰時期／，國史館典藏號：002-020300-00046-029

7　〈李仙洲電蔣中正稱土橋勇逸與孫良誠等召開軍事會議內容及二月十五日偽中央召開第二次國防會議師長以上均出席〉，1943 年 2 月 19 日，蔣中正總統文物／特交文電／日寇侵略／日寇侵略，國史館典藏號：002-090200-00024-244

8　〈林蔚等電蔣中正致宋子文電稿及關於美國空軍志願隊協商一事〉，1941 年 12 月 28 日，盟軍聯合作戰（六），蔣中正總統文物／特交檔案／分類資料／中日戰爭，國史館典藏號：002-080103-00061-001

9　〈邵毓麟呈蔣中正有關威爾基抵渝後情形並希望與委員長有單獨談話之時間〉，1942 年 10 月 2 日，革命文獻―對美外交：威爾基訪華，蔣中正總統文物，國史館典藏號：002-020300-00036-012

10　〈美國第十四航空隊協會會長史派克特函蔣經國為該會在臺舉行二十五週年大會之禮遇並難忘金門之旅〉，1968 年 9 月 10 日，史派克特（Spector, Leon）往來函件，蔣經國總統文物／文件／專著手札與講詞／手札類，蔣經國總統文物，國史館典藏號：005-010502-00638-003

11　〈美國戰略空軍司令霍洛威函謝蔣經國於訪華期間撥冗與之會晤並饋贈禮品另請明年來美參觀戰略空軍司令部〉，1969 年 11 月 13 日，蔣經國總統文物／文件／專著手札與講詞／手札類，蔣經國總統文物，國史館典藏號：005-010502-00333-002

12　〈軍令部呈蔣中正湘北日軍經國軍猛烈追擊在汨羅江兩岸屍橫遍野〉，1942 年 1 月 12 日，革命文獻―第二期第三階段作戰經過，蔣中正總統文物，國史館典藏號：002-020300-00014-004

13　〈國民政府令周志開給予青天白日勳章〉，1943 年 7 月 23 日，抗日有功人員勳獎（十八），國民政府／人事／勳獎／勳獎總目，國史館典藏號：001-035100-00080-008

14　〈張羣呈蔣中正據魏道明函第十四航空隊協會第二十五屆年會將於臺北召開屆時請安排晉謁總統暨夫人查該隊於二戰期間助我抗日擬請在陽明山中山樓賜予茶會款待〉，1968 年 7 月 4 日，蔣中正延見賓客案（十一），蔣經國總統文物，國史館典藏號：005-

010306-00013-001

15　〈張蔭梧電蔣中正日相東條英機迫令汪兆銘政權對英美宣戰並徵調壯丁參戰〉，1943 年 1 月 27 日，革命文獻—偽組織動態，蔣中正總統文物，國史館典藏號：002-020300-00003-059

16　〈陳介函張羣德為完成其對波蘭侵略驟與蘇俄簽訂不侵犯條約間接與我亦有重大關係我國似宜單獨行動預防蘇日聯結等〉，1939 年 8 月 30 日，對德國外交 （一），蔣中正總統文物 / 特交檔案 / 分類資料 / 外交，國史館典藏號：002-080106-00060-004

17　〈陳納德呈蔣中正對遠程轟炸機作戰計畫之芻見〉，1944 年 1 月 11 日，革命文獻—同盟國聯合作戰：空軍美志願隊成立，蔣中正總統文物，國史館典藏號：002-020300-00025-035

18　〈陳納德呈蔣中正請辭中國空軍參謀長並申惜別之忱〉，1945 年 7 月 17 日，革命文獻—同盟國聯合作戰：空軍美志願隊成立，蔣中正總統文物，國史館典藏號：002-020300-00025-043

19　〈陳納德函蔣中正列具中美空軍作戰及擴充所需之噸位估計數量表〉，1943 年 12 月 2 日，革命文獻—同盟國聯合作戰：空軍美志願隊成立，蔣中正總統文物，國史館典藏號：002-020300-00025-034

20　〈陳素農電何應欽等湘桂線失守九十七軍奉命佈防南丹兵力薄弱被敵突破率部突圍收容四十二師等及二日奉湯恩伯命令集結扎佐之經過與傷亡情形〉，1944 年 12 月 7 日，蔣中正總統文物 / 特交文電 / 日寇侵略 / 日寇侵略，蔣中正總統文物，國史館典藏號：002-090300-00083-199

21　〈斐立斯呈蔣中正史迪威對要求陳納德調撥成都飛機助洛陽陸軍作戰意見〉，1944 年 5 月 14 日，革命文獻—同盟國聯合作戰：空軍美志願隊成立，蔣中正總統文物，國史館典藏號：002-020300-00025-038

22　〈湖北漢口市德華里等人口傷亡〉，1945 年，賠償委員會 / 損失調查統計 / 地方機關 / 華中地區，賠償委員會，國史館典藏號：121-020201-2132

23　〈賀耀組電蔣中正莫洛托夫對中國國際聯盟代表不滿一節職應如何答覆〉，1940 年 1 月 10 日，革命文獻—對蘇外交：一般交涉，蔣中正總統文物 / 革命文獻 / 抗戰時期 /，國史館典藏號：002-020300-00042-054

24　〈蔣中正手令對太平洋戰爭中國政策可歸納為太平洋反侵略各國應即成立正式同盟由美領導推舉聯軍總司令等三點等訓示〉

25　〈蔣中正手令對太平洋戰爭中國政策可歸納為太平洋反侵略各國應即成立正式同盟由美領導推舉聯軍總司令等三點等訓示〉，1941 年 12 月 8 日，蔣中正總統文物 / 特交檔案 / 分類資料 / 中日戰爭，國史館典藏號：002-080103-00055-004

26　〈蔣中正約漢德斯特萊斯曼畢塞爾等開會討論宜昌方面戰市與陸空配合作戰等問題〉，1943 年 5 月 22 日，事略稿本—民國三十二年五月，蔣中正總統文物，國史館典藏號：

002-060100-00176-022

27 〈蔣中正致赫爾利談話備忘錄：不能信任史迪威要求調回〉，1944年10月9日，革命文獻—同盟國聯合作戰：史迪威將軍就職，蔣中正總統文物，國史館典藏號：002-020300-00024-070

28 〈蔣中正接方先覺電稱衡陽告急且不久恐將發生慘變另對美空軍投送衡陽之彈藥又誤投於衡陽西北之新橋附近一事引為戒懼〉，1944年7月27日，事略稿本—民國三十三年七月，蔣中正總統文物，國史館典藏號：002-060100-00190-027

29 〈蔣中正接見馬格魯德討論中國空軍美國志願隊改編為美國正式空軍事及觀察德義日三國在柏林簽訂軍事協定三國新軍事協定公佈文字僅稱規定三國對共同敵人之作戰原則使各國合作更趨密切等〉，1942年1月19日，事略稿本—民國三十一年一月，蔣中正總統文物／文物圖書／稿本（一）／，國史館典藏號：002-060100-00160-019

30 〈蔣中正接見馬格魯德商談中國空軍美志願隊改編後仍用於中國一事〉，1942年1月19日，革命文獻—同盟國聯合作戰：空軍美志願隊成立，蔣中正總統文物／革命文獻／抗戰時期／，國史館典藏號：002-020300-00025-015

31 〈蔣中正接見馬格魯德商談中國空軍美志願隊改編後仍用於中國一事〉，1942年1月19日，革命文獻—同盟國聯合作戰：空軍美志願隊成立，蔣中正總統文物／革命文獻／抗戰時期／，國史館典藏號：002-020300-00025-015。

32 〈蔣中正接桂永清電陳英美轟炸柏林漢堡時所採用之新技術又審核收復宜昌計劃並約五院院長等研討全會要案決定召集國民大會頒布憲法時期修改國府組織法以及對共匪之方針等另邱吉爾廣播演說對蘇俄要求開闢第二戰場應待認為對勝利有良好展望時始行為之〉，1943年8月31日，事略稿本—民國三十二年八月事略稿本—民國三十二年十二月，蔣中正總統文物／文物圖書／稿本（一）／，國史館典藏號：002-060100-00179-031

33 〈蔣中正條諭陳納德負責解散美國空軍志願隊及解雇該隊各雇用人員〉，1942年7月3日，革命文獻—同盟國聯合作戰：空軍美志願隊成立，蔣中正總統文物／革命文獻／抗戰時期／，國史館典藏號：002-020300-00025-022。

34 〈蔣中正電宋子文史迪威來告空軍第十團轟炸機調北非及飛機來華數不足〉，1942年6月27日，革命文獻—同盟國聯合作戰：重要協商（二），蔣中正總統文物／革命文獻／抗戰時期／，國史館典藏號：002-020300-00017-007

35 〈蔣中正電宋子文史迪威來告空軍第十團轟炸機調北非及飛機來華數不足〉，1942年6月27日，革命文獻—同盟國聯合作戰：重要協商（二），蔣中正總統文物／革命文獻／抗戰時期／，國史館典藏號：002-020300-00017-007

36 〈蔣中正電宋子文新四軍抗命謀叛已將其全部解決並撤銷其名義番號〉，1941年1月18日，革命文獻—對美外交：軍事援助，蔣中正總統文物，國史館典藏號：002-020300-00032-027

37 〈蔣中正電宋子文請轉告史汀生部長如美國此時無適當高級之空軍軍官來華則暫由陳納

德充任亦甚相宜但是否另派空軍高級軍官仍有美政府決定〉，1941 年 1 月 28 日，事略稿本一民國三十一年一月，蔣中正總統文物 / 文物圖書 / 稿本（一）/，國史館典藏號：002-060100-00160-02

38　〈蔣中正電宋美齡請委安諾德帶交羅斯福二月七日復函全文〉，1943 年 2 月 11 日，革命文獻一同盟國聯合作戰：重要協商（二），國史館典藏號：002-020300-00017-025

39　〈蔣中正電宋美齡據史迪威報稱羅斯福已定陳納德為第十四空軍隊長獨立作戰不受畢賽爾指揮〉，1943 年 2 月 22 日，蔣中正總統文物 / 文物圖書 / 稿本（一），事略稿本一民國三十二年二月，國史館典藏號：002-060100-00173-022

40　〈蔣中正電周至柔昆明航空學校美國教官顧問等應繼續聘用不妥處待陳納德解決〉，1940 年 2 月 1 日，革命文獻一抗戰方略：整軍，國史館典藏號：002-020300-00007-047

41　〈蔣中正電復羅斯福對其提議擬派史特萊曼來中印調整空軍各種問題表示贊同並建議派史特萊曼為駐印第十航空隊長及派陳納德為中國戰區空軍參謀長或為中國空軍總顧問之電文〉，1943 年 7 月 12 日，事略稿本一民國三十二年七月，蔣中正總統文物 / 文物圖書 / 稿本（一）/，國史館典藏號：002-060100-00178-012

42　〈蔣中正電羅斯福中國戰區形勢險惡中共實施赤化中國企圖於中美不利〉，1944 年 3 月 20 日，革命文獻一同盟國聯合作戰：重要協商（三），蔣中正總統文物，國史館典藏號：002-020300-00018-031

43　〈蔣中正電羅斯福接受先將德擊潰戰略中國戰區困難請貸予十萬萬元〉，1943 年 12 月 9 日，革命文獻一同盟國聯合作戰：重要協商（三），蔣中正總統文物，國史館典藏號：002-020300-00018-021

44　〈蔣中正電羅斯福對緬作戰計畫完成在華長距離轟炸機場開滇緬路無望〉，1944 年 1 月 2 日，革命文獻一同盟國聯合作戰：重要協商（三），蔣中正總統文物，國史館典藏號：002-020300-00018-027

45　〈蔣中正電羅斯福願委任魏德邁為中國戰區參謀長並指揮美國在華軍隊〉，1944 年 10 月 20 日，革命文獻一同盟國聯合作戰：史迪威將軍就職，蔣中正總統文物，國史館典藏號：002-020300-00024-073

46　〈蔣中正電羅斯福蘇俄飛機轟炸新疆極嚴重中國正研究應採步驟〉，1944 年 4 月 3 日，革命文獻一對美外交：一般交涉（二），蔣中正總統文物，國史館典藏號：002-020300-00029-022

47　〈蔣中正與克勒克爾商談中美空軍合作事宜並謂菲律賓須及早作與中國空軍通航之準備再建議應在中國設根據地使菲律賓空軍無孤立乏援之慮等，赫爾重申美國遠東政策不變與日訂互不侵犯條約與美既定政策不合〉，1941 年 6 月 6 日，事略稿本一民國三十年六月，蔣中正總統文物 / 文物圖書 / 稿本（一）/，國史館典藏號：002-060100-00153-006

48　〈蔣中正與薛岳郭懺各通電話指示處置常德增援要領並令陳納德部空軍全力掩護常德掌握制空權另電余程萬等指示嚴督所部決心死守常城完成輝煌戰績，駐開羅代辦湯武報告

埃及名報著論讚揚三強會議成就及稱頌蔣中正之偉大等情形之電文〉，1943 年 12 月 2 日，事略稿本—民國三十二年十二月，蔣中正總統文物，國史館典藏號：002-060100-00183-002

49　〈蔣中正據報第二十四集團軍總司令龐炳勳被俘即下令馬法五軍渡河整補並令劉進軍留駐太行山擔任游擊又接蔣鼎文電稱已派員赴新鄉促龐炳勳不可就偽職等〉，1943 年 5 月 18 日，蔣中正總統文物 / 文物圖書 / 稿本（一），國史館典藏號：002-060100-00176-018

50　〈蔣中正據報第二十四集團軍總司令龐炳勳被俘即下令馬法五軍渡河整補並令劉進軍留駐太行山擔任游擊又接蔣鼎文電稱已派員赴新鄉促龐炳勳不可就偽職等〉，1943 年 5 月 18 日，蔣中正總統文物 / 文物圖書 / 稿本（一），國史館典藏號：002-060100-00176-018

51　〈蔣中正歡迎華萊士抵重慶其曾在白市驛機場發表談話望能與蔣主席討論雙方利益有關之各項問題及對長沙作戰上之轉進誌感陳納德能聽命但不如我國空軍之指揮有效對陸軍之掩護與協助無甚效用並已證實第四軍擅自放棄長沙應懲戒其軍長等〉，1944 年 6 月 20 日，事略稿本—民國三十三年六月，蔣中正總統文物，國史館典藏號：002-060100-00189-020

52　〈蔣中正歡迎華萊士抵重慶其曾在白市驛機場發表談話望能與蔣主席討論雙方利益有關之各項問題及對長沙作戰上之轉進誌感陳納德能聽命但不如我國空軍之指揮有效對陸軍之掩護與協助無甚效用並已證實第四軍擅自放棄長沙應懲戒其軍長等〉

53　〈蔣鼎文電蔣中正稱汪兆銘四日在寧開中日協定會議議決收編八路軍並取消所有反共宣傳品及偽中央國旗上反共和平救國字樣與五色國旗〉，1943 年 2 月 13 日，蔣中正總統文物 / 特交文電 / 日寇侵略 / 日寇侵略，國史館典藏號：002000002181A

54　〈錢大鈞電蔣中正據周至柔電航校蒙自中級班十期生拒絕美教官考試實屬違犯政令其即飛蒙自予以訓導並查明首倡從嚴懲辦等文電日報表〉，1939 年 3 月 2 日，蔣中正總統文物 / 特交檔案 / 一般資料，國史館文物典藏號：002-080200-00514-123

55　〈閻錫山電蔣中正查八路軍劉伯承師七六九團伺機夜襲擊日軍陽明堡機場獲得奇勝惟該團傷亡且重請示可否從優獎勵〉，1937 年 10 月 24 日，蔣中正總統文物 / 特交文電 / 領袖事功 / 對日抗戰，蔣中正總統文物，國史館典藏號：002-090105-00003-486

56　〈戴笠批示應去電丁錫山獎其反正並詢共有人槍若干與目前情形以便設法援濟〉，1942 年 12 月 15 日，戴公遺墨－軍事類（第 1 卷），戴笠史料，國史館典藏號：144-010103-0001-048

57　〈謝莽電蔣中正桂林空戰我機 P-40 失蹤經查六塘墜機證實為該機且已焚毀現由第十總站派員善後中〉，1942 年 11 月 5 日，八年血債（五十一），蔣中正總統文物，國史館典藏號：002-090200-00075-334

58　〈羅斯福電蔣中正任陳納德為中國戰區空軍參謀長兼十四航空隊指揮官〉，1943 年 7 月 17 日，羅斯福電蔣中正任陳納德為中國戰區空軍參謀長兼十四航空隊指揮官，蔣中正總統文物，國史館典藏號：002-020300-00017-061。

59 〈羅斯福電蔣中正全部遠程轟炸機在中國戰區內自將置於閣下指揮〉，1944 年 4 月 13 日，革命文獻—同盟國聯合作戰：重要協商 （三），蔣中正總統文物，國史館典藏號：002-020300-00018-033

60 〈羅斯福電蔣中正建議將史迪威自緬召回置於蔣直屬之下統帥包括共軍在內全部華軍與美軍並予以全部責任與權力以調節指揮作戰並保證無干預中國政事之意念〉，1944 年 7 月 7 日，蔣經國總統文物 / 文件 / 忠勤檔案 /，蔣經國總統文物，國史館典藏號：005-010100-00001-021

61 〈羅斯福電蔣中正建議將史迪威自緬召回置於蔣直屬之下統帥包括共軍在內全部華軍與美軍並予以全部責任與權力以調節指揮作戰並保證無干預中國政事之意念〉

62 〈羅斯福電蔣中正望能決定於十一月二十六日約在開羅鄰近之處會晤〉，1943 年 11 月 1 日，革命文獻—同盟國聯合作戰：開羅會議，蔣中正總統文物，國史館典藏號：002-020300-00023-011

63 〈羅斯福電蔣中正現正頒發命令將史迪威自中國戰區召回〉，1944 年 10 月 19 日，革命文獻—同盟國聯合作戰：史迪威將軍就職，蔣中正總統文物，國史館典藏號：002-020300-00024-072

64 〈羅斯福電蔣中正請令滇西遠征軍迅即占領騰衝龍陵〉，1944 年 4 月 4 日，革命文獻—同盟國聯合作戰：重要協商 （三），蔣中正總統文物，國史館典藏號：002-020300-00018-032

65 羅斯福電蔣中正外蒙新疆邊境已注意同盟國誤會當自制友好冰釋〉，1944 年 4 月 10 日，革命文獻—對美外交：一般交涉 （二），蔣中正總統文物，國史館典藏號：002-020300-00029-023

官方出版品

1 《空軍抗日戰史（第七冊）》（臺北：空軍總司令部情報署，1950 年）

2 《空軍抗日戰史（第八冊）》（臺北：空軍總司令部情報署，1950 年）

3 《空軍忠烈錄第一輯（上冊）》（臺北：空軍總司令部，1969 年）

4 日本防衛廳戰史室，《日軍對華作戰紀要（12）大戰期間華北「治安」作戰》（臺北：國防部史政編譯局，1987 年）

5 日本防衛廳戰史室，《日軍對華作戰紀要（18）關內陸軍航空作戰》（臺北：國防部史政編譯局，1988 年）

6 日本防衛廳戰史室，《日軍對華作戰紀要（5）華中方面軍作戰》（臺北：國防部史政編譯局，1988 年）

7 夏功權口述，張聰明、曾金蘭整理，《夏功權先生訪談錄》（臺北：國史館，1995 年）

8 國防部史政編譯局，《抗日戰史（湘西會戰）》（臺北：國防部史政編譯局，1982 年），頁 158。

9　國防部史政編譯局《抗日戰史（長衡會戰）》（臺北：國防部史政編譯局，1982 年）

正體中文書籍

1　上田信著，何永勝譯，《日本戰車隊戰史：驍勇善戰的鐵獅子》（臺北：星光出版社，2022 年）

2　何應欽，《日本侵華八年抗戰史》（臺北：黎明文化，1983 年）

3　李開周，《民國房地產戰爭》（臺北：時報文化出版，2018 年）

4　阮大仁、傅應川、張鑄勳、周珞，《一號作戰暨戰後東亞局勢的影響》（臺北：臺灣學生書局，2019 年）

5　林房雄著，許哲睿譯，《大東亞戰爭肯定論》（新北市：八旗文化出版社，2017 年）

6　邵銘煌編，《緬北反攻影像史記》（臺北：政大出版社，2021 年）

7　俞天任，《有一類戰犯叫參謀》（臺北：臺灣商務印書館，2015 年）

8　孫元良，《億萬光年中的一瞬：孫元良回憶錄》（臺北：坤記印刷公司，1972）

9　徐永昌將軍口述，趙正楷撰寫，《徐永昌傳》（臺北：山西文獻社，1979）

10　郝柏村，《郝柏村解讀蔣公八年抗戰日記：一九三七－一九四五（下）》（臺北：遠見天下文化，，2013 年）

11　高馬可（John M. Carroll）著，林立偉譯，《帝國夾縫中的香港：華人精英與英國殖民者》（香港：香港大學出版社，2021）

12　張發奎著，夏連蔭、胡志偉譯，《張發奎口述自傳》（臺北：亞太政治哲學文化出版有限公司，2017 年）

13　梁敬錞，《史迪威事件》（臺北：臺灣商務出版社，1982 年）

14　許劍虹，《那段英烈的日子：中日戰爭勇士餘生錄》（臺北：金剛出版社，2017 年）

15　許劍虹，《飛行傭兵：第 1 美籍志願大隊戰鬥史》（臺北：金剛出版社，2017 年）

16　郭岱君編，《重探抗戰史（二）：抗日戰爭與世界大戰合流 1938.11-1945.08》（臺北：聯經出版社，2022 年）

17　陳彥璋，《虎衛長空：空軍 F-5E/F 任務人員訪問紀錄》（臺北：國防部政務辦公室史政編譯處，2022 年）

18　陳炳靖，《壯志凌雲：飛虎英雄陳炳靖回憶錄》（香港：荳光文化服務基金，2020 年）

19　陳香梅，《永遠的春天》（臺北：天下文化出版，1995 年），頁 288。

20　凱斯克（Kissick Luther Jr.）著，翟國瑾譯，《飛虎英雄傳》（臺北：黎明文化事業股份有限公司，1987）

21　彭斯民，《飛虎：陳納德與美籍志願大隊文物圖誌》（臺北：河洛藝文，2021 年）

22　鈕先鍾，《歷史與戰略：從十六則歷史實例中看見戰爭的藝術與智慧》（臺北：麥田出版社，2013 年）

23　隆・海佛曼（Ron Heiferman）著，彭啟峯譯，《飛虎隊：陳納德在中國》（臺北：星光

出版社，1996 年）

24   愛潑斯坦（Israel Epstein）著，張揚、張水澄與沈蘇儒譯，《我訪問延安：1944 年的通訊和家書》（香港：和平圖書有限公司，2016 年）

25   翟永華，《中國飛虎：鮮為人知的中美空軍混合聯隊》（臺北：知兵堂出版社，2008 年）

26   齊錫生，《劍拔弩張的盟友：太平洋戰爭期間的中美軍事合作關係（1941-1945）》（臺北：聯經出版公司，2011 年）

27   劉文孝，《中國之翼（第一輯）》（臺北：雲皓出版社，1990 年）

28   劉文孝，《中國之翼（第三輯）》（臺北：中國之翼出版社，1993 年），頁 122。

29   劉文孝，《劉粹剛傳：擊落敵機架數最高的空中紅武士》（臺北：中國之翼出版社，1993 年）

30   劉忠勇，《頂好！出死入生的中美突擊隊：中華民國傘兵作戰史前傳及首部曲》（臺北：經綸天下出版社，2012 年）

31   滕昕雲，《衛國干城：八年抗戰國民革命軍名將傳略》（臺北：老戰友工作室，2021 年），頁 79。

32   32. 蔣中正，《國民與航空》（上海：中國文化學會印行，1934 年）

33   蘇聖雄，《冰人與白塔：抗戰末期被遺忘的作戰計畫》（臺北：民國歷史文化學社有限公司，2020 年）

34   鐘堅，《臺灣航空決戰：美日二次大戰中的第三者戰場》（新北市：燎原出版，2020 年）

正體中文論文

1   李俊融，〈1950 至 1960 年代臺海長空戰記－國共空軍發展及戰果差異之比較〉，《檔案季刊》，第 12 卷第 2 期，2013 年 6 月

2   李培德，〈香港和日本：亞洲城市現代化的相互影響，1841 至 1947 年〉，國史館研究通訊，第七期，2014 年 12 月 1 日

3   夏沛然，〈飛虎揚威：喬無遏先生抗戰經歷〉，《唐德剛先生與口述歷史：唐德剛教授逝世週年紀念文集》（臺北：遠流出版事業股份有限公司，2010 年）

4   鄺智文，〈中國國民黨調查統計局在日本占領香港時期的情報活動，1942-1945〉，《國史館館刊》，第 57 期，2018 年 9 月

5   蘇聖雄，〈抗戰末期國軍的反攻（1945）〉，《國史館館刊》，第 51 期，2017 年 3 月

正體中文網站

1   〈二戰亞裔英雄研討會　憶飛虎隊故事〉，中國飛虎研究學會，http://www.flyingtiger-cacw.com/new_page_566.htm。

2   〈美國機師逝世掀中港台悼念　74 年後老兵遇上飛虎後裔〉，2019 年 5 月 9 日，香港01，https://www.hk01.com/%E7%A4%BE%E5%8D%80%E5%B0%88%E9%A1%8C/327269/%E9%9A%B1%E4%B8%96%E8%80%81%E5%85%B5-%E7%BE%8E%E5%9C%8B%E6%A9%9F

%9F%E5%B8%AB%E9%80%9D%E4%B8%96%E6%8E%80%E4%B8%AD%E6%B8%AF%E
5%8F%B0%E6%82%BC%E5%BF%B5-74%E5%B9%B4%E5%BE%8C%E8%80%81%E5%85
%B5%E9%81%87%E4%B8%8A%E9%A3%9B%E8%99%8E%E5%BE%8C%E8%A3%94

3　〈飛虎英雄陳炳靖：期待參加抗戰勝利 70 周年大閱兵〉，2015 年 7 月 7 日，中國新聞網，
　　https://www.chinanews.com.cn/m/ga/2015/07-07/7390631.shtml

4　〈遲來的褒揚〉，中國飛虎研究學會，http://www.flyingtiger-cacw.com/new_page_431.htm

5　〈應邀參加美國駝峰協會年會〉，中國飛虎研究學會，http://www.flyingtiger-cacw.com/
　　new_page_327.htm。

6　〈蘇聯飛行員與美國飛行員之比較〉，中國飛虎研究學會，http://www.flyingtiger-cacw.com/
　　new_page_383.htm。

7　張耀中，〈陳納德將軍銅像移花蓮　陳香梅揭幕〉，2006 年 8 月 12 日，TVBS 新聞網，
　　https://news.tvbs.com.tw/life/355084

8　許劍虹，〈武漢大空襲受害者：美國不需要為廣島道歉〉，2016 年 5 月 31 日，中時新聞
　　網，https://www.chinatimes.com/realtimenews/20160531006159-260417?chdtv。

9　許劍虹，〈親如兄弟 老飛虎緬懷與國軍並肩作戰〉，2016 年 10 月 6 日，中時新聞網，
　　https://www.chinatimes.com/realtimenews/20161006006331-260417?chdtv

10　劉屏，〈助我抗日 美飛官過世 馬總統贈勳〉，2011 年 10 月 5 日，中時新聞網，https://
　　www.chinatimes.com/newspapers/20111005000489-260108?chdtv

11　蔣中正，〈對空軍參加鄂西作戰之講評〉，1943 年 6 月 13 日於白市驛機場，中正文教
　　基金會網站，http://www.ccfd.org.tw/ccef001/index.php?option=com_content&view=article&
　　id=2601:0033-9&catid=151&Itemid=256&limitstart=1

正體中文報刊

1　〈一年來香港大事記〉，《華僑日報》（1945 年 1 月 1 日，第肆頁）。

2　〈史蒂文斯陳香梅在平晤矮鄧一敘〉，《聯合報》（1981 年 1 月 6 日，01 版）

3　〈在華美空軍戰績〉，《解放日報》（1942 年 8 月 9 日，第一版）

4　〈兩度進襲廣州敵機場〉，《中央通訊社》（1942 年 8 月 8 日）。

5　〈侵襲本市敵機，被擊落毀八架〉，《申報》（1945 年 4 月 3 日，二版）

6　〈美「飛虎隊」明恢復建制〉，《中央日報》（1955 年 11 月 18 日，第一版）

7　〈國府佈告〉，《申報》（1943 年 1 月 10 日，第二版）。

8　〈賀飛虎的勝利〉，《新華日報》（1942 年 7 月 3 日，第三版）。

9　〈對日抗戰期間　空中建立友誼　美國人艾立遜訪華　與老友臧錫蘭敘舊〉，《聯合晚
　　報》（1976 年 8 月 6 日，06 版）

10　〈遠航客機失事，罹難人員名單〉，《經濟日報》（1969 年 2 月 25 日，07 版）

11　〈敵機十數架昨襲滬郊，當與擊墜七架擊毀五架〉，《申報》（1945 年 1 月 21 日，一版）

12 〈衡陽空戰重要結果〉，《中央通訊社》（1942 年 8 月 4 日）。

13 〈嶺南丸遭難始末記 航途中遇飛機掃射投彈 搭客四百餘百二人獲救＊施救情形〉，《華僑報》（1944 年 12 月 31 日，第肆版）。

14 高凌雲，〈尋失蹤飛機，美退伍軍人懸賞百萬美元〉，《聯合晚報》（1999 年 7 月 17 日，07 版）

15 高凌雲，〈蔣公錯了？「蔣公日記：美未事先知照就逕自轟炸武漢…」老兵：美軍轟炸有先通知民眾 喬無遏參與三次轟炸漢口 指出任務前發傳單、廣播 美轟炸機魚貫進場以降低傷亡〉，《聯合晚報》（2013 年 7 月 6 日，A2 版）。

16 曹旭東，〈惜別雷克特上校〉，《聯合報》（1953 年 11 月 13 日，01 版）。

17 楊金嚴，〈和平公園陳納德銅像擬遷走〉，《聯合報》（1996 年 12 月 2 日，14 版）

18 劉明岩，〈陳納德銅像移花蓮基地「頂好的」〉，《聯合報》（2006 年 8 月 13 日，C2 版）

簡體中文書籍

1 小代有希子著，張志清、李文遠譯，《躁動的日本》（廣州：廣州人民出版社，2015 年）

2 王庭岳，《營救美國兵》（北京：中共黨史出版社，2005 年）

3 江棟良，《飛賊陳納德》（上海：群聯出版社，1953 年）

4 余子道、曹振威、石源華、張雲，《汪偽政權全史》（上海：上海人民出版社）

5 李時雨口述，張德旺整理，《敵營十五年：李時與回憶錄》（海口：南海出版公司，2015）

6 服部卓四郎，《大東亞戰爭全史（中卷）》（北京：世界知識出版社，2016 年）

7 武漢地方志編纂委員會編，《武漢市志（1840-1985）－軍事志（第一版）》（武昌：武漢大學出版社，1992）

8 張林、程軍川，《我認罪：日本侵華戰犯口供實錄》（北京：中華書局，2015 年）

9 張願，《難以實現的同盟：蘇聯因素與第二次世界大戰時期的美國遠東政策（1931-1945）》（北京：人民出版社）

10 曾生，《曾生回憶錄》（北京：解放軍出版社，1992 年）

11 資中筠，《追根溯源：戰后美國對華政策的緣起與發展（1945-1950）》（北京：中國社會科學出版社，2007）

12 趙平，《飛虎隊在桂林：從桂林出發的中美空軍》（桂林：廣西師範大學出版社，2011）

簡體中文論文

1 程敦榮，〈珍貴的友誼：在美國空軍中作戰的片段回憶〉，《文史資料選輯（第 16 輯）》（北京：中國人民政治協商會議全國委員會，1981 年）。

2 卿雲　，〈舊中國 40 年航空發展史略〉，《舊中國空軍密檔》（北京：中國文史出版社，2006 年）。

簡體中文報刊

1　周宏美、卜金寶，〈一次營救結成的友誼〉，《解放軍報》（2014 年 8 月 13 日）。

2　馬寧，〈飛虎隊員之子憶往事：李先念送軍刀給陳納德〉，《北京青年報》（2008 年 11 月 19 日）

簡體中文網站

1　〈"飛虎英雄"時隔 30 年 終於再回鄉祭祖懇親〉，中國飛虎研究學會，http://www. flyingtiger-cacw.com/new_page_701.htm

2　〈紀錄片《飛虎情緣》（海外版）在美舉行首映式〉，2011 年 10 月 21 日，中華人民共和國駐美利堅合眾國大使館，http://us.china-embassy.gov.cn/chn/zmgx_1/zxxx/201110/t20111024_5054866.htm

3　〈美飛虎隊員本尼達再度訪華 重溫與中國人民的友誼〉，2010 年 10 月 13 日，鳳凰網，http://culture.ifeng.com/gundong/detail_2010_12/31/3828450_0.shtml?_from_ralated

4　〈美國飛虎隊老兵骨灰安放中國紅安縣側記〉，2011 年 5 月 12 日，中國新聞網，https://www.chinanews.com.cn/sh/2011/05-12/3034298.shtml

5　〈秦剛著飛虎隊外套 倡中美應合作共贏〉，2022 年 4 月 12 日，中央通訊社，https://www.cna.com.tw/news/aopl/202204120089.aspxm

6　程矯如，〈我的父親：一個飛虎隊隊員的抗戰故事〉，2016 年 1 月 17 日，蘇州大講堂，蘇州圖書館，http://www.szlib.com/DR/SuzhouForums/Content/649。

7　裴高才、孫曉晨，〈李先念的"博士"情結〉，2018 年 10 月 31 日，中國共產黨新聞網，http://dangshi.people.com.cn/n1/2018/1031/c85037-30372942.html

口述訪談

1　卜功治中校口述訪談，2018 年 11 月 25 日於桃園市中壢區卜家宅邸。

2　于效忠上尉口述訪談，2015 年 9 月 5 日於臺北市萬華區恆安老人養護中心。

3　安德森（Clarence E. Anderson）上校口述訪談，2022 年 4 月 17 日於加利福尼亞州奧本（Auburn）安德森宅邸。

4　朱安琪上尉口述訪談，2022 年 4 月 15 日於舊金山朱家宅邸。

5　艾利森（John R. Alison）少將口述訪談，2007 年 3 月 26 日於華府陸海軍俱樂部（Army and Navy Club）。

6　何健生先生口述訪談，2014 年 8 月 30 日於南加州阿罕布拉市（Alhambra）何家宅邸。

7　希爾（David L. Hill）准將口述訪談，2003 年 6 月 13 日於聖地牙哥飛虎年會。

8　李雲棠上尉口述訪談，2019 年 2 月 1 日於桃園市龜山區李家宅邸。

9　李繼賢上校口述訪談，2011 年 12 月 13 日於臺北市中正區李家宅邸。

10　貝特曼（Oliver Bateman）中尉口述訪談，2007 年 11 月 19 日於美國魯賓士空軍基地航空博物館（Museum of Aviation at Robins AFB）。

11　馬素芸口述訪談，2015 年 7 月 18 日於新竹馬家宅邸。

12　陳炳靖中校口述訪談，2016 年 2 月 28 日於香港沙田帝豪酒店。

13　喬無遏少將口述訪談，2011 年 3 月 23 日於喬治亞州諾克羅斯（Norcross）喬家宅邸。

14　奧德羅（Leonard O'Dell）中尉口述訪談，2016 年 9 月 26 日於肯塔基州路易斯維爾（Louisville）奧德羅宅邸。

15　劉乃衡少校口述訪談，2018 年 4 月 18 日於臺北市信義區劉家宅邸。

16　歐重遙中校口述訪談，2017 年 6 月 28 日於桃園龜山歐家宅邸。

17　魏祖志士官長口述訪談，2019 年 5 月 11 日於臺中市清水區魏家宅邸。

中美聯合

美國陸航在二戰中國戰場

作者：許劍虹

主編：區肇威（查理）

封面設計：倪旻鋒

繪圖：Gary Lai

校對：魏秋綢

內頁排版：宸遠彩藝

信箱：sparkspub@gmail.com

電話：02-2218417

地址：新北市新店區民權路 108-2 號 9 樓

發行：遠足文化事業股份有限公司（讀書共和國出版集團）

出版：燎原出版／遠足文化事業股份有限公司

印刷：博客斯彩藝有限公司

法律顧問：華洋法律事務所／蘇文生律師

出版：二○二三年十二月／初版一刷
電子書二○二三年十二月／初版

定價：四八○元

ISBN 978-626-97625-9-0（平裝）
978-626-97625-8-3（EPUB）
978-626-97625-7-6（PDF）

讀者服務

中美聯合：美國陸航在二戰中國戰場/許劍虹著.
-- 初版 . -- 新北市 : 遠足文化事業股份有限公
司燎原出版 : 遠足文化事業股份有限公司發行,
2023.12
344 面 ; 17×22 公分
ISBN 978-626-97625-9-0 (平裝)

1. 空軍　　2. 空戰史　3. 第二次世界大戰
4. 中華民國　5. 美國

592.919　　　　　　　　　108023081